U0159165

献给尼娜（Nina）和莎拉（Sarah），
两颗最闪亮的钻石

血、汗、泪：
世界钻石争夺史

Blood, Sweat and Earth: The Struggle for Control over the World's
Diamonds Throughout History

〔葡〕蒂尔 · 瓦内斯特（Tijl Vanneste）- 著

欧阳凤 - 译

中国出版集团

中译出版社

图书在版编目（CIP）数据

血、汗、泪：世界钻石争夺史 /（葡）蒂尔·瓦内
斯特（Tijl Vanneste）著；欧阳凤译 . -- 北京：中译
出版社，2023.2
书名原文：Blood, Sweat and Earth: The Struggle
for Control over the World's Diamonds Throughout
History
ISBN 978-7-5001-7277-2

Ⅰ . ①血… Ⅱ . ①蒂… ②欧… Ⅲ . ①钻石 – 历史 –
世界 Ⅳ . ① TS933.21–091

中国国家版本馆 CIP 数据核字（2023）第 002985 号

Blood, Sweat and Earth: The Struggle for Control Over the World's Diamonds Throughout History
by Tijl Vanneste was first published by Reaktion Books, London, UK, 2021.
Copyright © Tijl Vanneste 2021.

Simplified Chinese translation copyright © 2023 by China Translation & Publishing House
ALL RIGHTS RESERVED

著作权合同登记号：图字 01–2021–6770
审图号：GS 京（2023）1012 号
本书插图系原书插图

血、汗、泪：世界钻石争夺史
XUE、HAN、LEI: SHIJIE ZUANSHI ZHENGDUOSHI

责任编辑　温晓芳
营销编辑　梁　燕
封面设计　张珍珍
排版设计　北京杰瑞腾达科技发展有限公司

出版发行　中译出版社
地　　址　北京市西城区新街口外大街 28 号普天德胜主楼四层
电　　话　（010）68002926
邮　　编　100044
电子邮箱　book @ ctph.com.cn
网　　址　http://www.ctph.com.cn
印　　刷　北京盛通印刷股份有限公司
经　　销　新华书店
规　　格　787mm×1092mm　1/16
印　　张　24.75
字　　数　288 千字
版　　次　2023 年 5 月第 1 版
印　　次　2023 年 5 月第 1 次

Ｉ Ｓ Ｂ Ｎ　978-7-5001-7277-2
定　　价　85.00 元

| 序　言 |

"所有钻石矿所特有的'火山管'，只不过是巨大的流星撞进坚实的土地而钻出的洞……尽管这种理论似乎很怪异，但我不得不承认，种种情况表明，天上下钻石雨的奇思妙想并非不可能。"[1]

这段话写于 1908 年，作者认为钻石可能来自外太空。基于其所处时代的知识水平，他不太可能知道自己的观点是不对的（但也不全错）。19 世纪 70 年代，在南非金伯利发现了巨大的钻石矿藏后，关于这些宝石存在于地下深层岩管中的理论，科学界予以充分肯定。该文所述含钻的"火山管"很快就被称为"金伯利岩管"（参见图 1），因首次发现这类岩管的金伯利镇而得名。这是一个影响深远的革命性发现，因为在此之前，人们只在地表附近、河床及其周边开采钻石。

如今，人们明白了，金伯利岩管的形成主要是由于白垩纪地质时期（距今 1.46 亿年前）[2]的火山喷发。其中，只有一小部分的钻石矿床具有商业开发价值，占 7000 个已知岩管的 1%。[3]钻石是碳的同素异形体，形成于地幔的高温高压之下，成形位置处于大陆地壳下至少 150 千米，或海洋地壳下 200 千米，此后便由金伯利岩（一种火成岩）（参见图 2）裹挟着到达地表。[4]最近的一项研究表明，在产生钻石的地层深处，钻石的数量可能远比研究人员此前预估的要多得多。[5]

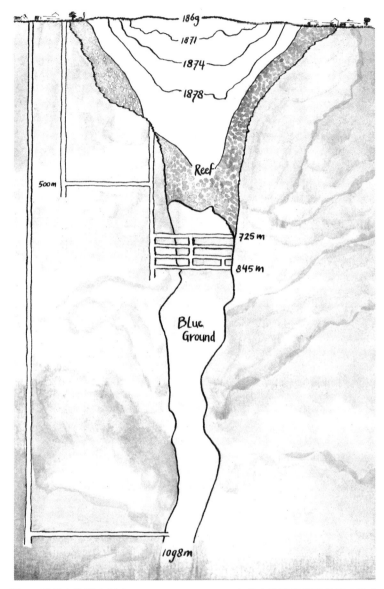

图 1　基于金伯利大洞（Kimberley's Big Hole）的金伯利岩管及其历史演变

Reef：矿脉

Blue Ground：蓝土 ①

———————

①　蕴藏钻石的矿床叫蓝土，即金伯利岩床。——译注

R7603-1 - Diamond

CENTIMETERS

图 2　杜托伊斯潘矿（Dutoitspan）中发现的金伯利岩

　　毫无疑问，金伯利岩管形成于我们这颗星球的深处，但天体物理学家于 1987 年发现流星中存在微小的"前太阳钻石"（即太阳系形成之前存在的钻石）颗粒。[6] 钻石在太空中的形成机制尚不明确，但最近的研究结果表明，在流星中发现的钻石，可能比迄今在地球上发现的钻石尺寸都要大，这意味着 1908 年的文章竟可能是正确的。[7]

　　不难想象，文章的作者威廉·克鲁克斯（William Crookes）为何如此青睐钻石从天而降的想法。相比于源自地球幽深、泥泞的地下，源于星空，更符合这一珍贵宝石所承载的光辉形象。纵观历史，人们一直在精心构建钻石的璀璨形象，他们讲述那些握在巨富之手的知名大钻石的故事，挖掘西方的那些东方学家对异域秘境中钻石矿藏的幻想。这种意象在 20 世纪的广告中臻至顶峰，它们不仅将钻石与魅力关联在一起，而且将其与代表婚姻和忠贞的浪漫理想联系起来。这种现代品牌宣传令钻石比以往任何时候都更容易为消费者所接受，这也是现代钻石产量大幅增加后所需的必然举措。

有些人认为，钻石，这一众人眼中的"宝石之王"的大获成功是人为推动的，是为了迎合那些企图控制钻石的人而策划的；其成功无关于也不源于这类宝石的内在品质。与那些更多彩、更独特的宝石不同，大部分钻石看起来都差不多，通常是无色的，切割后的样式也大同小异——现代的圆形明亮式（参见图3）。[8]然而，戴比尔斯公司虽然在 20 世纪的大部分时间里控制着钻石的生产和贸易，并向世界成功出售了巨量的这种无色小宝石，但钻石珍贵异常的观念可以追溯到古代。不过，起初人们对钻石的欣赏并不是因为它的美丽。一颗未经切割的钻石原石看起来并无特别之处，但它非常坚硬，这种坚硬的特性再加上它们在古代的稀有性，使得欧洲人和亚洲人都将钻石原石用作护身符，为佩戴者提供"神力"保护。随着基督教的传播，中世纪期间，钻石的这种象征性用途在欧洲几乎消失了，中世纪的珠宝工匠对钻石的评价远远低于其他宝石，比如红宝石和祖母绿。[9]

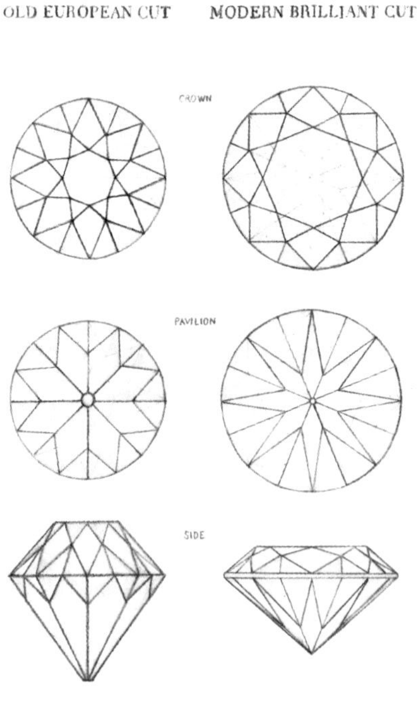

而有一种钻石的用途延续了下来，就是将其

图 3　老式和现代的明亮式切割

用于医疗，用钻石首饰来抵御疾病。正如 1691 年的《伦敦药典》（*Pharmacopoeia Londinensis*）所指出的："钻石是所有宝石中最坚硬的。从来都不能内服，只能将其作为戒指等饰物佩戴。据说它能消除恐惧、忧郁，并能令心脏变得强大。"[10] 然而在那时，与钻石作为精美装饰物的用法相比，其医药用途已经微不足道了。随着切割技术不断发展，人们最终发明了明亮式切割法，赋予了钻石在光线反射下令人称道的熠熠光辉；当光线穿过钻石的多个切面（即切割后的抛光表面）产生偏转时，人们将看到它闪烁的诱人光彩。事实上，消费者们开始日益相信，钻石可以令心脏变得强大，不是作为药物，而是作为可以永久存在的美丽事物。

正是近代早期切割技术的发展以及生产消费的增长这两大因素的共同作用，钻石的主要角色才逐渐固化为镶嵌在首饰上的宝石，延续至今。钻石原石可分为 12000 多种类别，按其加工程度可大致分为 3 类：宝石级、近宝石级、工业级。当然，大部分商业利润来自售卖宝石级钻石。大多数人想起钻石时想到的都是这一类。它们经切割和抛光，可镶嵌在首饰中或作为单颗宝石使用。今天，这些钻石的价值判定是基于 4C 标准：切工、克拉、颜色、净度。[11] 切工是指钻石从原石变成成品后的形状。如今，世界上最流行的切割方式是圆形明亮式切割（the round brilliant，一种钻石切割方式，后面的公主式、枕形等都是钻石切割方式）。最近，据戴比尔斯公司估计，在美国这一世界上最重要的钻石消费市场上销售的含钻首饰中，有 40% 镶嵌的是圆形明亮式切割钻石，22% 采取的是公主式、明亮式切割，12% 采取了枕形切割，6%是心形切割。[12] 克拉是重量单位，1 克拉等于 200 毫克。[13] 钻石越重就越值钱，如果 4C 标准下的其他维度都一样，1 颗 42 克拉的钻石比 42 颗 1 克拉的钻石的价值高得多。钻石颜色以无色最具价值，其次是淡黄色，还有所谓的"彩钻"，如粉红色、红色、褐色、蓝色、黄色、绿色，价值同样不菲。这取决于不同的时尚和品味。净度则衡量内含物的情况，如矿物、未结晶的碳或微小的裂缝等。

宝石级类别只占钻石总产量的一小部分，约20%。2016年，全球共开采了6200万克拉的工业级钻石，约占当年钻石总产量的49%。[14] 历史上，这些钻石没什么用处，只是作为"钻石粉"混上油，用于钻石磨坊中的切割工艺。但在20世纪，工业级钻石有了新的广泛用途，可作为锯片、砂轮和钻头中的研磨剂（参见图4）。

图4　2毫米的钻石涂层钻头

1941年，荷兰飞利浦电子公司（Philips）将工业级钻石从法国走私到库拉索岛（Curaçao），用于制造灯泡中的钨丝。[15] 1965年，委内瑞拉的一位科学家为一种钻石刀申请了美国专利，它成为眼科手术的有用工具。[16] 钻石具有良好的导热性，但没有导电性，这使得它们在电子和激光应用中大显身手。近宝石级是介于上述两种品质级别之间的类别，这一类别与工业级之间的界限并不是特别清晰。根据需求，某些近宝石级的钻石可以被切割并抛光成低品质的宝石，用于制作低端珠宝，但通常，它们也出现在各行各业的生产中。

目前，天然钻石只占工业用钻石总量的极小一部分，大部分被人工合成钻石所取代。2015 年，人工合成钻石产量估计为 44 亿克拉。[17] 纵观历史，骗子们和科学家们一直在制造假钻石，但直到 19 世纪初，科学家们才开始认真尝试制造物理特性上与天然钻石相差无几的合成钻石。20 世纪 50 年代，瑞典最大的电气公司通用电机公司（ASEA，1953 年）以及通用电气公司（GE，1954 年）首次成功制造出人造钻石。[18] 人造钻石在工业上大获成功之后，人们逐渐认为它们也可应用于珠宝首饰。正如美国联邦贸易委员会（United States Federal Trade Commission）于 2018 年 7 月所判定的那样："实验室创造的产品，如果其光学、物理、化学性质与开采的钻石本质上无异，那么它们也是钻石。"[19] 然而，对于如何处理这些所谓"实验室培育的"钻石，钻石行业内部的意见是有分歧的。一些人认为它们是假的，是对旧垄断集团的威胁。戴比尔斯公司先是批评了实验室培育的钻石，但现已创建了一家名为 Lightbox 的公司来销售这些钻石，尽管戴比尔斯公司的名称没有出现在其官网上。[20] 一些珠宝商认为实验室培育的钻石是行业的未来，一位设计师告诉《纽约时报》（The New York Times），人造钻石"提供了机会，以创造高端的、合乎道德的、极富现代性的产品系列"。[21]

也许事实上，因钻石可在实验室里进行培育，数个世纪以来钻石所具备的魅力和享有的声誉逐步受损，而且多半会有人认为，如果不早点解构钻石的魅力，会错失许多与历史相遇的机会。20世纪末，非政府组织揭露了"血腥钻石"的丑闻，即有人在动荡地区开采钻石后走私到欧洲，以便为非洲的战争提供资金。钻石行业迅速做出反应，向钻石颁发证书，以确保它是干净的。然而，最终这些"金伯利钻石鉴定证书"被伪造滥用，钻石开采很快恢复如常。钻石开采对人类和环境的伤害在开采之初便显现并持续着，但随着钻石消费进一步增长，对这些伤害的报道再次从公众视野中消失了。

揭发这些"血钻"交易活动虽然带来了一些好处，但它并未根除历史上的错误行径，甚而从某种意义上说，它令这些行为变得难以察觉。某些非政府组织和记者尽管力图展示更为复杂的真相，但大多数人将"血腥钻石"与非洲以及暴力的非洲军阀完全画上了等号。这种狭隘的诠释诋毁了非洲各国，令世人无法完全知晓内情。西方政府、商人、采矿管理者也卷入其中。这种思维方式契合了过时的新殖民主义、欧洲中心主义、西方优越论，但从根本上说，它是非历史的。钻石阴暗的一面在很久以前就显现了，比其璀璨的一面还要古老。当人们翻阅钻石开采和贸易的历史时，可以读到一个漫长而详尽的故事，讲述了财富是如何积聚到少数人手中的，这是燃尽了数百万无名矿工和切工的血汗积累而成的历史。他们被迫在残暴、恶劣的环境下劳作，工钱微薄（甚至是无偿劳作）。钻石的历史是一部关于种族剥削和社会不平等的历史，富有的精英阶层从穷人的劳动及其毫无希望的梦想中获益，那些穷人一直在地底的矿井和危险的河流中劳作，寄希望于某天会找到一颗能令自己获得自由的钻石。

本书叙述了这段漫长的压迫史，聚焦于少数人试图阻止他人获取某种商品的行径。其实该商品并非如人们设想的那般稀有。这些人还掌控了众多无名矿工的生活，在他们眼中，劳工经常是可有可无的。1934 年，当塞拉利昂的英国殖民政府正在考虑如何处理那里新发现的钻石矿藏时，弗里敦（Freetown）殖民办公室助理秘书说，只需要考虑两件事：首先，有必要确定私人公司出面管理的采矿区具体范围；其次，需要回答这一问题——我们如何保护该国钻石不被他方开采或处置？[22] 换言之，即如何保护该殖民地的钻石矿藏，以及如何控制那里的劳力。本书叙述了多个政权、多家公司如何在不同的时空境况下应对这两大问题。

叙事是连续的，不仅体现在时间层面——对矿工的剥削是持续性的灾难，而且体现在政府和私营公司这一特殊组合所谋划的策略上。值得注意的是，那些试图维持自身对钻石开采的控制方式几乎一成不变，这在很大程度上源于欧洲殖民主义发挥的作用。从 18 世纪初在巴西发现钻石，到 20 世纪 50 年代的非洲独立运动，世界上几乎所有的钻石生产都处于某种形式的殖民控制之下。而在亚洲和非洲的产钻国宣布政治独立之后，殖民者和被殖民者之间的经济纠葛不断，这令殖民主义幽灵继续纠缠着许多劳作在钻石行业的男女老少。利用强迫劳动，依靠政治压迫；不顾生产规模不断扩大而囤积居奇，以努力实现垄断——所有这些手段已经沿用了多个世纪。也多亏了它们，不管实际上是谁从土地中开采钻石，也不论这些钻石实际上到底有多稀有、多漂亮，在不断扩张的消费市场的眼中，钻石始终是所有宝石中最珍贵的。

对矿区劳工的剥削以及对钻石原石交易、开采的反复垄断是本书的两大焦点。印度的王公大君们（译注：sultan，苏丹，通常是伊斯兰教的头衔，指统治者，所以这里直接以类似的词语来表达）奴役了所有家庭，而葡萄牙政府将数百万非洲奴隶带到巴西殖民地，迫使其中数十万人挖掘黄金和钻石。在南非，英国工业家们按种族区分劳力，并毫无顾忌地安排黑人劳工住进与外界隔绝的矿工院（译注：compound，也有译为"围栅""场地""圈地"等）里，后者往往被剥夺了人类的基本需求，这一举措在非洲大陆其他地方反复上演。他们毫不掩饰这种带有种族歧视的劳动分工："黑人熟练劳工无休止地劳作，日日夜夜都在干活。"[23]垄断独占和奇货可居的做法任何时期都存在，统治者拥有特权，将自己土地上所发掘钻石中的质量上乘者据为己有。18世纪初，巴西新发现的矿藏搅乱了当时已有的秩序，有人尝试在贸易和采矿方面同时进行垄断，他们或多或少取得了成功。后来，戴比尔斯公司从南非开始，成功地建立起一个钻石帝国，该帝国一直持续到21世纪初。

操纵钻石流动、操控背后劳力，这类决定对已抛光钻石的消费产生了影响，反之亦然。但钻石作为珠宝的历史是另一个故事，本书不会涉及。[24]必要时，本书会稍微提及消费模式的变化、抛光钻石的需求以及不断发展的切割技术，但基本上关注的还是在地球上发掘钻石原石所需劳力的管理方式以及对钻石贸易的垄断行为。本书主要按时间顺序进行叙事，但有时花开两朵各表一枝，需要稍微偏离这一顺行的时间脉络。

从古代到18世纪初，钻石主要采自印度和婆罗洲土邦（译注：土邦是对英国殖民地时期在印度保存的土著王公领地的总称，其英文是prince state、princely state或native state等，更多地称为"王侯领"）的冲积矿藏。采矿点几乎一直处于当地统治者的直接控制之下，大量钻石从未离开其开采地。亚洲钻石早在罗马时代就已进入欧洲，但在文艺复兴时期，它们开始越来越受人欢迎，当时意大利和葡萄牙的旅行家们开始撰文描绘异国的钻石开采地，令欧洲人为之痴迷。亚洲宝石的贸易于 17 世纪伊始因欧洲各东印度公司的成立而再次推进，甚至较此前更为强劲有力。尤其是英国东印度公司，它几乎完全控制了印度—欧洲的钻石贸易，尽管其优势昙花一现。在莫卧儿王朝的东征西讨下，印度日趋统一，这进一步推动了钻石方面的集权现象。本书第一章讨论了亚洲范围内采矿劳作和钻石贸易的演变；从最初的起源到 18 世纪上半叶巴西钻石矿的发现，该章讨论了钻石开采及其贸易的起源。尽管这一时期的历史资料很少，对劳工生活也未进行深入探索，但有足够证据表明，采矿劳作刚处于正式的组织和安排之下，矿工就已受剥削。另外，还可断言，那些试图控制钻石原石贸易的势力皆意识到：尽最大努力控制钻石原石的流动是很重要的。

　　第二章聚焦于殖民地时期的巴西，在那里，控制劳力和贸易的做法可能首次获得了真正的成功。当人们在偏远的塞罗·弗里奥地区河床中发现钻石时，大家担心钻石会变得比比皆是。英国珠宝商大卫·杰弗里斯（David Jeffries）于 1751 年发表了一篇关于钻石和珍珠的论文，他说，巴西发现了钻石矿藏，"这令许多人，包括伦敦最富有的商人们相信，钻石可能变得像透明的卵石一样遍地都是；他们深受这种观点的影响，因而大多数人不愿花任何代价购买钻石"。[25] 面对此等担忧，葡萄牙政府决定实行双重垄断，最后将在巴西的钻石开采权售予了一家公司，该公司获准使用非洲奴隶在某些指定区域挖掘钻石，包括以特乌科（Tejuco，今天的迪亚曼蒂纳）为中心的所谓"钻石区"（diamond district）。大约 15 年后，第二家垄断企业也成立了，一家外国公司因而得以出售开采垄断者运到里斯本（Lisbon）的钻石原石，并从里斯本（Lisbon）开始向欧洲的商人和钻石交易商进行出售。这种控制举措比英国东印度公司的做法更进一步。英国东印度公司虽然垄断了钻石从印度运往欧洲的官方贸易路线，但它从来无法对劳工进行任何控制。而当英国人成为印度殖民者并能够控制劳力时，印度钻石矿藏的产量已经降低到微乎其微的程度。

相反，葡萄牙国王能够利用他对巴西的殖民统治，完全按照自己的意愿影响产钻区域的发展。他有权给自己留下品质最佳的钻石，这是印度统治者的特权。葡萄牙人可能最先囤积钻石，将其作为维持人为高价的重要策略，该策略从那时起就一直是钻石市场运作机制的构成要素。同样，采取垄断、使用奴隶劳工等策略尽管并非源于里斯本，但这些方式在巴西殖民地的应用规模和国际性质令葡萄牙钻石管理模式在后来的 20 世纪为戴比尔斯公司所用。

巴西的钻石生产将摧毁钻石市场，这类危言耸听的信息触发了囤积和垄断等保护措施，经证实，这类言论大错特错了。在新世界（New World）发现钻石的半个世纪后，旧世界的钻石生产已进入了螺旋式下降阶段，再也没有恢复过来。到 19 世纪，下降趋势变得更为明显，因为巴西的产量也开始缩水了。即使 1771 年殖民政府接手采矿管理，也无法阻止巴西钻石开采业态的颓势，这一趋势延续至 19 世纪。19 世纪是钻石历史上的一个关键时期，将在第三章进行讨论。这一章探讨了在巴西、婆罗洲和印度古老的冲积矿场上，采矿活动是如何变得日益缺乏组织性，乃至钻石业的可怕境地不再是要在强制劳动和奴役或违法行为之间做出选择，而是无法通过开采钻石来谋生了。不过，冒险分子从未放弃过，几次淘钻热为这个看似垂死的行业短暂地注入了动力。但是，历史又将重演，而这一次救星来自非洲。1867 年在非洲南端发现了钻石后，人们很快意识到，不仅可在河床中发掘出钻石，真正的含钻岩石存在于深层岩管中。以金伯利镇命名的金伯利岩（Kimberlite）——在那里人们发现了首个大型岩管"大洞"（Big Hole）——引发了世上前所未有的淘钻热（参见图 5），并产生了以最为残暴的手段剥削非洲黑人的制度。同时代的视觉资料中几乎无法找到针对黑人矿工的暴力行径，只有 1872 年发表在《伦敦晚报》（*London Evening News*）上的一幅画是罕见的

图 5　金伯利大洞，2007 年

例外（参见图6）。在这幅画的左下角，一个白人监工显然正在踢一名黑人矿工。

图6　金伯利大洞的种族暴力行为，1872年

　　殖民者的拳打脚踢和与日俱增的贪婪行径此时只是初见端倪。随着南非钻石的发现，钻石开采的近代工业时代开始了。[26]钻石、铜和金，这些矿物成为近代南非建设的重要组成部分，种族压迫和帝国主义的怪诞幻想很快在非洲其他地方蔓延。[27]危险的地下矿井（而非冲积矿场）专门留给那些工资低廉、受到种族虐待的黑人劳工。在塞西尔·罗兹（Cecil Rhodes）的推进下，一家公司成了南非钻石业的领袖，即戴比尔斯公司，它以拥有金伯利钻石镇的荷兰两兄弟的名字命名。自该公司于1884年成立直至1991年苏联解体，这一个世纪堪称"戴比尔斯的世纪"。在戴比尔斯公司大董事欧内斯特·奥本海默（Ernest Oppenheimer）的领导下，这一时期戴比尔斯的发展突飞猛进。戴比尔斯公司为

整个 20 世纪的钻石业定下了基调。第四章将探讨这一基调是如何逐步形成的，它克服了沿路遇到的各种不和谐因素，如第二次世界大战的暴行，战争无情地猛击了钻石业者。

戴比尔斯公司因其垄断地位和分销制度而臭名昭著，它们选取了一小群珠宝商，但正是这些商人精心制作的广告巩固了钻石作为永恒爱情信物的形象。尽管他们的浪漫广告确实说服了许多消费者，却无法掩盖戴比尔斯公司积极参与了 20 世纪历史中某些"至暗时刻"的事实。戴比尔斯公司建立了种族隔离的劳动环境，非洲黑人矿工被迫生活在封闭的矿工院中，这是公司对南非种族隔离制度做出的最为具体可见的"贡献"。作为南非最大的公司，它与当时的政权沆瀣一气，以种种手段与之捆绑在一起。但戴比尔斯公司受到世人质疑，不仅因其在南非那不光彩的采矿管理，还因为它作为批发商参与了"血钻"贸易。这些非洲宝石被开采出售，从中获取的利润被投入 20 世纪发生的某些最为残暴的战争中。

第五章将分析"血钻"出现的背景，即现代冲积矿开采的背景。随着戴比尔斯公司所主导的金伯利岩管大规模工业化采矿作业的发展，冲积矿开采也并未停止。不仅婆罗洲、巴西和印度的老钻石矿场继续沿用旧方法，在撒哈拉以南的非洲新发现的矿藏——从加纳和塞拉利昂，到刚果民主共和国［DRC，也称刚果（金）或民主刚果］和安哥拉，再到纳米比亚、坦桑尼亚和南非少数几个摆脱戴比尔斯公司控制的开采点——也同样沿用旧方法。冲积矿开采现在也被称为手工采矿。20 世纪 50 年代末期和 60 年代伟大的非洲独立运动发生之前，大多数出现冲积矿藏的地区都属于欧洲各殖民帝国。因此，英国、法国、比利时和葡萄牙政府以其在 19 世纪所占领土上开采出来的钻石而获利。对冲积矿藏的控制要难得多，因为这些矿藏比金伯利岩管中的矿藏分布面积更广。冲积矿场跨越边界，有时位于极其偏远的地区。一旦有新的冲积矿藏问世，没过多久就会冒出成千上万的冒险家，形成政府当局也无法控制的、名副其实的淘钻热。

随着非洲独立浪潮的蔓延，局面变得更加复杂。新生地方政权很难将经济发展、国有化进程与前殖民者一贯的经济、政治利益进行调和。此外，新的国家政权经常受到政治对手的挑战，某些非洲国家因而爆发了内战，其中塞拉利昂、刚果民主共和国和安哥拉因冷战、地缘政治因素而火上浇油，成为最为悲惨的例子。由于钻石的价值及其走私的便利性，控制钻石矿场成为各交战派别的当务之急。这些从冲积层开采出来的钻石被卷入武装冲突，导致"血腥钻石"一词的出现。商家们约定不再交易这类钻石，从而产生了几乎全球都在采用的"金伯利进程"（KP），该协议约定为所有的钻石原石贴上证书，使买家能够追踪其来源。

金伯利进程的成形是一大进步，但 2002 年塞拉利昂和安哥拉战争正式结束，这也许更为重要。人们很快意识到，金伯利进程并未解决所有问题。要掩饰钻石的真正来源仍然相当容易——在金伯利进程建立后，一些从未生产过钻石的非洲国家突然成为重要的（钻石）生产国。此外，在国际社会看来，某个地区可能无战争冲突，但实际上并非如此。最终，由于该进程无法对钻石业实施有效监管，以至于所有流通在市面上的钻石原石竟然都"无冲突"。在罗伯特·穆加贝（**译注：Robert Mugabe，津巴布韦前总统**）领导下的津巴布韦，官方称其处于"和平状态"，但采矿工人却忍受着低廉工资、强制性劳动、暴力和有害环境。这个行业也许时来运转，因为在那些未被血腥暴力和殖民控制染指（至少乍看之下如此）的地区发现了丰富的钻石矿。第六章，也是最后一章，讨论了钻石开采在地理意义上的多样化，这种多样化进程始于 20 世纪，在 21 世纪随着戴比尔斯公司失去其垄断地位而达到顶峰。20 世纪末，在加拿大和澳大利亚那些令人意想不到的、偏远的地区发现了丰富的钻石矿藏；俄罗斯的钻石矿藏，虽然自 19 世纪以来就为人所知，但直到第二次世界大战后才开始大规模开采。苏联解体之后的俄罗斯和内战之后的安哥拉都决定在戴比尔斯公司这一卡特尔集团之外销售它们的钻石，而戴比尔斯公司在加拿大和澳大利亚也不可能直接沿用其在非洲的做法——这些因素造就了寡头垄断，即一个由少数矿业巨头控制钻石原石市场的钻石业。这些公司中有几家明确利用了销售"干净钻石"（译者注：clean diamonds，即来路干净的钻石）的这一手法，推销时将自家钻石标榜为更合乎道德伦理之产品以替代原本其非洲"血钻"的本质。

　　2015 年，7 家最重要的钻石开采企业在伦敦成立了一个"钻石生产商协会"（Diamond Producers Association），以便在戴比尔斯这一巨头衰落后对市场进行更为广泛的控制，其口号是"珍如此心，真如此钻"（译注：全句是 real is rare，real is diamond）。[28] 没有加入该协会的钻石企业是安哥拉国家钻石公司（Empresa Nacional de Diamantes，Endiama），它是部分国有控股的，管理着安哥拉的钻石矿。2005 年，全世界正式生产了 1.77 亿克拉的钻石原石，售价为 116 亿美元。[29] 戴比尔斯公司在其 2019 年的钻石市场报告中估计，此前一年它占据了钻石原石销售总额 34.5% 的份额，而阿尔罗萨公司（Alrosa）设法占据了 26% 的份额。其他大型钻石生产商，如安哥拉国家钻石公司，占据了大约 12.5% 的份额；非正规群体和小型生产商占据了余下 27% 的份额。[30] 矿业公司通过其在各新旧钻石中心所设立的营销分支机构，将其大部分产品出售给较为小型的企业和切割公司，它们通常位于印度，但也有部分位于以色列、比利时和美国。这些买家属于"世界钻石交易所联合会"（WFDB）31个成员之列，该联合会成立于1947年，总部设在安特卫普（Antwerp）。其交易所遍布各大洲，其中4个位于安特卫普，其他位于孟买、拉马特甘（Ramat-Gan）、纽约、莫斯科、约翰内斯堡（Johannesburg）、阿姆斯特丹、伦敦、悉尼、迪拜（Dubai）、曼谷、新加坡、香港、伊斯坦布尔（Istanbul）、伊达尔－奥伯斯坦（Idar-Oberstein）、米兰、维也纳、多伦多、迈阿密、洛杉矶、东京、首尔和巴拿马。[31] 最后，抛光打磨好的钻石由珠宝商出售给客户。根据戴比尔斯公司的数据，2018年最主要的珠宝市场是美国，全球钻石总需求额为760亿美元，美国的消费者需求额占360亿美元，中国的消费者需求额为100亿美元，日本为50亿美元，印度和海湾国家占30亿美元。[32]

戴比尔斯公司的垄断局面被打破后，规模最大的几个生产商集中在一个保护伞下，成立了"世界钻石交易所联合会"，这是历史上控制钻石原石生产及其价格水平的做法在21世纪的变体。人们不禁认为，那段同样漫长的、剥削廉价劳动力的控制史和剥削史终于结束了。毕竟，奴隶制已被废除，种族隔离制度似乎属于另一个时代。然而，劳工方面的种族歧视及性别不平等现象仍然存在，特别是在那些天高皇帝远的冲积矿场，虐待劳工的现象仍然很普遍。如今社会对矿工和工人人权的担忧，与那些原本生活在钻石矿区但遭到驱逐之人的人权有关，这一情形发生在巴西各个部落以及澳大利亚的原住民身上；也与人们愈加了解的钻石开采对环境造成的破坏有关。无论是在对当下的思索中，还是在涉及钻石开采历史的研究中，相关学术著作长期忽略了采矿对环境造成的影响和强占土地的不公现象。[33] 我选择在本书后记中讨论上述主题：本书的终点，很可能成为另一本书的起点。

后记中讨论的担忧与我们如今对人类经济活动给地球带来了负面影响的担忧不谋而合，而"零影响"之梦想也进一步推动了实验室培育钻石的研发。[34] 对环境投入额外的关注诚然不错，但人们不应忘记，钻石开采中古老而黑暗的那面仍然存在。[35] 我们只需看看众多贫穷的手工开采者，在非洲和南美洲的许多秘密矿场中，他们只希望自己足够幸运能发现钻石，因为这可能永远改变他们的生活。那些男男女女、白叟黄童经常在非人的环境中劳作。这提醒我们，钻石尽管形成于宇宙的理论与其闪亮而永恒的声誉如此相称，但它们仍然是从地球上开采出来的，其问世伴随而来的全是血水和汗水。[36]

目 录

第一章

亚洲钻石：
一种奢侈商品的发现历程

公元 50—1785 年

你是否从戈尔康达的山洞中寻到一颗宝石？

纯洁似山上剔透的冰珠，

闪亮如蜂鸟碧绿的头饰，

当它在穿过喷泉的阳光中振羽。

约翰·济慈（John Keats）于 1817 年发表了一首诗，上文是该诗第一节。[1] 济慈称戈尔康达（Golconda）的洞穴中所发现的钻石最为璀璨夺目，这毫不奇怪。19 世纪末，"戈尔康达"作为一个名词被收录到英语词典，意为"宝山，巨富之源"。[2] 多个世纪以来，印度半岛上的矿山一直是这些钻石的主要来源地，但是直到此时，印度钻石才终于出现在集体记忆和语言中。济慈写下这首诗时，人们还在另外两个已知地区发现了钻石：巴西的米纳斯吉拉斯省（Minas Gerais）以及婆罗洲岛。戈尔康达，靠近今天的海德拉巴（译注：Hyderabad，印度第六大城市），同名的戈尔康达苏丹国（译注：巴赫马尼苏丹国于 16 世纪初期分裂成 5 个区域性王国，其中最东部的是戈尔康达库特布·沙苏丹国，后者存在时期约为 1518—1687 年）山林田地开采出来的钻石主要销往此地。戈尔康达虽然是最能代表印度钻石储量的地区，但该国还有许多其他的钻石产地，有些大名鼎鼎，有些则早已为世人所遗忘（参见图5）。1425年，印度历史学家费里什塔（Ferishta）提到了中央邦（Madhya Pradesh）几处资源枯竭的矿场，他的描述中可能包括威拉加尔（Wairagarh）矿场。[3] 17世纪末的一位欧洲旅行家在戈尔康达苏丹国发现了多达23处矿场，在莫卧儿皇帝奥朗则布（Aurangzeb，1618—1707）征服的苏丹国，即位于南部卡纳塔卡邦（Karnataka）的比贾布尔（Bijapur）发现了15处矿场。[4]

这一章开篇，先讲讲最初在亚洲某地发现了钻石的那些古老传说和神话故事。这里的"某地"就是印度半岛，那里的统治者（maharajahs，即印度土邦主）、莫卧儿帝国君主和欧洲海洋强国，特别是英国东印度公司，争相抢夺对它的控制权。因为当时人们认为该地区是唯一可以找到钻石的地方，尽管一直有传言称在其他岛屿也盛产钻石——后来那些传言成真了。

宝石的神话故事

在中世纪和古代的资料中，大多数关于钻石矿的记载都是有问题的，因为其中对矿场具体位置的描述模糊不清，还常混淆神话与现实。要确定古代和近代早期文献中所提及的印度钻石矿如今在何处，这并非易事。人们曾多次尝试将历史上的矿区划分为不同的组别，其中某些分类方式在今天仍有帮助。德国地理学家卡尔·里特（Carl Ritter，1779—1859）将钻石矿区分为5组：位于安得拉邦（Andhra Pradesh）彭纳河（Penner）上的柯德帕（Kedapa，原名Cuddapah，古德伯）矿群，包括康达佩塔矿（Condapetta）和瓦吉拉·卡鲁矿（Wajra Karur）；附近的南迪尔（Nandial）矿群，位于克里希纳河（Krishna）和彭纳河之间，包含拉穆尔科塔矿（Ramulkota）；东北部克里希纳河上的埃洛尔（Ellore）或戈尔康达矿群，包括著名的科鲁尔矿（Kollur），还有马拉威利矿（Malavilly）；马哈纳迪河（Mahanadi）上的森伯尔布尔（Sambalpur）矿群，有苏梅尔布尔（Soumelpur）和威拉加尔矿，位于印度东部的焦达讷格布尔（Chota Nagpur）高原；最后是位于本德尔肯德（Bundelkhand）的本纳（Panna）矿群，地处焦达讷格布尔的西北部（参见图7）。[5]这一分法对印度钻石矿区颇具价值，有助于定位一些比较知名的矿区，但要通过历史参考资料来确定里特提到的所有矿区仍然是一项不可能完成的任务。在历史记载中，有些矿区位置有时含混不清，它们的名称也在变化，而且对于某些矿区，人们除了知道其废弃的时间外，别的一无所知。

　　最早提及钻石的文献是梵文版本的《政事论》（Arthaśāstra），人们通常认为该书是考底利耶（Kautilya）所作，他是孔雀王朝首位皇帝旃陀罗笈多（Candragupta）的顾问，旃陀罗笈多于公元前321年至公元前297年间统治着印度大部分地区。该文件规定了海洋矿区监管人的任务，即负责"收集海螺壳、钻石、宝石、珍珠、珊瑚和盐"。[6]《政事论》还是确认钻石贸易早已存在的最古老的文本，因为它规定了交易金、银、珍珠、珊瑚、钻石和其他宝石的商人要向孔雀王朝国库缴纳一种商业税。[7]要估计这份手稿的年代以及它所引用文献资料的来源实非易事，但《政事论》英文新译本的译者帕特里克·奥利维尔（Patrick Olivelle）得出如下结论：该手稿的创作时间肯定比大家一贯认为的要晚，在公元50年至125年之间。[8]

　　就多数提及钻石矿的古代和中世纪资料而言，很难将其中

Panna：本纳
Kalinjar：卡林贾尔
Benares：贝拿勒斯
Ganges：恒河
Pipri：皮普里
North Koel River：北科埃尔河
Soumelpour：苏梅尔珀
South Koel River：南科埃尔河
Surat：苏拉特
Narmada River：纳尔默达河
Nagpur：讷格布尔
Sambalpur：森伯尔布尔
Wairagarh：威拉加尔
Mahanadi River：马哈纳迪河

Harpah：哈帕
Mumbai：孟买
Godaveri River：戈达瓦里河？
Colconda：戈尔康达
Krishna River：克里希纳河
Bijapur：比贾布尔
Hyderbad：海德拉巴
Kollur：科鲁尔
Golapilly：戈拉皮利
Goa：果阿
Ramulkota：拉穆尔科塔
Nandial：南迪尔
Karnool：卡诺尔
Masulipatnam：默苏利珀德姆

Wajra Karrur：瓦吉拉·卡鲁
Condapetta：康达佩塔
Bellary：贝拉里
Gandikota：甘迪科塔
Kedapa：柯德帕
Penner River：彭纳河
Chennai：金奈
Fort St. George：圣乔治堡
Kozhikode：科泽科德
Puducherry：本地治里

Alluvial Diamond Deposits：冲积
型钻石矿藏

图 7　印度的钻石矿藏

的地名精确对应到现代的地名。《政事论》中提到了 6 个地点 [9]，古代矿物宝石专家阿伦·库马尔·比斯沃斯（Arun Kumar Biswas）试图确定这 6 个地点究竟在何处，并设法区分了 7 个地理区域：那格浦尔（Nagpur）附近萨斯（Sath）河上的韦拉加德（Wairagadh）[10]，焦达讷格布尔（Chota Nagpur）高原的西南部；本纳地区；戈尔康达矿区；苏梅尔布尔地区；马哈纳迪河谷的冲积矿场；森伯尔布尔地区；科埃尔河（Koel）地区。这些区域都属于里特所说的 5 个矿群内（参见图 7）。[11] 其他文本中提供的信息各不相同，这进一步加剧了地点定位问题的难度。[12]

托勒密（Ptolemy，公元 100—170）在《地理学指南》（*Geographia*）中提到了一条名叫"阿达玛斯"（Adamas）的河流，人们曾在此开采钻石。有人认为该河就是马哈纳迪河，但这一说法有争议。[13] 最近有篇文章通过地理信息系统将《地理学指南》中的地点与现在的地点进行比较，认为"阿达玛斯"河应该就是马哈纳迪河以北的苏巴纳雷卡河（Subarnarekha）。[14] "阿达玛斯"是一个希腊词，指钻石，但字面意思为"不怕火炼"。"钻石"不同指称用词之间的语言关系反映其地理分布情况方面的知识。钻石在俄语中是"almaz"，在蒙古语中是"alama"，在阿拉伯语和吉尔吉斯语中都被译为"almas"。[15] 使用最新技术来确定托勒密所提及的钻石位置给了学者们希望，但是为了确定古代亚洲钻石矿的确切位置，学者们严重依赖词语、知识和钻石商品本身传播的情况，但该局面因 3 个问题而变得复杂。首先，资料中的记载可能是存在偏误的。《厄立特里亚海航海记》（*The Periplus of The Erythraean Sea*）是一篇关于航海和贸易的文章，可能写于 1 世纪中叶，该文提及了印度的钻石矿，但没有指出具体地点。[16] 尽管这对于更好地理解钻石开采和贸易的年表非常重要，但可惜，其中除了相当模糊的"印度"一词以外，学者们无从获知更为具体的矿藏地点。

其次，将"adamas"这个词与钻石明确地联系起来并非总是可行。在《自然史》（*Natural History*）中，老普林尼（Pliny the Elder，公元23—79）用这个词来描述"拥有最大价值的物质，范围不限于宝石，可推及所有人类财产"。[17]普林尼记录了使用"adamas"碎片来切割"已知最坚硬的物质"，但他所指的是否真的是钻石，这仍然值得怀疑，因为他提到在印度、埃塞俄比亚、阿拉伯、马其顿王国（Macedonia）和塞浦路斯（Cyprus）都可以找到"adamas"。[18]

最后，国际贸易可能掩盖钻石最初发掘地的信息，并且宝石贸易往往是偷偷摸摸、神秘兮兮地进行的，这令该问题变得更加严重。在斯里兰卡尽管没有发现钻石，但在 5 世纪，一位名叫法显（Fa-Hien）的中国僧人描述佛陀（**译注：印度阿育王曾派其子嗣将佛教传入斯里兰卡**）曾前往该岛并在此中止了"阿拉伯商人与岛上原住民之间庞大的宝石贸易"。[19]法显的言论被视作斯里兰卡存在钻石的证据，但这最多只能表明商人们在那里出售过（而不是开采）印度钻石或其他珍宝。900 年后的 14 世纪，人们依旧困惑在哪里能找到钻石。在当时，某个亚美尼亚（Armenian）旅行家提到了一个名为 Sym 的省份，声称该地盛产钻石，人们不禁疑惑 Sym 到底是哪里。[20]也许他指的是暹罗王国（Siam），但那里没有钻石，只有红宝石和蓝宝石。然而，有些钻石（也许来自婆罗洲）确实经由该地被送往了中国。

由于缺乏有关亚洲早期钻石贸易规模的信息，要确定开采地点便更为困难了。众所周知，自亚历山大东征以来，钻石已经跨越地中海，但鲜有迹象表明希腊人和印度人之间存在定期宝石贸易。[21]罗马时代欧亚钻石贸易的发展则有更多证据支撑。据考古资料发现，至少从 1 世纪起，钻石就进入了印度和罗马帝国之间的贸易网络中，而阿里卡梅杜城（译注：Arikamedu，即本地治里，历史上名为 Pondicherry，如今名为 Puducherry）发挥了关键作用。[22]对该地发现的一块岩石晶体进行技术分析后，人们发现这块晶体是在公元前 250 年至公元 300 年之间使用钻石加工而成的，罗马雕刻师们可能从阿里卡梅杜学到了技术。[23]在奥古斯都皇帝统治时期（前 27—4），有关宝石的记载越来越多，有资料表明，罗马人对钻石的好奇心在不断增加。《厄立特里亚海航海记》提到了印度与罗马之间的贸易，人们用这种珍贵的石头交换金银制物品、工具和衣服。[24]

目前尚不清楚当时的中国是否直接与印度开展了钻石贸易，但在汉朝（前 206—220），中国与罗马帝国之间确实存在贸易联系，其中就包括了宝石交易。[25]钻石贸易路线有多远？这同样不为人知。但根据普林尼的说法，商人们将贸易路线一直延伸到埃塞俄比亚。[26]然而，大部分贸易仅限于印度及其周边地区，这是因为当地的朝贡体系（译注：更确切地说，印度朝贡体系被称作"曼陀罗"体系，是一种多圈层的秩序体系，简单分为中心圈、控制圈和朝贡圈）中含有宝石进贡，而且地方统治者拥有特权，可留下品质最为上乘的钻石。大多数钻石从未能进入欧洲，特别是基督教兴起后，欧洲人对钻石硬度所关联的超自然效果不再那般推崇，从而令人们对钻石的需求随之下降了。[27]

随着时间的推移，陆路上的贸易路线在不断发展，它们将亚洲与中东、西欧部分地区连接起来。波斯学者阿尔贝鲁尼（Al-Biruni，公元 973—1048）出生于花剌子模（Khwarazm），当时是阿巴斯帝国（Abbasid Empire）的一部分，他声称自己途经伊斯法罕（Isfahan）和南德纳堡（Fort Nandna，今巴基斯坦的杰鲁姆）时收到了钻石。[28] 钻石通过亚丁港（Aden）和亚历山大港（Alexandria），经红海向西运输，再跨越波斯湾，以霍尔木兹（Ormus）作为主要转运港，随后通过阿勒颇（Aleppo）和君士坦丁堡（Constantinople）进行运输。开罗成为重要的贸易中心，该地最早在 11 世纪就出现了钻石商人。[29] 将这些中东线路和欧洲连接起来的地方是威尼斯。至少从 8 世纪开始，该城市就成为亚洲奢侈品的门户，并成为向欧洲供应亚洲宝石（包括钻石）的主要商业中心。[30] 威尼斯商人亲自前往亚历山大港购买宝石，然后将其出售给帕维亚（Pavia）的法兰克商人。[31] 意大利北部城邦与佛兰德斯（Flanders）、布拉邦特（Brabant）和法国之间，因香槟市集（**译注：Champagne fairs，12 世纪至 13 世纪在法国东北部的香槟市集是欧洲著名的商贸中心**）的存在而进一步加深了贸易关系，推动钻石贸易向西部发展。威尼斯人在纽伦堡（Nuremberg）、巴黎和布鲁日（Bruges）出售钻石，此后布鲁日成为重要的钻石中心。[32]

随着这些陆路贸易网络的发展，阿拉伯人对钻石也日益了解，中世纪众多著名的阿拉伯地理学家都撰文提及钻石和其他宝石。[33] 阿拉伯历史学家阿里·麦斯欧迪（Al-Masudi，公元 896—956）提到了来自印度洋海岸的钻石。[34] 阿尔贝鲁尼于 11 世纪初撰写了一部关于矿物学的重要著作，他在其中讨论了钻石，声称这些宝石是在"面朝塞兰迪布（Serandib）的卡瓦（Khwar）"开采的。[35] 阿拉伯语中塞兰迪布是斯里兰卡的古称，意思是"快乐之岛"，阿尔贝鲁尼暗示那里也有钻石。在已知著作中，他的作品较早揭穿了钻石的神话：在他看来，猎鹰和麻雀将钻石从山谷带回巢穴，而后冒险家们在这些巢穴中捡到钻石的故事纯属伪造。[36]

钻石谷（Diamond Valley）的神话流传甚广，历史学家将其起源追溯到希腊化东方（Hellenistic Orient），然后各种版本流传到中国、印度、阿拉伯半岛、波斯和西方世界，所有这些传播行为都发生在 7 世纪下半叶之前，这或许说明，钻石贸易所到之地，便有相关故事流传。[37] 大部分版本都认为那些钻石周围群蛇环绕，但故事中山谷的位置以及获取钻石的细节却大相径庭。该故事有一个版本曾被误认为出自亚里士多德，但实际上它可能源自阿拉伯，其中描述到亚历山大大帝曾访问过钻石谷，该地位于中亚呼罗珊（Khorasan）的边界之外。相传，谷中的蛇只要看人一眼就能把人杀死，但亚历山大大帝用镜子将它们消灭了。[38] 张说（译注：唐朝宰相，本故事见其所著的《梁四公记》，公元 667—730）编撰了中文版本的钻石谷，故事中钻石是在地中海的拂林（Fu-Lin）岛上发现的。[39] 拂林可能是指美索不达米亚巴格达附近的古城泰西封（译注：Ctesiphon 或 Al Mada'in，Al-Mada'in 是底格里斯河上的一个古老大都市，位于古代皇家中心 Ctesiphon 和 Seleucia 之间，它是萨珊王朝统治时期建立的，阿拉伯人和后来的穆斯林用它来称呼泰西封），中国人认为该地区产矿物和珠宝。[40]

钻石谷故事最流行的一个版本出自"水手辛巴达的第二次航海旅行"。故事中，辛巴达来到钻石谷，看到商人将大块的肉扔进山谷里。钻石黏附在这些肉块上，鸷鸟叼起这些肉带回自己的巢穴里，商人们便可以轻易地从巢穴中收集这些宝石。[41] 有人认为，塞兰迪布岛蕴藏宝石的传说对这类故事的诞生有所启示。[42]

在欧洲，马可·波罗（Marco Polo，1254—1324）在其游记中收录了该故事的蛇谷版本，但他并未像数百年前阿尔贝鲁尼那样对其进行批评。[43] 后来，意大利旅行家尼科洛·德·孔蒂（Nicolò de' Conti，1395—1469）也提到了这个故事，他的版本是由教皇秘书波吉奥·布拉乔利尼（Poggio Bracciolini）撰写的，该故事聚焦于一座产钻的山脉，山脉周遭环绕着湖泊，其间栖居着蛇和其他有毒动物。人们通过从附近山上扔下肉块来获取钻石。[44] 德·孔蒂和马可·波罗一样，表面上接受了这个故事。后来有学者认为，欧洲旅行家们对这个故事的认可是基于当地的文化习俗。在开矿前，人们用动物祭祀，血肉的气味会招来秃鹫。[45] 德·孔蒂本人肯定见证了这样的场景，因为他曾到访过的钻石矿，距离印度南部毗奢耶那伽罗帝国（Vijayanagara，也译为"胜利城"，是印度历史上最后一个印度教帝国，建立于1336年，1565年覆灭）都城仅15天的路程。[46]

也许关于这一神话最古老的图像可以在1375年的《加泰罗尼地图集》（*Catalan Atlas*）中找到，该地图由犹太制图师亚伯拉罕·克雷斯克斯（Abraham Cresques）与其子耶胡达（Jehuda）共同绘制，献给阿拉贡王子胡安（Juan）（参见图8）。[47] 钻石谷绘图旁所附的加泰罗尼亚语文本可翻译如下：

> "这些人被选来寻找钻石。然而，他们由于爬不上这些钻石所在的山峰，就巧妙地将肉块扔到这些宝石所在的地方。钻石从岩石上脱落并黏附住肉块。而后，鸟儿们叼起肉块，这些宝石便从上面掉了下来。亚历山大如是说。"[48]

克雷斯克斯所绘的钻石谷坐落在巴尔达西亚（Baldassia）山脉，人们认为该山脉主要位于今塔吉克斯坦的巴达克山（Badakshan）地区。该地区在古代贸易网络中发挥了重要作用，是丝绸之路的一个中转站。阿尔贝鲁尼曾提到这里可以找到尖晶石，而伊本·白图泰（Ibn Battuta，1304—1369）和马可·波罗则声称在该地可以找到红宝石。[49] 如此看来，没有足够的物证能证实中亚存在钻石矿，这些传言必定是指今日印度的某些地区。大家虽然普遍认为钻石黏附在肉上的故事是杜撰出来的，但它可能还是具备一定的真实性。1897 年，戴比尔斯公司的一位员工在金伯利钻石矿发现，钻石会黏附在油脂上，这与矿区含钻泥土中的其他矿物不同。基于该发现，人们发明了油脂式选矿台，后者可用于分拣钻石，从而大大提高了寻找钻石的效率。[50]

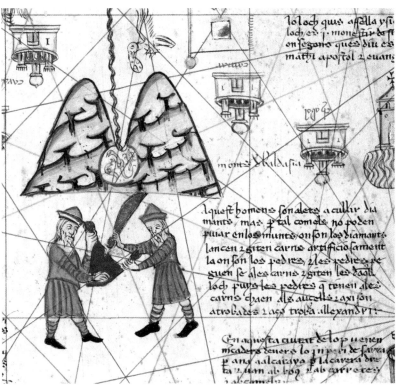

图 8　《加泰罗尼地图集》细节图，1375 年

早期的欧洲游记

13 世纪末，马可·波罗写下了闻名遐迩的游记，这是欧洲旅行者较早提及印度钻石的作品之一，其中写道："别以为那里的上乘钻石会到基督徒手里；它们会归于大汗，以及那些富饶之地的王侯和男爵们。"[51] 当时，德干（Deccan）地区由维贾亚纳加拉帝国的皇帝们统治。马可·波罗之后，又有几个欧洲人描述了维贾亚纳加拉的钻石矿区。其中，最为重要的是马可·波罗同胞、威尼斯人德·孔蒂的描述以及葡萄牙探险家杜阿尔特·巴博萨（Duarte Barbosa，1480—1521）的叙述，德·孔蒂曾于 15 世纪 20 年代进入过维贾亚纳加拉首都北部克里希纳河附近的钻石矿。[52]

马可·波罗和德·孔蒂的经历虽然契合以陆路贸易路线为主的旧世界，但从巴博萨的作品中可以看出，由于欧洲和印度之间建立起了一条经由好望角的海路，欧亚大陆的商业重心正在转移。海上航线迅速取代了经由威尼斯的陆路贸易路线，里斯本成为欧洲前往亚洲获取钻石的新门户。再往北，布鲁日因兹温河（Zwin）淤塞而失去了前往北海（North Sea）的通道，随后安特卫普跻身重要的贸易中心之列。越来越多的意大利和葡萄牙商贩在安特卫普定居，而安特卫普商人也在里斯本和威尼斯开设分店。[53] 在这种背景下，威尼斯作为国际贸易中心的地位下降了，但它作为钻石加工中心的地位依然牢固。17 世纪上半叶，威尼斯雇佣的工匠仍然比安特卫普多。这在很大程度上源于该城市与奥斯曼帝国（Ottoman Empire）的紧密联系，因为伊斯坦布尔是威尼斯工场打磨钻石的重要消费市场。[54]

葡萄牙船只不仅把钻石带到了欧洲，还把牧师、冒险家和商人运离了欧洲。从 16 世纪开始，欧洲商人陆续出现在印度，经营宝石、珍珠等珠宝。其中部分欧洲人将其商品远销到中国和菲律宾，再从那里将经过打磨雕琢的宝石出口到新西班牙（译注：New Spain，这是西班牙管理北美洲和菲律宾的一个殖民地总督辖地，其首府位于墨西哥城）。[55] 1528 年，一个名为吉尔赫姆·德·布鲁日（Guylherme de Bruges）的人让科钦（Cochin）的某位商人将蓝宝石、红宝石等珠宝运到里斯本。同期，一个代理商为奥格斯堡某商行从安特卫普商人处购买了钻石，后者曾在维贾亚纳加拉帝国的钻石矿附近待过一段时间。[56] 葡萄牙国王的首席珠宝匠弗朗西斯科·佩雷拉（Francisco Pereira）在 1548 年写下的一份手稿中多次提到贝拉里（Bellary）、凯达帕（Kedapa）和瓦伊拉·卡鲁（Wajra Karur）矿场。维贾亚纳加拉帝国的皇帝们有时会把钻石作为礼物赠送出去。例如，费尔南·努涅斯（Fernão Nunes）于 1535 年至 1537 年拜访该帝国，据其游记记载，有 16 颗钻石被赠送给了比贾布尔（Bijapur）苏丹，其中最大的一颗重达 162 克拉。[57]

这些早期的葡萄牙报告极大地拓宽了欧洲人对亚洲钻石的认识，而且很快欧洲其他地区的旅行家也记录下他们的所见所闻，提供了更多在印度钻石产地采矿和进行贸易活动的细节。关于印度钻石矿场，还可参见荷兰商人兼旅行家简·哈伊吉思·范·林索登（Jan Huyghen van Linschoten，1563—1611）撰写的《旅行日记》（Itinerario），该书的细节广为人知。[58] 相较于大部分先行者，他对于维贾亚纳加拉钻石矿的讨论更为详尽，尽管他也多处借鉴了葡萄牙人加西亚·达·奥尔塔（Garcia da Orta）1563 年在果阿（Goa）出版的《印度香药谈》（Coloquios dos Simples e Drogas da India）。[59] 据林索登称，最好的钻石产于德干一座名为"罗萨·维拉"（Roça Velha，葡萄牙语意为"老农场"）的山上，然后它们被运到果阿和坎贝湾（Cambay）之间的一座城市，再被古吉拉特（Gujarati）商人买走。[60]在林索登的描述中，钻石开采方式与黄金开采方式无异，"开采深度达到一人高"。[61]有时，一些矿洞在闲置多年后，又被人重新进行开采。

另一份详细的记录来自雅克·德·库特（Jacques de Coutre），他是位来自布鲁日的钻石商人，在亚洲南部和中东待了30多年。1611年，他前往拉马纳科塔（Ramanacota）的钻石矿，在那里他目睹了5万名男女老少在劳作。他说这些人很穷，干活的时候近乎赤身裸体，只裹着一条腰布，这是防止他们偷窃的一种措施。矿工们自己组成小团伙，由商人出资支付工资和花费。这些商人给矿工的开价很低，此外，他们每月得向"矿场主"（来自国家的监督者）交纳贡金；在德·库特所处的时代，"矿场主"是维贾亚纳加拉皇帝的侄子。凡有7克拉及以上的钻石出土，都默认属于他。[62]印度帝国和苏丹国普遍将钻石开采视为专属于统治者的垄断活动，要么由官员们代表君主进行管理，要么出售给某位承包商。[63]某些矿场出产的钻石全部归统治者所有，例如，卡鲁瑞（Currure）矿场，它在17世纪被划归戈尔康达。[64]然而，一般来说，雇佣矿工的商人们能够花钱获得采矿许可，至于开展钻石交易等商业活动，则需缴纳额外的税费。[65]

德·库特描述了各种采矿方法，对冲积层采矿来说，这些方法一直保留了下来。矿工们首先建造一个平台，并围上小栅栏。其次在平台旁边建一座小庙，里面放一尊涂有藏红花的神像。祭祀仪式结束后，矿工们开始用铁镐和铁锹挖出含钻泥土，这类泥土可通过颜色进行辨认。将它们放在平台上晾晒干燥，风的侵蚀力将"一人高"的土堆风化分解至一小堆圆石头，从中很容易找到钻石。其间，一直有人监督着这些矿工，禁止他们将开采出来的钻石卖给外国人。挖土环节并非全无危险，德·库特就描述了这样一场悲剧：大雨导致矿洞坍塌，150 名矿工被埋；随后，这些遇难矿工的遗孀中有 30 人被活活烧死，这种仪式被称为寡妇自焚殉夫仪式（sati）。[66]

少数已知的近代早期印度钻石矿插图中，有一张来自荷兰插画家罗梅因·德·胡赫（Romeyn de Hooghe，1645—1708）（参见图 9）。这幅图虽然明显经过浪漫化处理，但它展现出近代早期印度钻石开采的几大典型特征：商人们近距离监督、矿工们赤身裸体，还有宗教雕像和"牧师"。德·胡赫名噪一时，他的一些图画被莱顿的出版商彼得·范·德拉（Pieter van der Aa）买下，后者将其用于自己《宜人的世界画廊》（*Galerie agréable du monde*）的数卷图书中。在范·德拉这套关于波斯和莫卧儿帝国的书籍中，有关钻石矿的图片出现在第二卷。[67]无论是彼得·范·德拉还是德·胡赫都没有就其图片上钻石矿的具体位置提供任何相关细节，但在第一卷《东印度群岛》（*Les Indes Orientales*）中，范·德拉对戈尔康达和奥里沙（Orixa）两个王国做了简短的描述。他描述到，奥里沙（可以确定为今天的奥迪沙，Odisha）盛产钻石，附近戈尔康达的统治者于 1622 年下令用碎石填满矿井，以免出产钻石过多而拉低价格。范·德拉还指出，戈尔康达有超过 10 万名矿工在劳作，附近还有大量商人，都专门登记造册了。[68]

图 9　钻石矿，印度，1729 年

　　范·德拉的上述相关著作中，只有两张图片与钻石有关，另一张是亚伯拉罕·博斯（Abraham Bosse）所绘图画的副本，该图描绘了让·巴蒂斯特·塔韦尼埃（Jean Baptiste Tavernier，1605—1689）卖给法国国王的那20颗最漂亮的钻石（参见图10）。塔韦尼埃是一名珠宝商，为法国宫廷服务。在描述过印度钻石矿的欧洲旅行家中，他最为知名。他曾经去过5个矿区，其中就有他所知道的两条含钻河流中的一条。他描述的第一个矿区

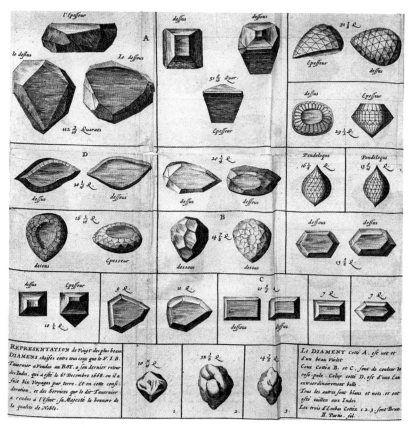

图 10　塔韦尼埃的钻石，1676 年；由亚伯拉罕·博斯进行初始雕琢

是位于今天卡纳塔克邦（Karnataka）的劳尔康达（Raolconda），后来被人确认为拉穆尔科塔（Ramulkota）矿，他于 1645 年到访此处（参见图 7）。[69]这座矿位于比贾布尔苏丹国，距塔韦尼埃来到此地的 200 年前被人发现，其中的钻石隐藏在岩脉中。[70]据这位法国珠宝商说，参与开采这些含钻物的矿工人数在 50 人至 100 人之间。塔韦尼埃和林索登一样，提到现场有雇佣矿工的商人，后者每天要向统治者付钱，每 50 名矿工 2 金币（译注：pagoda，印度旧金币）。[71]虽然缴税后政府会提供有效的监管，但其也享受

着留下上品钻石的特权。塔韦尼埃的描述证实了林索登笔下矿工们贫困交加的窘境：他们几乎赤身裸体地劳作，也赚不到什么钱，于是铤而走险去吞钻以窃取钻石。[72] 矿工们通常是贫穷的农民，他们开采钻石所获得的报酬微薄，而且收到的部分酬劳是以食物和烟草的形式支付的。[73] 盗窃钻石的行为很常见，塔韦尼埃曾听说有矿工把一颗 2 克拉的小钻石藏在眼角。为了防盗，商人们另付一笔钱给矿工小队（一队至多 15 人），让他们帮忙监督。如果发现了大点的钻石，矿工们还会获得奖励，比如，多分点食物。[74]

塔韦尼埃继续他的旅行，他接着参观了著名的科鲁尔矿场，该矿场临河而建，从这条河流走到戈尔康达约需 7 天时间。[75] 大约在 100 年前，一位小米种植园主发现了这座矿场，它因出产大钻石而享有盛名，尽管这些大钻石的纯度不一定最高。[76] 但在塔韦尼埃所处的时代，它一定是开采较为频繁的矿场之一，因为他提到有多达 6 万人在那里劳作。和印度其他地方一样，矿工开工前先向一尊雕像祈祷，接着吃顿饭。之后，男人们开始挖土，挖出的坑深至 4 米；女人和孩子们则把含钻泥土运到一个平坦且围有围墙的地带，那里有水流过。此后，正如德·库特所描述的，矿工们把泥土耙碎，用水清洗后，其中的钻石便会显露出来。[77] 这种将含钻泥土从河床中运送到某个地方再由矿工们从中翻找钻石的方法，在冲积矿开采过程中几乎不因时间或地点的改变而发生变化，甚至连性别分工也一成不变（参见图 11、图 12）。

根据这位法国名人的记录，最古老的矿场位于孟加拉的科埃尔河上。从他对该地钻石开采的描述中可以看出，河床中的钻石开采深受季节变迁之影响。[78] 2 月，雨季结束，约 8000 人从苏梅尔布尔及附近村庄赶来。他们先抽干部分河道，而后获取河床的泥土。这与在劳尔康达的干式挖矿法不同。科埃尔出产的钻石棱

图 11　钻石开采，马达布拉
（Martapura），1951 年

图 12　运送含钻泥土的妇女们，婆罗
洲，1928 年

角分明，当时欧洲市场上没有这类钻石，因此有人认为这些矿场已经关闭了，但其实可能只是因为这些钻石根本就没有被运往欧洲。[79]

塔韦尼埃结束其旅程 20 年后，荷兰商人彼得·德·朗格（Pieter de Lange）也撰写了一份报告，对这一地区的情况进行了补充。这份报告是代表荷兰东印度公司（VOC）编写的，记录了 4 个钻石矿的信息，其中包括几个塔韦尼埃也曾到过的地点。[80]德·朗格先描述了他所听说的一个孟加拉钻石矿，位于皮普里［Pipri，今天的北方邦（Uttar Pradesh）］的东南方向，据说那里的岩石中含有古老的钻石，但由于气候恶劣、管理糟糕，人们对该矿避之不及。第二个矿场人称"劳维莱科特"（Rauvelecotte 或 Roncoldael），位于比贾布尔，自"远古时代"就已闻名。[81]这很可能是塔韦尼埃笔下的劳尔康达矿。这些宝石取自岩石，其中产生了大量的"拉斯克"（lask），据称"拉斯克"的切面极不规则，这是因为人们是通过重击那些岩石令其开裂来开采钻石的。"拉斯克"是用来称呼对钻石原石所采取的特殊切割方式，即"沿着裂缝进行切割，产生平坦的薄板状宝石，借此减少钻石整体重量的损失"。[82] 拉斯克切割法起源于印度，旨在尽可能多地保留钻石原石的重量，但牺牲了钻石的对称性。由于鉴赏方式不一样，拉斯克式钻石在欧洲商人中并不受欢迎。[83] 更普遍的是，欧洲出现了一种倾向，认为印度的切割工艺不好，格达利亚·约格夫（Gedalia Yogev）等学者因而得出结论：用"拉斯克"这种印度钻石切割法加工的钻石，个体质量差异很大，因为"印度的工艺不好"。这种说法极具欧洲中心主义色彩，没有考虑到受众品味的差异；随着 20 世纪的各种观念的进步，这种说法已经完全过时了。[84] 据说在德·朗格撰写那份报告时，劳维莱科特矿已经枯竭。第三个矿场位于柯德帕地区，在甘迪科塔（Gandikota）城堡附近，可以看到彭纳河，但在德·朗格撰写报告时，它已光景不再了。由于当时管理的原因，矿工们和商人们纷纷避开了这个地方。这是一个出产小钻、白钻的矿场，1638 年荷兰东印度公司曾在此进行了重点采购。[85] 也许甘迪科塔矿就是此后亨利·霍华德（Henry Howard）所写报告中的那个"甘杰康塔矿"（Ganjeeconta），当时该矿属于私人所有。[86]

　　他最后描述的第四个矿场是曾被塔韦尼埃提到过的科鲁尔，占地 52 平方千米，建有 14 个村庄，与矿场同名的科鲁尔镇就在这里。[87] 商人们居住在该地以及其他 3 个主要城镇，矿工们则居住在另外 10 个村庄。商人需要为每个工人支付一笔钱，那些独立劳作的人则必须每周为国王工作 1 天，以换取微薄的报酬。[88] 到达科鲁尔的冒险家和商人获准雇佣矿工，并按 10 人一组支付费用。矿工们使用铁镐和撬棍挖开一层红色石头，直到挖到含钻泥土，再将这些土壤运去清洗，最多会连续清洗 6 次，直至钻石从剩余泥土中显露出来。和其他地方一样，超过一定尺寸的钻石自动归属当地的统治者。对窃贼们常见的惩罚方式，就是让他们及其家人做苦役，强迫他们在这些矿场无偿劳作。正如塔韦尼埃在劳尔康达曾注意到的那样，在科鲁尔，商人们会招募矿工，但倘若某个矿工找不到事做，该矿工可能就不得不直接为统治者做事。[89] 塔韦尼埃和德·朗格等专业人士提供了越来越多详细的官方报告和目击者陈述，这些报告表明，欧洲人愈发希望直接在矿区进行交易，甚至可能梦想着控制矿区。但莫卧儿的权力在不断扩大，并且禁止外国人在该国领土上进行贸易，令欧洲人的这些梦想和愿望无法完全实现，不过偶尔也有一些记录提及欧洲人有过在采矿点直接开展贸易的事迹。[90]

莫卧儿帝国时期

就在几位近代早期欧洲旅行家将自己在印度的经历付诸笔端时，政治动荡也冲击着印度各矿区，挑战它们的所有权。17 世纪上半叶，莫卧儿帝国的皇帝们已征服数个盛产钻石的地区。在北方，阿克巴（Akbar，1542—1605）在 16 世纪结束之前就征服了孟加拉及其钻石矿。《阿克巴治则》（Ain-i-Akbari）是一份关于 1590 年阿克巴执政状况的全面报告，其中有 3 处提到了钻石矿：一是低孟加拉（lower Bengal）马达然（Madáran）地区的哈帕（Harpah）钻石矿，据说能生产极其微小的宝石；二是本德尔肯德地区卡林贾尔（Kálinjar）要塞附近的冲积矿场同样出产小钻石，当地农民在对它进行开采；三是一处名为比拉加尔（Birágarh）的钻石矿，位于马哈拉施特拉邦（Maharashtra）的卡拉姆（Kallam）附近。[91]

这些记载体现了莫卧儿帝国对钻石的兴趣，也证实了那些四处征战的统治者对地方上的钻石财富一清二楚。此后关于莫卧儿帝国东征西讨的故事提供了更多钻石矿的相关细节。1585年，阿克巴让焦达讷格布尔及其中心霍克拉（Khokhra）变为帝国的附属国。[92]但这里的统治者拉贾·杜尔扬·萨尔（Raja Durjan Sal）拒绝缴纳贡品。阿克巴的继任者贾汗季（Jehangir，1569—1627）意识到那里有钻石，于是在1616年下令骑象入侵焦达讷格布尔，这距离阿克巴最初试图控制该地区已过去了31年。[93]贾汗季在回忆录中写到，由于科埃尔河和桑赫河（Sankh）的冲积矿场坐落在茂密的丛林中，他才推迟了进攻的时间。[94]贾汗季入侵后就囚禁了拉贾·萨尔，随后却命令他对两颗来自霍克拉的钻石进行估值，接着又赦免了他。拉贾注意到其中一颗有裂纹，他通过实验证明了自己的观察是对的。实验是这样做的：将两颗钻石绑在一只公羊的角上，然后驱使它与另一只公羊搏斗。有瑕疵的那颗钻石裂开了，于是贾汗季允许拉贾·萨尔回到焦达讷格布尔。[95]

拉贾·萨尔的敌对态度并非莫卧儿王朝在那些钻石产地所遇到的唯一阻力。1569年，阿克巴征服了恒河以南本德尔肯德的本纳矿区，但该地区很难治理，莫卧儿皇帝不得不长期应付叛乱。部分源于对贾汗季之孙奥朗则布那偏狭的宗教政策不满，1671年，一个名叫吉哈特拉索（Chhatrasal）的人组建了一支军队发动叛乱，反抗莫卧儿帝国。他借助当地钻石矿的收入成为本德尔肯德的邦主，该邦在18世纪被马拉塔人（Maratha）控制之前一直保持独立。[96]

在印度南部，维贾亚纳加拉帝国一直保持着强大的政治影响力，直到1565年塔里寇达（Talikota）战役中德干苏丹国联盟

（包括比贾布尔和戈尔康达在内）将其击败，该帝国大伤元气，再也无法恢复过来。此后，维贾亚纳加拉的钻石矿落入了比贾布尔苏丹的手中。虽然在整个 16 世纪，比贾布尔和戈尔康达都设法保住其独立的苏丹国地位，但 1636 年，莫卧儿皇帝沙·贾汗（译注：Shah Jahan，也被译作沙贾汗，1592—1666）还是将它们变成了附庸国。[97] 人们认为，在印度半岛上，这两个苏丹国的钻石矿藏最为丰富，无怪乎莫卧儿分别在 1656 年和 1687 年出兵入侵两地。从描述这些入侵事件的近现代资料中，笔者发现了一位钻石矿管理者的相关细节，他是近代早期为数不多的知名钻石矿管理者，是一位波斯人，名叫穆罕默德·萨伊德·阿尔德斯塔尼（Muhammad Sayyid Ardestani，1591—1663），后来被尊为米尔·朱姆拉（译注：Mir Jumla，是分封王或者首领的头衔名称，穆罕默德·萨伊德当时任米尔·朱姆拉）。他出生于伊斯法罕（Isfahan）附近，拜师学技后成为一名钻石商的办事员，该商人常来往于戈尔康达做生意。这位波斯人采用别名监管科鲁尔矿时，发了一笔财，并在戈尔康达不断加官晋爵。他先是成为皇家档案保管员，后来当上军事指挥官乃至总督。[98] 最终他官拜维齐尔（译注：Wazir，伊斯兰君主制国家中宰相的衔号），蚕食维贾亚纳加拉部分疆域从而扩大了戈尔康达的领土。维贾亚纳加拉帝国在塔里寇达战役后建立了新王朝并设立了新首都。作为维齐尔，米尔·朱姆拉于 1640 年带领戈尔康达占据了瓦伊拉·卡鲁矿。1646年维贾亚纳加拉新首都陷落时，戈尔康达与比贾布尔结成了短暂的联盟，瓜分了帝国。[99] 卡纳塔克邦的钻石矿大多落入了戈尔康达之手，但据塔韦尼埃所说，米尔·朱姆拉关闭了其中 6 个。[100] 古老而闻名的卡鲁瑞钻石矿也在那时被戈尔康达占领。[101]

维贾亚纳加拉帝国最终败于戈尔康达和比贾布尔两大苏丹

国，但这并未给德干地区带来和平。不久，两个苏丹国之间开始交战，而双方都受到莫卧儿皇帝沙·贾汗及其儿子奥朗则布（时任莫卧儿在德干的副王）的威胁。[102] 米尔·朱姆拉决意叛变并成为莫卧儿帝国的高层。奥朗则布以此为借口，代其父征讨戈尔康达。[103] 沙·贾汗接受了戈尔康达的贡品，迫使奥朗则布从戈尔康达的领土撤退。比贾布尔苏丹于 1656 年去世，于是奥朗则布将注意力转移到比贾布尔，并围困其都城。皇帝下令罢兵，战争暂时中止了。1687 年，莫卧儿帝国又对这两个苏丹国发起了新的入侵战争。奥朗则布已于 1658 年登上皇位，他对米尔·朱姆拉印象深刻，决定命他担任孟加拉的总督。[104] 1663 年，米尔·朱姆拉去世，那时科鲁尔矿依旧归他管理，或者说，又重归于他管理，尽管日常管理权已下放给一个名叫比马西（Bimmassie）的婆罗门。[105] 1665 年 11 月，让·巴蒂斯特·塔韦尼埃获准参观奥朗则布的部分珠宝收藏，他看到了米尔·朱姆拉送给沙·贾汗的一颗"大钻石"。[106] 它原本重达 787.5 克拉，但经过切割后，重量减少到 280 克拉。塔韦尼埃似乎有些糊涂，因为在他对科鲁尔矿的描述中，他也提到了同一颗钻石，认为是米尔·朱姆拉送给奥朗则布的。[107] 有人认为，塔韦尼埃在奥朗则布宫廷里看到的那颗钻石肯定不是送给沙·贾汗的那颗，因此，米尔·朱姆拉肯定至少送出两颗不同的钻石作为礼物，而塔韦尼埃似乎将米尔·朱姆拉送给沙·贾汗和奥朗则布的两份不同礼物混为一谈了。[108]

莫卧儿政府代替地方管理矿场并未给采矿管理带来任何结构性变化。重要的职位被授给了莫卧儿官员而非当地人，而且矿区还需要向皇帝缴纳额外的贡品。但除此之外，此前的制度仍然保持不变。即使莫卧儿王朝想改变钻石开采的结构，也几乎没有时间，因为它们对德干地区西部的控制很快就受到马拉塔人的挑战，后者在 18 世纪征服了莫卧儿的大部分领土。[109] 到 18 世纪中期，本纳、威拉加尔和焦达讷格布尔等地的钻石矿都被纳入马拉塔人的管辖范围内。[110]

1729 年，莫卧儿军队俘虏了吉哈特拉索，后者在本德尔肯德的统治受到了挑战。他逃了出来，并加入了自己曾寻求过帮助的马拉塔军队。在马拉塔人的帮助下，吉哈特拉索成功地恢复了其在本德尔肯德的邦主地位，还娶了马拉塔将军巴吉·拉奥一世（Baji Rao I）的女儿。他去世后，马拉塔控制了本德尔肯德。[111]

莫卧儿的政权已经摇摇欲坠，并遭到波斯的纳迪尔·沙（译注：Nader Shah，伊朗皇帝称号）进一步削弱。1739 年 2 月，纳迪尔·沙在卡尔纳尔（Karnal）附近击败了莫卧儿的军队，并率军进入德里（Delhi），将其洗劫一空。在随后莫卧儿皇帝和纳迪尔·沙的谈判中，后者不仅获得了莫卧儿那装饰有琳琅满目宝石的"孔雀宝座"，还得到了著名的"光之山钻石"（Koh-i-Noor）。[112] 就像塔韦尼埃对米尔·朱姆拉赠送钻石的含混不清的情况一样，光之山钻石的故事也不甚明朗，这直指知名钻石甄别方面一个更为普遍的问题：有些钻石丢失了，有些钻石则被重新切割、塑形。此外，欧洲的历史学家们发现，若能提及一些大家未知的大钻石来填补知名钻石史的空白，这是极具诱惑力的。维多利亚时代的作家们声称，米尔·朱姆拉送给沙·贾汗那 900 克拉的礼物，要么是巴布尔（译注：Babur，莫卧儿帝国的开国君主）的钻石——那是属于莫卧儿王朝开国皇帝的著名巨大钻石，后来失落了；要么是光之山钻石（或者同时是这二者）。[113] 光之山钻石是一颗印度钻石，重近 109 克拉，现为英国王室皇冠珠宝的一部分，它的故事深刻体现了追溯钻石来源之艰难。[114] 1849 年，旁遮普（Punjab）锡克王国（Sikh kingdom）的最后一位王公将光之山送给了维多利亚女王，随后，有人为这颗钻石编造了一段虚假的历史，从而使之获得了神话般的地位。[115]

在南部，海德拉巴（Hyderabad）的尼扎姆（**译者注：nizam，18 世纪至 1950 年间海德拉巴的君主称号**）控制着比贾布尔的矿区和戈尔康达的部分矿区。与此同时，英国东印度公司击败了其竞争对手，成为欧洲在印度的主导力量，并借此发展起重要的印欧钻石贸易。然而，在采矿点建立直接的商业据点仍然是不可能的。1766 年年初，罗伯特·克莱夫（Robert Clive）担任孟加拉总督时，他派托马斯·莫特（Thomas Motte）前往位于奥里萨邦（Odisha）森伯尔布尔的钻石矿，那里靠近赫伯河（Hebe）和马哈纳迪河的交界处，希望后者能与马拉塔的地方附庸国订立一份商业协议。克莱夫同时是东印度公司军队的总司令，他可能从巴西的钻石开采、贸易垄断中受到了启发，因为他的朋友约瑟夫·萨尔瓦多（Joseph Salvador）作为当时重要的犹太钻石商人之一，参与了巴西钻石的商业垄断。[116]克莱夫在奥里萨邦的旷野没有什么收获："山上盛产黄金和钻石，但当地人太懒，再加上对马拉塔人的畏惧而不敢开矿，因为财富只会令自己成为更理想的猎物。"[117]

英印钻石贸易

托马斯·莫特的任务失败了，一个世纪以来，东印度公司控制钻石原石的海上贸易和运输，英国主导了印欧钻石贸易，然而，托马斯·莫特的失败标志着这一切的结束。个别欧洲商人虽然始终活跃在印度，但他们很快就因几家东印度公司的崛起而显得无足轻重了。葡萄牙是第一个与印度次大陆建立贸易关系的欧洲海上强国，葡萄牙人对钻石产生了兴趣，推动里斯本成为一个钻石中心，钻石从这个城市出口到安特卫普。葡萄牙的印度洋航线（Carreira da Índia）在 16 世纪占主导地位，前往印度的欧洲旅行者、商人和钻石工匠往往乘坐的是葡萄牙的船只。葡萄牙人设法通过"散居"（译注：diaspora，该词源自希腊文，是指犹太人分散居住，或指他们在圣地之外殖民地的散居人群）成功地发展自己的贸易网络；1492 年后，西班牙和葡萄牙都出现了大规模的犹太人改宗（译注：希拉克略一世开创了强迫犹太人改宗基督教的先例）以及遭到驱逐的情况，随后便出现了散居现象。据詹姆斯·博亚吉安（James Boyajian）所述，新基督徒（New Christians），即被迫皈依但通常仍坚持其旧有宗教信仰的犹太人，不仅活跃在连接了里斯本和欧洲更北部各钻石中心的贸易路线上，且定居印度，并在此进一步增进贸易往来。[118]

比如，巴尔塔萨·达·维加（Balthasar da Vega），这名葡萄牙商人自 1618 年起就在印度的果阿邦。他向里斯本和安特卫普的代理商行提供钻石，但 1644 年宗教法庭以他是"犹太教信徒"为由将其逮捕。[119] 这类网络是果阿邦、里斯本和安特卫普之间商业轴心的中坚力量，但随着宗教裁判所的迫害、荷兰东印度公司和英国东印度公司的扩张，这些网络逐渐被摧毁。[120]

荷兰东印度公司成立于 1602 年，垄断了亚洲和尼德兰联邦（United Provinces）之间的贸易。[121] 荷兰这些早期行为虽然威胁到了葡萄牙人，但荷兰东印度公司从未能取代葡萄牙在亚洲钻石贸易中的地位。荷兰人确实设法在香料贸易方面建立其垄断地位，并在此过程中残酷地奴役和屠杀当地人。1608 年，荷兰人在默苏利珀德姆（译注：Masulipatnam，今名为 Machilipatnam）建立了一个贸易代理商行，费力地将葡萄牙在该地的贸易夺走。

该城市是戈尔康达王国的主要港口，还是纺织品、靛蓝染料和钻石（直接来自戈尔康达矿区）的贸易中心。[122] 10 年后，英国人进行效仿，默苏利珀德姆成为英国在印度开展私人贸易的重要渠道，其中包括钻石船运。[123] 英国和荷兰东印度公司都立即着手阻止私人贸易，荷兰东印度公司直接在矿区进行销售谈判的行动大多失败了。1631 年，该公司员工开展的所有私人贸易都遭到禁止，该禁令比英国东印度公司发布的相关禁令晚 22 年。[124] 1643 年，荷兰人得以与卡纳塔卡邦邦主订约，确保与金吉（Gingi，今泰米尔纳德邦的一个城镇）附近的钻石矿能直接开展贸易。双方商定，英国人、葡萄牙人和丹麦人不能在那里做买卖，当地居民只能向荷兰东印度公司出售钻石。作为回报，荷兰人的大象和马匹只能卖给邦主。[125] 尽管荷兰人做了这些尝试，荷兰东印度公司还是从未成功攫取经由果阿和里斯本的供应渠道，该路线向低地国家（Low Countries，是对欧洲西北沿海地区的荷兰、比利时、卢森堡三国的统称）运送了其所获得的大部分钻石原石。[126]

时至 17 世纪 60 年代，无论是葡萄牙的印度洋航线还是荷兰的东印度公司显然都无法阻挡英国东印度公司的扩张。[127] 葡萄牙经果阿出口的钻石价值从 200 万克鲁扎多（**译注：cruzado，旧时巴西货币单位，后被克鲁赛罗取代**）下降到 3000 克鲁扎多，而荷兰从印度出口的钻石量则变得微不足道。[128] 自葡萄牙于 1640 年独立以来，英国人与伊伯利亚（Iberian）王国建立了牢固的商业纽带，1661 年葡萄牙国王约翰四世（D.João IV）的女儿凯瑟琳（Catarina）公主与英国国王查理二世（King Charles II）联姻则加固了这层关系。次年，凯瑟琳在一位名叫杜阿尔特·席尔瓦（Duarte Silva）的新基督徒商人陪同下抵达伦敦，其他一些皈依基督教的犹太人紧随其后也加入进来，他们都是为了逃避天主教的宗教裁判所。[129] 葡萄牙犹太人和新基督徒在葡萄牙果阿的钻石贸易中发挥了重要作用，但由于宗教裁判所的缘故，他们很难加入葡萄牙的贸易网络。奥利弗·克伦威尔（Oliver Cromwell）于1655 年决定允许犹太人迁居英国时，一些犹太商人和新基督徒钻石商人借此机会加入了正在形成的英印钻石贸易体系内。该举动取悦了政府，因为官方之所以做出允许迁居的决定，部分出于商业方面的动机。[130] 塞法迪犹太人（译注：Sephardic Jews，*指来自西班牙、葡萄牙、北非、中东等地的犹太人*）很早就开始在钻石贸易中发挥了重要作用，其中一大原因可能是他们足够幸运，两次在正确的时间出现在正确的地点：第一次是在葡萄牙，时值葡萄牙控制着欧洲从印度的进口商品，但后来他们被迫离开该国；接着，他们再度出现在伦敦（以及阿姆斯特丹），适逢东印度公司的贸易政策为钻石商人带来巨大的前景。

葡萄牙通过果阿出口钻石的数量大幅下降，这在很大程度上源于新基督徒愈发不愿使用葡萄牙航道，而英国人利用这一点，向这群商人提供了另一条商业通道。英国东印度公司的总体政策虽然旨在垄断欧洲和印度之间的贸易，但亚洲钻石贸易也逐渐向私商开放，这些商人按照指示借助英国东印度公司的船只运送钻石。甚至外国人也可参与该贸易，只不过他们要缴纳更高的关税。[131] 1664 年，该公司允许犹太商人将金银从伦敦运到果阿，以便换回钻石。[132] 这些举措令英国钻石贸易得以迅速扩张。1669 年，售价 17082 英镑的钻石原石被人从印度运到伦敦，其中 40% 由犹太商人进行托运。1677 年，伦敦 88 名商人收到了售价 83829 英镑的钻石原石。其中近一半的钱是由 6 家公司花掉的，每家花费超过 2000 英镑，其中 2 家为犹太公司。[133]

"印度所有的钻石交易必须由英国东印度公司官员开展"，此条规定遭废除后，总部设在伦敦的公司，或在伦敦拥有紧密关系网络的公司愈发频繁地派遣代理商前往印度，代表它们参与该地的钻石贸易。[134] 在印度待过的最知名的商人中，就包括了让·夏尔丹（Jean Chardin，1643—1713）和丹尼尔·夏尔丹（Daniel Chardin，1649—1709）兄弟。夏尔丹兄弟出身于一个成功的巴黎珠宝商家庭，他们自己也成为珠宝商，两人都因为生意去了亚洲。1664 年，让首次去了波斯，在萨非王庭（译注：Safavid，又称萨法维王朝、沙法维王朝、波斯第三帝国，是由波斯人建立的统治伊朗的王朝，是继阿契美尼德王朝、萨珊王朝以来第三个完全统一伊朗东西部的王朝）销售珠宝。3 年后，他参观了印度莫卧儿王朝的钻石矿。1670 年，他回到了巴黎，次年又离开，同行的还有一位来自法国里昂的珠宝商安托万·瑞辛（Antoine Raisin），这是让·巴蒂斯特·塔韦尼埃的熟人。两人在印度待了 4 年，让·夏尔丹学会了波斯语。他决定离开法国的一大原因是自己身为一名胡格诺派教徒，存在着被天主教教徒迫害的风险。[135] 1679 年决定返回欧洲时，他舍弃了流动珠宝商的身份，定居伦敦，开始撰写一本描述自己在波斯和印度旅行的手稿。最终，他被封为爵士，还成为英国皇家学会（Royal Society）的成员。[136] 现在轮到他的弟弟丹尼尔定居印度并在圣乔治堡（Fort St George）继续开展家族生意。圣乔治堡是英国贸易居住点，现在属于金奈（Chennai），以前名为马德拉斯（Madras）（参见图 13）。尽管让已经退出了流动珠宝商的生涯，但他并未完全舍弃生意。让在伦敦，丹尼尔在圣乔治堡，兄弟俩与塞法迪犹太兄弟萨尔瓦多·罗德里格斯（Salvador Rodrigues，又名 Isaac Salvador）和弗朗西斯·萨尔瓦多（Francis Salvador，哥哥）建立了合伙关系，萨尔瓦多·罗德里格斯与丹尼尔一起待在印度，弗朗西斯·萨尔瓦多则留在伦敦。这种合作关系直到萨尔瓦多·罗德里格斯携带双方合伙的钱潜逃方终止。逃亡后，萨尔瓦多·罗德里格斯在一个钻石矿附近开始了新的生活，在那里学会了当地的泰卢固语，娶了一个当地女人，穿的也是当地服装。[137]

图 13　圣乔治堡（译注：Fort St George，英国东印度公司于 1640 年在印度马德拉斯所建的要塞），印度，1754 年

最早在印度定居的一大英国私商是伦敦的钻石商人纳撒尼尔·乔尔姆利（Nathaniel Cholmley）。1667 年，他前往戈尔康达苏丹国的钻石矿，为自己及兄弟约翰购买钻石。1662 年至 1675 年期间，他居住在马奇利帕特南（Machilipatnam），因圣乔治堡已取代苏拉特（Surat）成为英国最重要的商站，故而他又在圣乔治堡待了 5 年时间，于 1682 年返回英国。乔尔姆利兄弟按照英国东印度公司官方的规章制度开展工作，并借助一张广阔的网络在欧洲销售这些宝贵的石头，该网络覆盖了英国、佛兰德斯、尼德兰联邦和法国的买家。[138] 其他商人则追随夏尔丹和乔尔姆利兄弟的脚

步，于 1687 年在金奈成立了一家英国公司，该公司由 1 名市长和 12 名市议员经营管理。这支队伍中，不仅有数名犹太人，还有 2 名葡萄牙罗马天主教教徒、3 名印度教商人。[139]

17 世纪后半叶，英国东印度公司显然在纵容私商们从事印度钻石交易，某些总部位于伦敦的基督教和犹太教钻石公司能获得成功，这无疑是重要原因。随着私商获利增加，英国东印度公司再次产生了垄断钻石贸易的兴趣。1679 年，该公司董事会讨论了重新限制私商开展钻石贸易的可行性。[140] 结论是，对法规进行全面修订，既不可行也不可取。随后，他们开始鼓励私人贸易行为，而不是对其加以限制。1682 年公布的一项决议规定，英国商人从印度采用英国东印度公司船只运送钻石原石的进口税为 4%，外国商人则为 8%。这些税率紧接着被更改为公司股东为 3%，其他商人为 6%。这一措施不仅降低了进口税，而且抹去了英国人和外国人之间的税费区别，内外有别的税率对当时无法成为英国臣民的犹太商人而言无异于眼中钉。[141] 1687 年，持有该公司股票的商人和未持股票的商人之间的税率最终也统一了，原本未持股票的商人要负担较高的进口税，此时按照规定，这一较高税率就废止了。此外，对于运往印度用于购买钻石的白银和黄金，其托运费率被设定为 2%，且对股票持有者和非股票持有者所收费率一视同仁。[142]

这种开放式贸易制度的主要设计者之一，乃是英国东印度公司最重要的一大董事乔赛亚·柴尔德爵士（Sir Josiah Child，1630—1699），他赞成在"印度的英国人中建立一个荷兰政府"（译注：这源于宗教理念。索齐尼派在早前被从波兰逐出，他们来到德意志和哈兰，该教派是主张宽容的教派，荷兰归正宗中部分教派从那里吸收了宽容这一主张。该教派主张对其他教派完全宽容的政策，主张政教分离），意在建立一个以宗教宽容为基础的行政机构来推进贸易。[143] 英国贸易的发展也是 1655 年"重新接纳犹太人"这一举措实施的一大动机，正如柴尔德在最初于 1693 年出版的《贸易新论》（*New Discourse on Trade*）中所描绘的那样："他们想扩大贸易，他们越是这样做，帝国通常越强大。"[144] 那些用来规范英印钻石贸易的规则虽然在逐步演变，但那些规定似乎于 1687 年终结了。不过，次年爆发的光荣革命开启了英政府、英国东印度公司和私商之间长达 30 年的棘手关系。在此期间，另一家东印度公司临时成立了，这挑战着英国东印度公司在印度的垄断地位。[145]

1718 年，随着特许私人贸易制度的确立，情况终于稳定了下来。那些希望购买钻石原石的商人将白银、珠宝、鸵鸟羽毛、抛光宝石和地中海珊瑚送到印度，他们在印度的代理商或业务代理员则将其所需的商品送回。[146] 按照 17 世纪重商主义的观念，英国国内的金银不得出口到英国以外的地方，因此送到印度的白银不可能是出自英国的。然而，相关政策允许出口外国钱币，这就产生了跨国货币贸易，而散居的犹太人在其中发挥了重要作用。[147] 人们从地中海水域捕捞珊瑚，而散居国外的商人则控制珊瑚贸易，这些商人通常是犹太人，但也有亚美尼亚人，后者在利沃诺（Livorno）定居。[148] 16 世纪末，托斯卡纳大公（Grand Duke of Tuscany）宣布该城市为自由港，旨在吸引外国商人，繁荣商业。[149] 1725 年后，珊瑚的量超过了钻石商人用英国东印度公司船只运往圣乔治堡的银子数。[150]

虽然印度钻石与欧洲珊瑚、珠宝和白银之间的特定交易只在 18 世纪英印钻石贸易的背景下才成为现实，以物易物已成为欧洲人获得印度钻石的一种既定方式。例如，钻石交易商雅克·德·库特在日记中写道："16 世纪末、17 世纪初，抵达果阿的葡萄牙船只带来了来自新西班牙的珠宝、红宝石、祖母绿和珍珠，还带来了来自地中海的珊瑚，商人们用这些商品购买钻石原石。"[151] 整个 18 世纪，英国的圣乔治堡殖民地成为这类贸易形式的中心，尽管在孟加拉、孟买、加尔各答和苏拉特也存在类似贸易形式，商人们采用其他物品交换钻石。[152]

正是在上述各地，完成交易所需的两股"潮涌"交汇于此：欧洲商品通过英国东印度公司船只靠岸了，而钻石原石则经当地贸易网络从更为深入内陆的矿区运来了。一旦欧洲商人或其代理商用银子、珊瑚和珠宝交换获得了钻石原石，他们会先在圣乔治堡将这些东西登记完毕，装入皮革制成的钻石包里，然后再送上英国东印度公司的船只，交给船长保管，费用为钻石价值的 1.4%。到了伦敦，这些皮包被运到印度宫（India House），根据法律规定，它们将被公开进行出售。格达利亚·约格夫表明，公开拍卖私人获得的钻石"只不过是一场闹剧"，目的是确保形式上遵纪守法。而实际上，这些钻石被转交给受委托对之进行售卖的商人。[153] 他们将钻石原石送到合法的主人手中后，它们就可售予伦敦或国外的批发商人，之后再经切割、抛光。抛光后的钻石可用于镶嵌在顾客订购的珠宝首饰上，也可由专营成品宝石的珠宝商进行出售。[154]

17 世纪末至 18 世纪中叶，以英国东印度公司为主导的海上航线之开辟、西班牙裔的散居以及对以物易物贸易的依赖，或许是官方监管下印欧钻石贸易最重要的三大特点。这确保伦敦和阿姆斯特丹作为钻石中心的重要性不断增加，而里斯本和安特卫普的作用则遭到削弱，但各类国际贸易网络之间的联系因而变得更为紧密，从而孕育出日益发展的跨文化贸易环境，这将印度洋与地中海、西欧、北欧的商业城市关联起来，以至于在巴西发现了钻石后，又将大西洋网络连接起来。这些相互连接的网络中，数个网络建立在共同的亲属关系或宗教信仰基础之上，而且他们往往属于散居人口的一部分，犹太商人的存在便是这一方面的主要例证。由于历史上葡萄牙的势力渗入了印度，而1492年后犹太人被驱逐出葡萄牙，参与钻石贸易的犹太商人是塞法迪犹太人或其后裔，这意味着他们的祖先是伊伯利亚人（**译注：Iberian，泛指生活在当今伊比利亚半岛上的所有常住民族**）。但随着时间的推移，越来越多的德系犹太人（**译注：Ashkenazim，阿什肯纳兹人，即散布在德国、波兰等东欧地区的犹太人**）也开始参与钻石贸易，有时这些不同群体下的商人之间会发生激烈的竞争。[155] 在一个极度基于信任的近代早期商业世界中，深深依赖血缘和宗教联系并不奇怪，但这并不意味着跨文化合伙关系很罕见，新教徒、犹太人、胡格诺教教徒、天主教教徒和亚美尼亚人都参与了跨文化合作关系。近几十年来，历史学家们开始研究，在缺乏国际法律制约骗子的情况下，什么样的机制能够令这种跨文化商业成为可能。[156]

犹太钻石商人马库斯·摩西（Marcus Moses）与理查德·霍尔（Richard Hoare）之间的关系便是绝佳的例子。马库斯·摩西派出其儿子利维（Levy）前往印度担任代理商，理查德·霍尔则是C.霍尔公司（C. Hoare & Co.）的创始人，该公司是英国最古老的私人银行，至今尚存于世。[157] 在18世纪初，两人作为合伙人一起做钻石生意，在阿姆斯特丹和汉堡销售印度宝石。[158] 他们通过利维·摩西获取了部分钻石，利维在圣乔治堡与一位名叫乔治·琼斯（George Jones）的基督教商人有来往，两人不仅为马库斯·摩西供货，还接受他人委托收取佣金。[159]

18世纪下半叶，霍尔公司代表威廉 & 查尔斯·特纳（William and Charles Turner）的基督教公司与印度商人格考尔·特瓦迪（Gocaul Tervady）之间的合伙企业参与了钻石交易，霍尔公司将钻石原石送往伦敦，在他们的联名户头下进行出售。[160] 根据笔者手中的资料，此类合作关系存在的证据多见于提单、账户或商业信件。只有在某些情况下，这类跨文化合伙关系才会以书面合同的形式加以稳固，如在一份1721年的合同中，签约一方为罗伯特·南丁格尔（Robert Nightingale）和乔治·德雷克（George Drake），另一方为安东尼·达·科斯塔（Anthony da Costa）和约瑟夫·奥索里奥（Joseph Osorio）。奥索里奥和达·科斯塔是塞法迪犹太人，前者住在阿姆斯特丹，后者住在伦敦。签约双方同意合伙开展钻石贸易，为此，南丁格尔和达·科斯塔将搬到圣乔治堡。[161]

知名钻石奥尔洛夫（Orlov）（参见图14）的历史流动轨迹便是一个很好的例子，说明了大量钻石交易的跨文化性质。这颗钻石以典型的"印度不对称"方式进行切割以避免质量损失，它重达194.75克拉，保存在莫斯科的钻石基金会（Diamond Fund）中。[162] 它开采于戈尔康达，极有可能在18世纪中期被一名法国逃兵偷走。而后辗转于某位英国船长以及犹太、亚美尼亚和伊朗商人们之手，后来俄罗斯伯爵格里高利·奥尔洛夫（Grigory Orlov）在阿姆斯特丹买下了它，并将其赠送给了自己的情人——女沙皇凯瑟琳大帝（Tsarina Catharine the Great）。1774年，它被镶嵌在女皇的权杖上。[163]

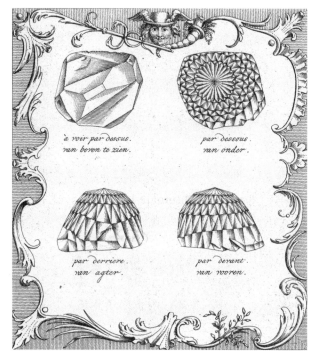

图 14　奥尔洛夫钻石，1767 年

　　与英国东印度公司相关联的跨文化钻石合伙行为获得了成功，几个外来者一跃进入伦敦上流社会便是最好的证据。上文提到的让·夏尔丹成为一个著名的知识分子，其他人也挤进了更高的社会阶层。作为一个出身于钻石商家庭并大获成功的塞法迪犹太商人，约瑟夫·萨尔瓦多在他所处的时代相当有名，他主张犹太公民权，过着精英人士的生活，又因为与伦敦名妓凯蒂·费舍尔（Kitty Fisher）等臭名昭著的女人有染，而备受报纸八卦专栏的关注。[164] 社会阶层上升后，萨尔瓦多等人结交了强大的盟友，与英国决策层以及英国东印度公司都产生了实实在在的交集。萨尔瓦多与罗伯特·克莱夫有私交，克莱夫参与英国东印度公司内部的权力斗争时，萨尔瓦多曾就殖民政策为克莱夫出谋划策。[165] 这种情谊不仅对商人有利，而且互惠互利——令官员和商人都受益，这是近代早期友谊概念的基本特征。[166]

乔赛亚·柴尔德开明的政策引发了一大后果：英国东印度公司的总督们（译注：根据英国东印度公司的章程，公司相关事务由公司总督和24名委员共同负责）纷纷参与到私人贸易中，开始是作为中间人，但后来他们亲自下场。他们能否成功往往取决于是否与信誉良好的钻石商人成功合作。这些总督中的一部分人因钻石而变得非常富有。一个很有力的例子，如埃利胡·耶鲁（Elihu Yale），于1684年8月至1685年1月，以及1687年7月至1692年10月期间担任英国在金奈殖民地的行政长官。耶鲁交易非洲奴隶和钻石，积累了大量的财富，他将其中一部分钱投进耶鲁大学，成为耶鲁大学的首个赞助人。[167] 另一个著名的官员是托马斯·"钻石"·皮特（Thomas "Diamond" Pitt），他于1698年7月至1709年9月期间担任金奈的行政长官。皮特最为世人所知之事是他在1698年购买了一颗发掘自科勒尔矿的426克拉大钻石，尚未经切割。它被送往英国进行切割，这颗最大的钻石名为"摄政王"，重达140克拉，被售与法国摄政王菲利普·德·奥尔良（Philippe d'Orléans）。[168]

随着时间的推移，钻石作为一种财富转移手段开始流行起来，耶鲁、皮特和罗伯特·克莱夫等"纳伯布"（译注：nabob，来自印地语，意指在印度赚了大钱的欧洲人）将他们在印度积累的财富送回英国，这令印欧钻石贸易备受考验。[169] 回国后，他们参与钻石贸易并利用钻石购买议会席位的行为引发了英国公众的负面舆论，这类负面评价更是波及政府高层。讽刺性的印刷品，如图15描绘的便是这一点。图中，第一任总督沃伦·黑斯廷斯（Warren Hastings）将钻石（"来自印度的掠夺物"）倒入黑斯廷斯的盟友瑟洛男爵（Baron Thurlow）之口，画里还有魔鬼般的手、乔治三世和夏洛特女王。而"东方奢侈品是堕落颓废的"这一已有负面刻板印象进一步加深了上述认知。当时固有的社会文化观念将这种颓废的财富消费行为贴上了女性的标签，而在这幅讽刺画上唯一完全可见的脸属于一个女人，即女王——她正把嘴大大地张开。这可能并非巧合。[170]

图 15　吃钻者，1788 年

尽管巴西钻石进入市场竞争，"纳伯布"们提高了钻石的使用率，这反而扩大了钻石贸易的规模，最终在1767年，印度对英国的钻石出口量飙升。当时英国进口的印度钻石总价值达到了30万英镑，这是英印钻石贸易的最后一次高潮。同年，英印钻石贸易开始崩溃，到了18世纪90年代，相关贸易量可忽略不计。[171] 这种下降趋势也体现在犹太商人的参与度下降：在1767年之前，他们在钻石进口量中的份额几乎从未低于50%，但到18世纪80年代，这一份额减少到10%。[172] 这一下降的状况与巴西钻石的出现以及印度几个钻石矿的逐渐枯竭有关。巴西钻石在欧洲日益取代印度钻石时，某些欧洲商人试图挽救不断缩小的印度消费市场，以便实现多元化，但这些努力都失败了。另一些人则试图发展相关业务以满足"纳伯布"们的需求。1777年，一个名叫雅各布·巴尼特（Jacob Barnet）的人来到圣乔治堡，担任摩西·弗兰克斯（Moses Franks）犹太钻石公司的代表。他很快发现印度北部的生意更好做了，在1778年至1785年期间，他住在巴特那（Patna）钻石矿附近的贝拿勒斯（Benares）。在那里，他提出要协助任何有兴趣将资金转移到英国的人，帮他们汇出钻石或以钻石为担保的汇票。[173] 巴尼特离开贝拿勒斯的那一年，一位著名的德系犹太钻石商人以色列·莱文·萨洛蒙斯（Israel Levin Salomons，也被称为 Yehiel Prager）试图垄断英印钻石贸易，但他的计划失败了。[174] 印度钻石的黄金时代已然结束了。

东印度公司以外的世界

来自巴西钻石的角逐改变整个钻石世界之前，17世纪中叶至18世纪中叶，英国东印度公司控制的商业网络是印度钻石到达欧洲的主要渠道，但这不应掩盖这样一个事实：仍有大量的钻石贸易是在亚洲内部进行的，不受欧洲方面的任何干预，它们是通过陆路进行的，其路线一直处于英国东印度公司的殖民控制范围之外。此外，许多商人经营的业务，至少有一部分并不合法。由于很难追踪那些走私行为和秘密交易行为，这两类交易比比皆是，例如，在科罗曼德海岸（Coromandel Coast）便存在着大量非英国东印度公司的业务，其中包括钻石交易。[175] 英国东印度公司及其欧洲竞争者总是不得不接受其他的贸易网络。他们甚至需要这些网络，因为官方不允许欧洲人在印度采矿点做生意。有些商人虽然获准前往，如让·巴蒂斯特·塔韦尼埃，甚至他可能还参与了一些非法商业活动，但一般而言，西方商人必须在苏拉特、果阿或其他贸易中心购买钻石，这些钻石通常来自古吉拉特邦的耆那教（Jain）或印度教商人，这些古吉拉特邦商人是印度生产商和欧洲买家的中间人。[176]

印度商人在那些连接起矿区和主要贸易中心的网络中是不可或缺的一分子，一些影响力较大的商人甚至将网络延展至国外。部分更为成功的印度商人因富有而声名鹊起。如珊蒂达斯·扎维里（Shantidas Zaveri，约 1585—1659）和维尔吉·沃拉（Virji Vora，约 1590—1670）积累了巨富的盛名。前者是一个耆那教商人，居住在艾哈迈达巴德（Ahmedabad）的珠宝商区，依靠着延伸到勃固（Pegu，今缅甸）蓝宝石和红宝石矿区的商业网络。他自行设计珠宝，莫卧儿皇帝是他的大客户。沃拉则经营香料、珊瑚和钻石，他的贸易网络连接着艾哈迈达巴德、阿格拉（Agra）、德干地区和戈尔康达。英国人认为他是世界上较为富有的商人之一。[177] 某些印度商人群体与各大矿场存在直接往来，这令欧洲人投机取巧，试图避开中间商获得钻石原石，以绕过贸易限制。1691 年 1 月在苏拉特的法国旅行家罗伯特·夏勒（Robert Challe）记录了有关耶稣会士参与钻石贸易的故事。他写到，其中一些人"把自己扮成商人，说着商人的行话，同他们一起生活和吃饭，喜欢他们，参与他们的仪式。总而言之，那些不知道的人把这些人当成了真正的商人"。[178]夏勒还描述了耶稣会士们发明的一种方法，将欧洲制造的特殊空心铁制鞋跟替换他们的葡萄牙木鞋跟，以便走私钻石。[179]

尽管官方普遍禁止欧洲人前往印度钻石矿，仍有少数人写下了自己在其中几个矿区的参观见闻。这些人留下的一些旅行日记描述了当地人是如何在这些地点进行钻石交易的，令人大长见识。虽然让·巴蒂斯特·塔韦尼埃无疑是这些欧洲见证者中最为著名的人物，但他并非唯一的。例如，荷兰商人威廉·登·多斯特（Willem den Dorst）描述了 1615 年年底在卡纳塔卡邦某个矿场进行的钻石贸易。来自维萨普尔（Visapur）、果阿和其他城市的商人派其代理商前往该地购买原石，有些原石重达 400 克拉，这些原石中有一部分是用珠宝和珍珠进行交易的。[180]亨利·霍华德在 60 年后撰写了一份关于印度钻石矿的报告，他指出，维萨普尔的矿工和商人都是印度的非穆斯林。矿工通常属于当地的泰卢固人，而商人则是古吉拉特人，"他们几代人都离弃自己的国家从事这一贸易"，维持着连接果阿、苏拉特和阿格拉与戈尔康达和维萨普尔苏丹国的商业网络。[181]欧洲人在矿区打造势力这样的消息可能仍然是传闻，但有大量的印度商人迁移到钻石产地。1663 年的一份荷兰记录中指出，在科鲁尔矿区周围的 14 个村庄中，有 4 个村庄住着商人。该记录还声称有 3000 户至 4000 户商家（或为总人口的 90%）因矿区管理不善而离开，但继一名婆罗门成为矿场主管后，他们再次返回。[182]

塔韦尼埃对钻石交易描述得最为详尽，他目睹了卡纳塔卡邦劳尔康达矿的交易。矿主们每天上午 10 点至 11 点间向商人们展示待售的钻石。感兴趣的商人必须迅速完成交易，并出具某类本票，然后卖方可以持本票在苏拉特、阿格拉等地向放债人（sharaf）收取汇票。充当商人的小伙子们，15 岁或 16 岁的样子，都带着一小包砝码和一个装有金币的钱包，他们大早上就聚集在某棵大树下，在那里等待卖家。晚上，小伙子们把所有买来的东西放在一起，把钻石进行分类，然后卖给商人。[183] 印度教教徒和穆斯林在钻石成交时采用一种特殊的方式：买家和卖家面对面蹲下，其中一人解开腰带，卖家会拿起买家的右手，用自己的手将腰带末端遮盖住。如果他盖住了整只手，就表示数字是 1000，双方握手和手指的手势可以进一步确定最终价格。这样双方便可在不说话或无眼神交流的情况下进行谈判（参见图 16）。据塔韦尼埃所说，在场者除了买家和卖家，没有人可说出最终的价格。[184] 身体手势，而非书面或口头语言，依然是钻石交易的重要组成部分（参见图 17）。它们展现出钻石贸易的性质：在人们眼中，钻石交易通常是友好的、隐秘的、与世隔绝的。

图 16　东方的钻石商人在讨价还价，1859 年

图 17　在安特卫普，一笔通过握手进行确认的钻石交易

　　矿场的生意做成后，商人网络确保了部分钻石原石可在苏拉特、果阿和金奈等主要商业中心被出售给外部买家。欧洲人从未能够控制住钻石原石自矿场出来后的流动路径。一些钻石原石归属莫卧儿统治者们，一些落入当地的王侯大君之手，这些人有权获得其领土上开采出来的、品质最为上乘的宝石；另一些则在亚洲贸易网络内被出售给亚洲买家。而那些最终进入欧洲市场的钻石，也并非全都是通过英国东印度公司的船只运输的。虽然该公司的海上航线和相关法规有效地挫败了来自欧洲其他东印度公司的竞争，连接印度和欧洲的几条古代和中世纪陆上路线仍然活跃，各贸易网络也因其而蓬勃发展。[185] 多家欧洲东印度贸易公司的官员们屡次写到，他们很难与传统陆路贸易路线一争高下。例如，在 1626 年的一封信中，一位荷兰官员抱怨说，来自亚齐（Aceh）、古吉拉特等亚洲地区的商人几乎买下了所有的钻石。[186]

欧洲人之间的海上竞争尽管日益激烈，但定居于伊斯法罕附近新朱尔法（New Julfa）的亚美尼亚贸易家族所建立的网络也许是最为重要的陆路网络，而且它长期存在。[187] 波斯国王阿巴斯大帝（Abbas the Great）于 1606 年击败奥斯曼人并获得亚美尼亚部分地区的领导权后，某个亚美尼亚贸易群体在上述城市重新安顿了下来。大帝希望亚美尼亚人的商业经验有利于波斯生丝的贸易。[188] 亚美尼亚人的钻石贸易网络范围到底有多宽广，现在仍然未知，但对其欧洲竞争对手来说，亚美尼亚人显然是一支不可忽视的商业力量。在新朱尔法定居之后，亚美尼亚散居民众在伊兹密尔（Izmir）、利沃诺、威尼斯、马赛以及后来的阿姆斯特丹和伦敦都建立了自己的网络。[189] 这些贸易网络还设法在莫卧儿统治的印度地区建立了具有影响力的商业据点。一些亚美尼亚人尽管在 17 世纪之前就已经在那里定居，但在欧洲的那些东印度公司到来期间，亚美尼亚商人更多是在苏拉特和金奈定居。[190] 这些网络范围宽广，因而他们得以在有关钻石和珊瑚的以物易物贸易中发挥重要作用，而由于英国东印度公司的影响力不断上升，这类贸易就变得日益重要。[191]

发源于新朱尔法的贸易网络对血缘亲属关系极为依赖，比起类似散居群体的网络（如塞法迪犹太人的网络），也许它的依赖程度更深。让·夏尔丹发现，与亚美尼亚人通商尤为艰难，正如他在给自己兄弟的信中所说的："亚美尼亚人目中无人，从不把自己的事务交给任何人。"[192] 由于这句话出自一个与数个亚美尼亚商人私下相识且同做生意的人之口，应该可以当真。但同时，依赖血缘和共同的宗教信仰也绝非亚美尼亚人独有的行为。此外，亚美尼亚商人和其他许多商人一样，确实与犹太商人、基督教商人和莫卧儿商人建立了跨文化的贸易关系。在丹尼尔·夏尔丹活跃于亚洲时，一位被称为鲁普利（Rupli）的亚美尼亚商人与塔韦尼埃一起做起了钻石生意。生意进展顺利，鲁普利因而希望前往法国去卖钻石。1671年，他到达尼姆（Nîmes），在那里他被一名海关职员骗了，海关职员为那里的收税员们工作。此人没收了鲁普利的钻石，收税员们无视蒙彼利埃（Montpellier）方面给出的审判结果，也拒绝处理鲁普利的投诉。鲁普利设法在凡尔赛宫获得国王路易十四（King Louis XIV）接见，而后此案才得以解决。在凡尔赛宫，这位亚美尼亚人得到了一位老贵族的帮助，后者如小丑般用滑稽的语言说出了该案件的来龙去脉，连国王都忍不住笑了。不过，那番言论还是说服了他，经审判，那名收税员被判终身监禁。鲁普利还收到了此前遭到没收的钻石，价值45万利弗（译注：livre，以前在法国使用的一种货币，最初价值为1磅银），并额外补偿12万利弗用于弥补其花费。[193] 诸如鲁普利这样的经历肯定不会加深亚美尼亚贸易家族与欧洲商人之间的关系，夏勒是这样描述鲁普利的："厌倦和排斥如此繁杂的手段，这些在他自己的国家是不存在的。"[194]

鲁普利得以获得路易十四的亲自接见，这说明亚美尼亚的钻石商人们是成功的。17世纪中叶，尽管英国东印度公司的优势地位在日益增强，由于针对欧洲钻石供应路线的控制之争仍未结束，亚美尼亚人的生意做得不错。1658年，因为亚美尼亚商人大量购入钻石，其价格随之上涨了40%，于是荷兰东印度公司的代理商们完全停止购买钻石。[195] 35年后，让·夏尔丹写信给他在印度的兄长，声称亚美尼亚商人将其货物从苏拉特送到伦敦，获利丰厚，他们运送的钻石利润为90%~100%。这让让·夏尔丹在信中钦佩不已："与他们相比，我们算哪门子商人呀！"[196]

亚美尼亚人的贸易网络如此重要，就连新兴的英国东印度公司也无法接受他们退出竞争。更有甚者，英国东印度公司在印度的代理商因为经常需要贷款，有时会从亚美尼亚商人那里借钱。1690 年，在亚美尼亚商人和英国东印度公司之间充当中间人的让·夏尔丹告知英国东印度公司，威尼斯的亚美尼亚群体愿意向英国东印度公司在苏拉特的办事处提供总额为 40 万卢比的信用证。[197] 自 1615 年英国东印度公司开始在萨法维波斯（Safavid Persia）尝试开展贸易以来，双方的商业摩擦就开始增加，直至 1688 年亚美尼亚和英国东印度公司签署协议后，这些摩擦才得以解决。一个名叫科雅·帕努斯·卡令达（Coja Panous Calendar）的人作为亚美尼亚人代表在协议上签了字。该协议规定，亚美尼亚人将获准在印度定居，并通过英国东印度公司运送他们的商品，而作为交换，他们必须放弃从印度到欧洲的陆路贸易路线。[198]

果然，从那时起，亚美尼亚人的名字便开始更为频繁地出现在英国东印度公司的账簿中，要么请求开展贸易，要么申请定居。卡令达本人的名字也出现在其中，他参与的几笔交易被登记在公司的账簿上，但上面从未出现过他参与钻石交易的记录。[199] 1695 年，科雅·以色列·萨哈德（Coja Israel Sarhad）和鲍尔·阿哈梅尔（Baugher Aghamell）获准乘坐该公司的三帆快速战船前往孟加拉湾，他们携带了两个装有"衣物以及奶酪等食物"的箱子。[200] 英国东印度公司有专门用于登记商人们正式请求参与该公司所监管钻石贸易的账簿，但在其中几乎没有看到亚美尼亚人的名字出现。这种情况之所以出现，部分原因是有时英国东印度公司的账簿中会提到贸易请求，但不会说明具体商品的名称。某条 1691 年的记录就提到："根据亚美尼亚人在公司中出售货物的账目，我们将向他们支付 4000 英镑。"[201] 也有罕见的例外，某个名叫科雅·苏其亚·道拉特（Coja Sukia D'Oulat）的商人通过英国东印度公司的某艘船只运送宝石，他于1733年从孟加拉湾带了价值1161英镑的红宝石，但有关钻石交易的痕迹踪影全无。[202]亚美尼亚人没有要求使用英国东印度公司的船只运送钻石，但这并不意味着他们就没在做钻石生意，而是意味着他们没有遵守自己与英国东印度公司达成的协议。

历史证据表明，在18世纪，亚美尼亚人继续通过陆路进行钻石和珊瑚交易。参与此贸易的利益集团中最为重要的是谢里曼家族（Scheriman），他们的祖辈先居住于老朱尔法，但于1604年迁往新朱尔法。[203]此后该家族成员在威尼斯和利沃诺定居，在那里他们从事宝石和珊瑚交易，还积极从事银行业。[204]18世纪上半叶，大卫·谢里曼（David Sceriman）被视作利沃诺最富有的亚美尼亚人。[205]他的这一大笔财富部分来自秘密的钻石交易，为此，谢里曼有时会派遣手下的代理商前往印度。人们能知晓这一公司的存在，是因为它曾误入歧途。1725年，大卫·谢里曼雇佣了3名亚美尼亚人从伦敦前往苏拉特和圣乔治堡（参见图9），他们计划在那里购买产自戈尔康达矿区的钻石原石。他们带着现金和珍珠作为货款，应该是从意大利经马赛、里昂和巴黎前往伦敦。[206]3人中有2人来自威尼斯，并在那里结识了谢里曼家族，而第三个人乔万·巴蒂斯塔·贾马尔（Giovan Battista Giamal）属于利沃诺的亚美尼亚群体，也算大卫·谢里曼的私交。然而，正是贾马尔带头欺骗了他的雇主，当时他决定在伦敦购买丝绸，并通过向谢里曼开具汇票来支付货款。但后者此前并未授权他这样做，因此谢里曼解雇了贾马尔，而另外2人在雅各布和亚伯拉罕·佛朗哥（Jacob and Abraham Franco）这一塞法迪犹太人公司的帮助下，直接前往了苏拉特。[207]除了贾马尔的欺骗之举外，这次航行极为成功，2名代理商带着钻石原石返回，并在谢里曼特别安排的作坊中切割。[208] 其中一位代理商彼得罗·迪·萨法尔·努里（Pietro di Saffar Nuri）代表谢里曼更为频繁地前往印度，有一次带回的钻石甚至产生了600%的利润，而贾马尔则不再在谢里曼的考虑范围了。[209] 贾马尔和谢里曼之间的关系变糟，因为后者拒绝为任何服务付钱，更别说给贾马尔用于采购丝绸的汇票了，这位代理商决定将自己的雇主告上比萨（Pisa）的海事法庭。谢里曼最终被判向贾马尔支付一笔钱，但他坚称要上诉，同时写信给伦敦的佛朗哥兄弟，要求他们不要向贾马尔付一毛钱。[210]

这并非大卫·谢里曼因其贸易事务首次闹上法庭。在上述事件发生的几年前，即1719年，大卫·谢里曼和彼得·谢里曼成为被告，因为一位名叫佐拉布·迪·阿卢坎（Zorab di Alucan）的印度商人就双方在10年前的交易提出索赔，那时阿卢坎将归属于谢里曼兄弟的商品从果阿带到了里斯本。[211] 这位印度商人声称这两个亚美尼亚人仍然欠他钱，这件事最后也通过法庭解决了。[212]

亚美尼亚人参与对印度的钻石贸易，表明了以下几点。首先，尽管他们倾向于同亚美尼亚同胞做生意，但跨文化的合伙关系仍然存在，而且极为重要；在钻石贸易中的其他群体，如犹太人、基督徒或古吉拉特人也具有这一特点。其次，这些合伙关系以及合作网络利用英国东印度公司所设立的制度，将商品运送到印度，再购回宝石原石。但与此同时，这些网络所参与的合法、半合法和非法的贸易也对英国东印度公司的经营活动构成了挑战，该公司对此了然于心，但它能做的应对措施有限。

岛上的宝石

印度虽然在很长一段时间内是亚洲钻石最知名、规模最大的供应者，但它并非唯一的来源。在印度尼西亚的婆罗洲岛也发现了钻石，尽管现在还不清楚人们是从何时开始知道这些钻石矿场的。"亚洲有个盛产钻石的岛屿"，这一观点至少可以追溯到中世纪，在阿拉伯和欧洲的文献资料中都可以找到。阿里·麦斯欧迪于 10 世纪上半叶写过关于宝石的文章，他认为钻石不仅仅来自印度，在塞兰迪布（斯里兰卡）的一座山里也有这种闪闪发光的宝石。[213]麦斯欧迪所提到的位于斯里兰卡的那座山可以被确定为亚当峰（Sri Pada），该峰位于斯里兰卡的西南部，在佛教、印度教、伊斯兰教和基督教中都占据着重要地位。对基督徒和穆斯林来说，这座山的名字是亚当峰，因为有人认为它是亚当和夏娃被逐出伊甸园后的退隐之处。[214]意大利方济各会修士鄂多立克（Odoric of Pordenone，1286—1331）编撰了多类手稿，其中叙述了他在亚洲的行程。他似乎曾亲自到过斯里兰卡，并证实那里确实存在钻石。他虽然对于山上有湖泊（据说是由亚当和夏娃的眼泪积聚而成）等说法进行了驳斥，但他确实声称在水中看到了钻石和水蛭，还将后者当作蛇。据称，这些钻石是从亚当的脚印中生长出来的。[215]

长期以来，人们认为亚当峰上或亚当峰附近蕴含钻石的故事并不真实，尽管直到 19 世纪仍有人半信半疑。不过，在 1860 年，前英国殖民地秘书詹姆斯·爱默生·坦南特（James Emerson Tennent）在对该岛的描述中说道，"卡斯维尼（Caswini）和一些阿拉伯地理学家断言钻石是在亚当峰发现的，但这是不可能的，因为这里并未形成类似于巴西'含金刚石的冲积沙砾'（**译注：**

cascalho，即含钻的泥土）或戈尔康达金刚石砾岩的岩层。如果在阿拉伯航海家的时代，有钻石在锡兰（译注：Ceylon，斯里兰卡的旧称）出售，那么它们一定是从印度被带到这里的"。[216]

坦南特的评论证实，传说中提到的古代含钻矿址的不实故事，可能确实通过那些从远方带来钻石原石的贸易网络传播开来了。

尽管斯里兰卡不出产钻石，某个存在钻石的亚洲岛屿却与此相关，原因有二。首先，人们可以看看有关这个岛屿的故事是如何与前文所述钻石谷的故事混淆起来的，这很有趣。早在10世纪，一位名叫伊本·沙里亚尔（Ibn Shahriyar）的波斯船长就提到了亚当峰附近有一个群蛇出没的钻石谷。鄂多立克叙述了冒险家如何将肉扔到山谷中，将鹰嘴豆一般大的钻石黏附在肉上面。秃鹰将肉叼走，钻石也随之被带到更高的地面上，供人捡拾。这与钻石谷的故事相同。[217] 据《水手辛巴达》（Sinbad the Sailor）描述，辛巴达滞留在岛上时，他见到了塞兰迪布的国王，甚至到过亚当峰。[218] 阿尔贝鲁尼错误地认为斯里兰卡有钻石，但他明确写到，关于钻石谷的故事是错误的，无论这些故事发生在何处。[219] 其次，古老的岛屿故事存在相关性是因为其中有一件事是正确的，即确实有一个亚洲岛屿含有丰富的钻石矿藏。只不过，那个岛并不在印度海岸，也不在斯里兰卡。唯一已知的、发现了钻石的岛屿是婆罗洲，位于斯里兰卡以东接近4000千米处的印度尼西亚群岛。

婆罗洲开采钻石的历史不知始于何时。一些证据表明，可能早在公元600年就开始了，但某些学者声称，婆罗洲的钻石开采直到16世纪才开始，这使得岛屿上所有关于钻石历史的叙述都变得愈发扑朔迷离。[220] 那些描述中的估计不可能是正确的，因为婆罗洲和中国之间长期的钻石交易历史至少可以追溯到宋代（公元960—1279）。人们已在婆罗洲的钻石区发现了那个时期的中国陶器。塔韦尼埃报告说，婆罗洲的地方统治者将钻石作为其部分贡品向中国皇帝进贡。[221] 当欧洲殖民者开始对印度尼西亚几个岛屿中蕴藏的钻石财富产生兴趣时，时间线变得更为清晰了。荷兰人从17世纪初开始交易婆罗洲钻石，但彼时葡萄牙的编年史家们已知悉其存在长达百余年时间了。卡斯塔聂达（Fernão Lopes de Castanheda，1500—1559）在《葡萄牙发现并征服东印度群岛的历史》（*History of the Portuguese Discovery and Conquest of India*）一书中写到，钻石来自苏卡达纳（Sukadana）地区的塔尼安普洛（Taniampuro），这是指马坦（Matan）的故都丹戎普拉（Tanjung Pura），位于该岛西海岸，离苏卡达纳不远。也许正是因为当时在欧洲文献资料中首次出现婆罗洲钻石，学者们便误认为该岛的钻石开采始于那个时候。

　　知名荷兰探险家林索登记录到，在丹戎普拉发现了大量钻石，在西奥多·德·布赖（Theodore de Bry）于1602年绘制的地图上，这个地点以"Tamia baiao"的名称出现了。[222] 不同于欧洲人对印度的描述，大多数与婆罗洲有关的欧洲近代早期文献都讨论了贸易方面的问题，但对采矿方面的评论很少。这既与此前缺乏相关知识有关，也与欧洲方面对与该岛上的统治者建立贸易往来的具体兴趣有关。然而，没过多久，某个欧洲大国的兴趣点就不再限于贸易了。欧洲人很快发现，婆罗洲的钻石矿藏散布在分属不同王国的领土上，这些王国之间似乎因为钻石而经常发生战争。[223]

　　尽管荷兰人最初参与钻石贸易的程度仍然有限，他们是第一个试图殖民婆罗洲的欧洲强国，他们努力在该岛西海岸建立一个永久性的据点。自 1602 年成立以来，荷兰东印度公司一直活跃在印度。在那里，它不得不与葡萄牙、法国和英国的东印度公司竞争。结果，英国东印度公司成了欧洲在印度的主要代理商，荷兰人很快便决定不再将荷兰东印度公司的活动限制在印度周边。1609 年，一位特使奉命代表荷兰东印度公司与婆罗洲西部几个盛产钻石的穆斯林小苏丹国，如兰达克（Landak）、苏卡达纳和桑巴思（Sambas），就贸易协议进行谈判。[224] 该公司与桑巴思苏丹国达成协议，根据协议，从"荒野之地"开采出的钻石将被带到桑巴思首都的市场中，而荷兰人将是唯一拥有其购买权的欧洲人。此外，荷兰人还获准建立一个定居点，作为交换，他们将应要求向桑巴思提供军事援助。[225] 荷兰人还推动了其与马辰苏丹国（Banjarmasin）的关系，马辰苏丹国是婆罗洲岛最强大的政权。但直到 1750 年，荷兰人应苏丹的要求将一个钻石切割器送到该地，他们才试图更加全面地控制马辰钻石，这些行动收效甚微。[226] 总的来说，荷兰东印度公司在婆罗洲建立结构性钻石贸易的行为并没有取得较大成果，这不仅是因为当地经常发生的战争令岛上政治局势变幻莫测，而且因为这里有来自中国的商人的有力竞争。1610 年，荷兰在桑巴思的定居点被摧毁。13 年后，荷兰在苏卡达纳的商行（comptoir）关门了。

尽管荷兰东印度公司在婆罗洲的尝试失败了，却引发了英国人的兴趣。一份 1608 年 12 月寄往伦敦的报告称："我已多次向阁下证明弗莱明人前往苏卡达纳开展了钻石贸易（该地出产大量钻石），并且主要采用来自巴尼尔马森（Baniermassen）的黄金，辅以中国人制造出售的蓝色玻璃珠，进行交易钻石的活动。"[227] 一位名叫休·格莱特（Hugh Greete）的珠宝商被派往苏卡达纳收集钻石原石。他于 1613 年抵达该地，与之同行的还有一位年轻的俄罗斯人，他们很快就冒险进入桑巴思和兰达克，但他们努力建立持久贸易关系的行动失败了，该岛的钻石贸易落入当地人、荷兰人和中国人手中。[228] 中国商人和荷兰商人建立了连接婆罗洲和荷兰东印度群岛首都巴达维亚的贸易路线。[229]

1698 年，兰达克苏丹请求获取荷兰和爪哇岛上班丹苏丹国（Bantam）的支持，开始进攻苏卡达纳，荷兰人此前的努力有了进展。刚刚继承王位并渴望扩大王权的班丹苏丹被苏卡达纳统治者拥有的一颗大钻石吸引到婆罗洲。这两个王国都成为班丹的附庸，在兰达克发现的所有钻石，其估价的一半都必须上交给班丹苏丹。[230] 这种情况在近代早期余下的岁月里一直持续着，直至1778 年欧洲列强的入侵，才颠覆了班丹苏丹国的主权并打破它对婆罗洲钻石产区的控制。这一年，班丹苏丹将苏卡达纳和兰达克王国都移交给荷兰东印度公司，这一行为使荷兰得以在婆罗洲西海岸建立起一个殖民国家。[231] 在随后的 19 世纪中，荷兰人试图在该岛扩大钻石开采，但并未取得多大的成功。虽然钻石开采活动从未完全停止过，婆罗洲钻石生产的顶峰必定出现在近代早期。1789 年，在兰达克河附近发现了重达 369 克拉的马坦钻石，这一描述也许反映出人们对婆罗洲钻石知之甚少的状况。这颗钻石的主人是马坦的王侯，在 19 世纪，有些人认为它是当时世界上最大的钻石，而另一些人则认为它只是石英制成的仿品。一位名叫蒂瓦达尔·波塞维茨（Tivadar Posewitz）的工程师于 1892年写道："在 1868 年，经仔细检查后发现，该钻石的真实面目是水晶。"[232] 但苏格兰科学家爱德华·巴尔福（Edward Balfour，1813—1889）坚持认为马坦钻石是真的。两人之所以会各执一词，是因为那个王侯只向陌生人展示赝品。[233] 而在今天，人们普遍认为它是由石英制成的。[234]

钻石切工的早期发展

几个世纪以来，消费者们都着迷于骗子出售假钻石的故事、钻石大盗的消息以及知名钻石的异域传说，如桑西钻石（Sancy）、光之山钻石、奥尔洛夫钻石等。希望之星钻石（Hope），最初名为法国蓝（French Blue），是一颗重45.52克拉的蓝色宝石，发现于科鲁尔矿区。塔韦尼埃将它带回巴黎卖给了路易十四，它在法国大革命的动荡中被人盗走。1839年，有人将其重新切割后于伦敦出售。一个世纪后，1949年，纽约著名的珠宝商哈利·温斯顿（Harry Winston）将它买下，并捐赠给位于华盛顿的美国国家自然历史博物馆（National Museum of Natural History），至今仍在那里展出。[235]19世纪末和20世纪初，有人提出了诅咒之说，传说拥有希望之星钻石的人都会遭受不幸。虽然诅咒之说很贴近东方人的话语模式，至今仍然不乏听众，仍可将其归为天方夜谭或营销手段。[236]

那些知名钻石的故事对消费者而言是种极度的诱惑，即便当时只有国王和王后才能使用那些宝石。但在这里，宝石仅指少数几乎被神化的钻石，它们可通过塑造成形后的外观被辨识出来。大部分钻石（无论是否够格成为宝石）的消费史也许更为平淡无奇，但其外观仍然至关重要。因此，任何钻石的使用历史都是一部外观史。其中部分钻石的颜色、大小、形状和切割方式令它们成为消费者心目中的钻石，同时，这些因素也决定了一块钻石的价值。颜色乃钻石的自然特征，切割方式取决于人类的专业知识，尺寸和形状则离不开这两大要素。来自矿山的钻石原石并不像其他美丽的事物那般具备直接的吸引力，无论人们在发现它们时是包裹在岩石内（参见图2）还是散落在河床中（参见图10，河床底部三颗未经切割的钻石）。在那些能令钻石闪耀的切割和抛光技术发明之前，这些石头之所以受人重视，不是因为它们是宝石，而是因为其出色的硬度。戈德哈德·伦岑（Godehard Lenzen）断言，印度关于这类宝石的历史资料通常根据与钻石的特殊硬度相关的神话属性来评价它。钻石的稀有性在人们对它们的估值中也起到了一定的作用。世人将钻石作为护身符佩戴，是将其与"无敌"关联起来，而且人们还常常宣称钻石原石具有神奇的力量。[237]对伦岑来说，这些与钻石相关的"宗教—魔法"观念令它们不仅在印度成为贵重商品，在更为遥远的欧洲和中国也是如此。[238]

在印度，不同颜色的钻石与印度教的诸神有关。白钻成为战争与雷电之神因陀罗（Indra）的象征。在印度神话中，因陀罗是霹雳之源，雷电是由钻石制成的，被称为"vajra"（意为"金刚杵"）。梵语中，钻石对应的用词是 vajra 和 indrayudha（意为"因陀罗的武器"）。[239]另一个故事中也出现了钻石：因陀罗是印度教神话中强大的神之一，他与一个名叫巴利（Bali）的恶魔作战。后者被打败后，蓝宝石从他的眼睛里冒出来，红宝石从他的血液里冒出来，钻石从他的骨头里冒出来——这并非巧合，因为这是人类身体中最坚硬的部分。[240]黑钻与死神阎罗王有关，而另一个品种则与天神毗湿奴（Vishnu）有关。[241]在印度，钻石与神灵的关系之间加入了更多接地气的魔力，如钻石可防"蛇、火、毒、病、贼、水和黑魔法"。[242]

能够阐述出印度钻石的"宗教—魔法"意义同印度商人在罗马帝国开拓市场的能力之间的联系的作者并不多，伦岑是其中一位。他认为，正是钻石的这种象征性价值在罗马帝国确立了需求。[243]以下评论证实了上述联系，即基督教的发展使人们对钻石的需求随之下降了："随着用以定价钻石的宗教基础发生改变，钻石必然跌落神坛。只有当切割技术在欧洲传播和完善之时，它才能重回宝石价值排行榜榜首的地位。"[244] 当然，这一观点并不适用于那些基督教尚未传播的地区。亚洲钻石贸易便不受任何影响，钻石流入了伊斯兰教、佛教或印度教占主导地位的地区，而且钻石贸易必定会持续进行（甚至扩大规模）。在切割技术发明前，由于缺乏原始资料，要评价亚洲和欧洲消费者的需求特性就变得十分复杂，但在阿拉伯各宝石手册中有提及钻石，这至少证实了人们对这种最坚硬的宝石一直保持着兴趣，而在中世纪的欧洲著作中，钻石的地位已屈居其他宝石之下了。加西亚·德·奥尔塔（Garcia da Orta）于 1563 年出版《印度方药谈话录》（*Coloquios dos Simples e Drogas da India*）时，切割和抛光技术已经问世了，但据他评论，"在这里和世界上任何地方"，宝石工艺匠们认为钻石的重要性在宝石中排第三，居祖母绿和红宝石之后。[245] 德·奥尔塔继续说，钻石的价值取决于人们的需求及其稀缺性，因为即便一块磁石（某种磁性矿物）也可拥有比钻石更"灵验"的力量。[246]

虽然基督教的出现对欧洲和印度之间的钻石贸易影响极大，请牢记，在切割技术发明之前，这类贸易的量始终不大。此外，最好的钻石——那些最大的，或具有最佳自然形状的钻石——从未被送至欧洲。在印度矿区，最大的钻石是留给当地统治者的，几乎没有进入商业链流通。[247] 在罗马时期和中世纪时期，欧洲和印度之间的所有贸易路线都是陆路，这些路线掌控在阿拉伯和波斯的中间商手里。他们虽然是印度和欧洲之间商品链的关键环节，但他们也在自己国家的市场销售钻石。可以这么说，欧洲的需求只是近代早期钻石贸易的一部分，甚至可能算不上最重要的部分。[248]

尽管如此，印度矿山还是生产了大量钻石，日益增加的供应量令 14 世纪初的欧洲消费者对宝石的需求扩大，尤其是在皇室内。1369 年的巴黎，勃艮第公爵为母亲购买了一件饰品，中间镶有 4 颗珍珠、4 颗钻石和 1 颗红宝石。[249] 这种镶嵌方式依旧表明，在欧洲，其他宝石的地位在钻石之上，但同时也显示出统治者及宫廷对钻石消费的兴趣在不断上升。据卡琳·霍夫梅斯特（Karin Hofmeester）称，那些一国之主（无论男女），都开始往其王冠和权杖中加入钻石，这是源自硬度、无敌和权力之间的古老象征和联系。[250] 先是勃艮第和法国宫廷开始使用钻石，紧接着，英格兰和其他欧洲君主制国家开始效仿，后来这一风气进一步扩散至贵族阶层。法国查理七世送给情妇阿涅丝·索雷尔（Agnès Sorel，于 1450 年去世）钻石作为礼物，大家通常认为这是平民血统的女性首次获得钻石并将其作为珠宝进行佩戴的案例。[251] 显然，索雷尔喜欢"全套首饰"（parure），即一整套由不同珠宝（如耳环、项链等）精心制作并组合起来的首饰。1477 年，神圣罗马帝国皇帝马克西米利安一世（Maximilian I）在维也纳与勃艮第玛丽（**译注：Mary of Burgundy，勃艮第女公爵，勃艮第公国大胆的查理之独女**）结婚。她是文献记录中首个收到镶钻订婚戒指的准新娘——但远非最后一个。[252]

15 世纪下半叶，欧洲宫廷使用钻石的情况越来越多，这并非巧合。正是在这一时期，欧洲工匠们已掌握钻石切割技术。笔者尚不太清楚是在何时何地由何人发明了将钻石原石切割成切面的工艺。在很长一段时间内，它们都是以原石的天然样式供人使用的，尽管当时人们也采用了某些基本手法对钻石进行改造。历史上，自然形状的钻石中，以八面体钻石最受欢迎，其表面做了抛光以提高亮度。古老的梵文文本，如早至 5 世纪或 6 世纪的《佛陀的宝石知识》（*Ratnapariska of Buddhabhatta*），不仅举例说明了古代钻石的定价情况，确认了钻石象征性、保护性的特质，还提到了抛光钻石外部形状的形式："聪明人不应把具有明显缺陷的钻石作为宝石，这类钻石只能用于宝石的抛光，价值不高。"[253]一位 13 世纪的印度宝石工艺匠确认，钻石只能用其他钻石进行抛光。[254]另一位印度宝石工艺匠在 14 世纪末发表了一份未注明日期的手稿，其中提到利用钻石在一个轮子上加工别的钻石。[255]然而，抛光与切割不同，前者旨在使钻石闪闪发光，后者则是为了将钻石重新塑造成具有若干切面的、对称的物体。

钻石的重新塑形法在不断发展，这令更多钻石成品的价格随之上涨。早在 1403 年，一位威尼斯珠宝商就观察到了钻石原石和钻石成品之间的价格差异。[256]早期的基本切割方法是尖形切割，加工后的钻石看起来就像两个金字塔，再通过各自的底部粘在一起（参见图 18）。这种样式于 1375 年为纽伦堡的抛光匠们所熟知，成为桌形琢型（table cut）的基础，后者是在 15 世纪发明出来的，可能源于印度，那么它必定是从印度经威尼斯传到欧洲的。桌形琢型中，钻石的上半部分被削平。[257]不久之后，第二种切割方式，即"菱形"（lozenge）切割，被用于八面体钻石（见图 19 中央的钻石）。

虽然这种加工方式造成了巨大损耗，由于在纹章制作中有使用该样式，故而使其具有吸引力。[258]1467 年，勃艮第公爵大胆的查理（Charles the Bold，1433—1477）拥有一件镶有桌形钻石的纹章。[259]1669 年，罗伯特·范·伯肯（Robert van Berken）撰写了一篇关于宝石的论文，文中他认为其祖父洛德维克（Lodewijk）是第一个用钻石粉末打磨钻石的人。[260]于是大家认为洛德维克·范·伯肯（Lodewijk van Berken），这位来自布

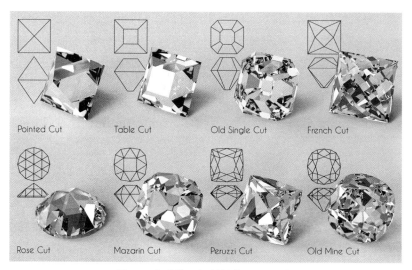

Pointed Cut　Table Cut　Old Single Cut　French Cut

Rose Cut　Mazarin Cut　Peruzzi Cut　Old Mine Cut

图 18　老式钻石切割样式的 3D 图解

鲁日的佛兰德斯珠宝商，在为大胆的查理工作时意外发现了钻石切割方法。这种说法至今仍被引用，借以证明佛兰德斯曾长期身处钻石行业，但在此之前，这种工艺在其他地方也已为人所知。然而，罗伯特·范·伯肯有可能对"旋转轮"（**译注：scaif，一种注入了橄榄油和钻石粉混合物的抛光轮**）技术的发展做出了贡献。[261] 罗

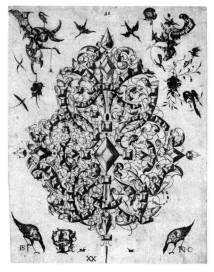

图 19　金匠花束形状的首饰，1621 年

伯特·范·伯肯也提出了这种更为切实的说法，他写道，他的祖父"在研磨机及其发明的某些铁轮上打磨钻石"。[262]

随着切割技术在欧洲的传播，钻石切割业在某些地方得以发展壮大，也许最先是在威尼斯。1434 年，威尼斯的金匠公会禁止其成员向犹太人传授有关宝石加工的知识。该城市的工匠成为手工艺的典范。文艺复兴时期，生活于 1500 年至 1571 年间的金匠兼雕塑家本韦努托·切利尼（Benvenuto Cellini），在他的自传中多次提到钻石。[263] 其中一个情节提到他为教皇制作了一枚钻石戒指，这枚钻石是由切利尼笔下"世界上最著名的珠宝商，一个叫米利亚诺·塔格塔（Miliano Targhetta）的威尼斯人"镶嵌的。[264] 1503 年，威尼斯人巴塞洛米奥·迪·帕西（Bartholomeo di Pasi）发表了一份意大利城市与其他地方贸易关系的概述，其中"diamanti di punta"（意为尖钻石，即具有天然尖形或点状切割特征的钻石）被人从威尼斯送往里斯本和巴黎，而"diamanti"（即需要切割的宝石），则被人从威尼斯送往安特卫普，或被人从阿勒颇送往米兰。[265] 不同城市之间贸易关系的加深也令钻石切割方面的知识四散传播。威尼斯很早就有了切割业，据记载，纽伦堡（1373 年）、巴黎（1407 年）和奥格斯堡（1538 年）也各自出现了钻石切割作业。[266] 在安特卫普，1447 年的一项城市条例警告不得出售假钻石，言外之意也表明：该城市有钻石工坊。[267] 据查找，文献中初次提及这一行当是在 1491 年，当时钻石切割师彼得·范·德·胡顿克（Peter van der Hoodonk）签订了一份结婚契约。[268] 切割师公会的成立则花了较长的时间：1580 年，因不满那些没怎么学习技艺，却在业内极为活跃的切割师，其他钻石切割师向金匠请教他们是如何获得权利待遇的。两年后，一项法令颁布了，批准成立钻石切割师公会。[269] 该公会组织立即引起了人们的关注，因为当年晚些时候，一些来自国外的钻石切割师试图成为安特卫普的自由人（译注：freemen，即非外邦人或者非奴隶等），这样他们就能够加入该公会了。[270]

1586 年通常被视作阿姆斯特丹的起点，该城市将在此时发展近代早期较为重要的产业之一——钻石切割业。这一年，该城市的婚姻登记册中首次提到了这一职业，当时一位来自安特卫普的移民威廉·维尔马特（Willem Vermaat）要结婚了，他声称自己是一名钻石切割师。[271] 钻石切割师们开始离开安特卫普，这并非巧合。随着新教传播和荷兰起义（**译注：Dutch Revolt，16 世纪晚期爆发，参与者多为新教徒，与西班牙做斗争，最终赢得独立**），新教徒们纷纷离开，特别是在 1585 年西班牙军队占领了安特卫普之后。[272] 卡琳·霍夫梅斯特已表明，安特卫普的钻石切割师不仅帮助阿姆斯特丹建立起切割业，而且在 17 世纪初，他们还通过与伦敦和里斯本的有志工匠签订授业契约来传授相关知识。[273] 尽管在这些城市，单独的钻石切割师行会并未成立，这更方便了外国人活跃于该行业。

在 16 世纪，钻石加工的工艺变得更加复杂，切割作坊雇佣了各类工匠。劈钻师将一块钻石分割成更小块的钻石，并将这些钻石加工成更为合适的形状，这是"三阶段"工艺流程的第一步。[274] 该步骤对最终成品而言极其重要，所以劈钻师的工资最高。[275] 锯工们使用带有钻石粉末的线，在无法进行劈钻的情况下对钻石进行切割，以便更好地对钻石进行塑形。这是一个漫长而艰难的过程，可能需要长达 10 个月才能完成。[276] 第二个阶段被称为"打圆"，在该流程中，将两颗钻石相互摩擦，使其边缘变得圆润，为抛光钻石做最后的准备。在第三阶段，也是最后的阶段，抛光师将钻石放在一个沾有钻石粉末和油脂的圆盘上，使其形成最后的琢面形状。[277] 某些作者表示，劈钻是后来才发明出来的，是因为巴西钻石质量较差，需要将钻石再加工成新样式，但在 17 世纪就已有文献明确提及劈钻师这一职业。[278]

某颗特定钻石所采用的切割方式取决于钻石原石的形状及当时的时尚标准。并非所有原石都被塑形成八面体，它们也许适合被切割成菱形和桌形钻石。[279] 托马斯·尼科尔斯（Thomas Nicols）在他写的 17 世纪宝石史中提到，钻石也会被切割成金字塔形，尽管金字塔形钻石的价值低于桌形钻石。大约在 1520 年，玫瑰式切割法（rose cut）问世并迅速流行起来。17 世纪末，在明亮式切割法取得突破性进展之前，玫瑰式、桌形和菱形切割等方法相继存世（参见图 18、图 19）。[280]

技术的发展与消费者对钻石的欣赏密不可分。在欧洲，钻石日益成为奢侈品，成为地位和权力的象征，富人们纷纷佩戴钻石。[281] 至 16 世纪下半叶，钻石的客户群已经扩大到宫廷之外，但钻石在首饰中的应用越来越性别化，这些宝石被镶嵌在项链、胸针和耳环上，女性在这个时候成为主要的钻石佩戴者。[282] 琼·埃文斯（Joan Evans）认为，当时珠宝"是国王和王后的皇室用品，他们追求权力和财富，而非精神方面的雅致"。[283] 而在 16 世纪末、17 世纪初，人们对钻石的兴趣才"因钻石本身"而复燃，这令珠宝设计更加简化。[284] 17 世纪末，塔韦尼埃等珠宝商出版了著作，他将潮流趋势（即人们日益将钻石视作美丽的饰物）与印度钻石矿的描述紧密结合。这种观念也与技术的发展密切相关，这些技术旨在尽可能清晰地展现这种美，或者说展现出欧洲人的美感——这一追求最终导致 17 世纪末明亮式切割法"老欧式切割"（old European cut）（参见图 3）的问世。[285]

在印度，钻石消费和钻石切割走上了不同的轨道。印度人对成品钻石的欣赏仅局限于钻石的重量和净度，这就解释了印度作坊里切割的大量钻石为何外形是不对称的。重点不是让钻石变得对称，而是要保持其重量和尺寸（参见图 14）。虽然莫卧儿人肯定会欣赏钻石，但他们习惯于拥有大量的珠宝，而且认为红宝石和尖晶石比钻石更有价值。[286] 欧洲的君王们不得不通过国际贸易网络获取钻石，而印度统治者们则不一样，他们能够直接从矿场获得钻石。此外，莫卧儿皇帝们处于一个复杂的进贡网络中，其中珠宝是重要的贡品。在印度，宝石的佩戴并未趋向女性化，画像中，莫卧儿男性统治者们经常佩戴大量珠宝。[287] 然而，欣赏方式不同，这并不意味着莫卧儿皇帝或印度其他地方统治者对欧洲造型的珠宝没有兴趣。莫卧儿宫廷对异国风格的好奇心也许是夏尔丹兄弟和塔韦尼埃等珠宝商得以在印度开展业务的主要原因。由图 10 可知，塔韦尼埃为路易十四带回法国的钻石中包含了几颗切割不太规则的钻石。

欧洲工匠们出现在印度，也证明了人们对欧洲珠宝愈发感兴趣了。欧洲商人们试图买卖印式和欧式风格的珠宝，而欧洲的切割师和抛光师有时也会被雇去满足莫卧儿人对带有异国情调的钻石之好奇心。[288] 范·林索登在游记中讲述了一个有名的故事，是关于安特卫普钻石切割师弗兰斯·科宁格（Frans Coningh）的：弗兰斯·科宁格在伦敦度过了其大部分青年时光，1580 年前后他被送往威尼斯的叔叔那里。一年后，弗兰斯去了阿勒颇，积累钻石贸易的经验。但由于他花钱如流水，于是又一无所有。他便开始在果阿做钻石切割师，并在那里结了婚。1588 年，他被他的妻子和她的情人杀害了。[289]

随着欧洲工匠们在莫卧儿帝国受雇成为钻石切割师，钻石作坊的数量也在增加。人们可能知道一些欧洲工匠在印度的故事，因为他们的出现引起了欧洲旅行家们的注意，但在莫卧儿的工场作坊等地，大多数钻石切割师肯定是当地人，或者至少不是欧洲人。

法国旅行家让·德·泰维诺（Jean de Thévenot）于 1666 年来到戈尔康达堡时，他观察到国王（指戈尔康达的苏丹）希望技艺娴熟的工匠们待在那里，国王甚至让珠宝商待在自己的宫殿里。宫殿里的工匠们忙于处理国王的常见珠宝，而国王拥有如此多的珠宝，这些人几乎无法腾出手为其他人做事。[290]

塔韦尼埃还介绍了矿区附近的切割作坊。与欧洲的工序一样，工匠们将钻石嵌在一个圆盘装置中，将其固定，保持稳定，然后抹上油，在圆盘上撒上钻石粉末，再利用研磨机带动的圆盘进行抛光。这位法国珠宝商注意到，欧洲人使用木制圆盘帮助完成该工艺，而印度人则使用转动较慢的铁制圆盘。[291] 他还注意到，劳尔康达的钻石研磨机是由黑人推动的。[292] 虽然人们确实了解一点印度钻石作坊的情况，但对于婆罗洲近代早期的钻石切割技术，人们一无所知："似乎并无证据表明，在 17 世纪，婆罗洲或东南亚的其他地方，工匠们在切割钻石。"[293]

在亚洲工作的欧洲钻石切割师可能属于收入最高的一批工匠，所以他们的经历并不能代表普通工匠的待遇和工作环境，而欧洲钻石工场中所存在的报酬差异，也可以这样解释。1670 年 3 月，5 名钻石切割师和劈钻师在阿姆斯特丹的公证员面前起草了一份声明，其中明确指出，钻石加工不是按小时计酬，而是根据其"精巧程度和工艺水平"来计酬的。[294] 他们宣称，一名优秀的切割师每天工作 5 小时，可挣到 20 盾至 30 盾（译注：guilder，荷兰盾，旧时荷兰货币单位）。而此前在安特卫普做事的钻石切割师托比亚斯·德尔贝克（Thobias Delbeck）声称自己甚至可以每天赚到 40 盾。[295] 他们进一步宣称，切钻和劈钻被视作特殊的工艺和技术，经验丰富的工匠可以像具有天赋的画家那样成功。[296] 这意味着，技艺高超的钻石工匠们可以获得高薪，而木匠每天的收入大约只有 1.5 盾。荷兰某些城市中的画家每天可挣到 3 盾，而且唯有在他们每周创作多达两幅画的情况下才能获得这样的报酬。[297] 如此高的工资待遇肯定也意味着高风险，如果某位钻石切割师没切好，他可能官司缠身。例如，1685 年，一位珠宝商要求阿姆斯特丹的某位切割师进行赔偿，因为他把一颗钻石的光泽切没了。[298]

虽然专业切割师和劈钻师无疑可获得高工资，但这并不适用于级别低一些的工匠，如那些加工低质量钻石的工匠或推动研磨机的工人。在阿姆斯特丹，经常是女人们在推动钻石研磨机上的轮盘（参见图 20），该做法甚至令基督教教徒对来自犹太教教徒的竞争极为不满，因为他们指责后者为了降低成本，"一雇就是一家子"。[299] 然而，抱怨归抱怨，基督教教徒和犹太教教徒的钻石切割师们早在 1615 年就在同一个工场做事，为对方打下手，或给对方当学徒了，基督教教徒妇女们也在推研磨机。1735 年，在阿姆斯特丹公证人面前的一份声明描述了钻石抛光师尤里安·胡普克（Juriaan Hupker）的恶劣行径：他把自己的圆盘压上重荷，这样安杰·亨德里克斯（Antje Hendriks）几乎无法推动研磨机。她抱怨说，胡普克不仅抽烟，还哼唱下流小曲。[300] 也许他是在唱自己的烦恼。1774 年的一本荷兰歌曲手册中，有一段两个钻石切割师之间的对话，他们在歌声中哀叹自己的悲惨处境。他们负债累累，身无分文，无事可做。其中一个人甚至考虑当水手，想要前往东印度群岛。众所周知，该航线充满了困难和危险。[301] 这类歌曲表明，尽管钻石切割需要技术，对许多切割师来说，切割这项活计既不轻松也不稳定——直到 20 世纪也是如此。但是，就在阿姆斯特丹的钻石工匠们抱怨生活之多艰时，钻石界已经摇摇欲坠了——因为在世界的另一端，葡萄牙统治下的

巴西发现了极其丰富的钻石新矿藏——传统的亚洲钻石世界已走
到了尽头。

图 20　钻石切割师，1694 年

第二章

奴隶制和垄断权：
殖民地巴西的钻石

1720—1821 年

"我们冒昧地告知您，我方已与另外一两家公司联手，就巴西的所有钻石销售订立了合同。这些钻石将在未来若干年里在欧洲进行售卖，我方希望通过贵方转运大量钻石，当这件事完全确定下来后，我方将给贵方写信，进一步地讨论此事细节。"[1]

这段话摘自一封信，写信人是犹太钻石商人弗朗西斯和约瑟夫·萨尔瓦多，信是写给他们最为重要的商业伙伴詹姆斯·多默（James Dormer）的。詹姆斯是一名居住在安特卫普的英国天主教教徒。[2] 出于以下多重原因，这封信很能说明问题。首先，它证实了犹太商人及其国际网络在钻石贸易中发挥的作用。虽然在巴西发现了钻石，这被视作对上述作用的一大挑战，但有些公司，如萨尔瓦多公司，试图适应这些新环境。其次，这封信表明，垄断钻石原石流通的愿望并非现代人才有的特权，早期各类群体也曾进行过相关尝试，但成败参半。萨尔瓦多和多默从来无法对巴西钻石进行垄断，至少无法长久垄断。

18世纪20年代，在米纳斯吉拉斯省（Minas Gerais），几个在河床开采金矿的工人偶然发现，这些河流中也出产钻石。这些钻石的发现情况被上报给葡萄牙皇室后，有人努力阻止钻石供应量的增加，因为他们害怕供应量增加会影响欧洲的钻石价格。首先，1739 年确立的采矿垄断权保证了相关方面对钻石生产的控制。开采钻石的地区被称为钻石区（参见图 21），由殖民军队守卫。其次，18 世纪 50 年代，商业垄断法案被提出，它确保了相关方面对钻石原石贸易的控制。这两大垄断权的确立，是人们首次认真控制特定区域内全部钻石原石流动的里程碑。弗朗西斯·萨尔瓦多曾短暂地参与过贸易垄断，但当他秘密参与的事情被葡萄牙首相发现后，双方的贸易合同被取消了，并被转卖给新的合作方进行签约。

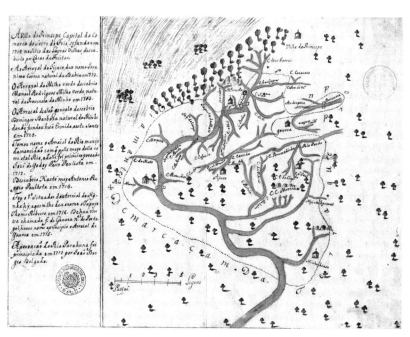

图 21　巴西钻石区的地图，约 1734 年

从 18 世纪 20 年代至 19 世纪 70 年代，巴西成为钻石的主要来源地，巴西殖民地政府和独立政府（译注：1822 年，葡萄牙佩

德罗亲王8月份被迫宣读独立宣言，9月份先是宣布巴西独立，10月份宣布成为巴西皇帝，自称为佩德罗一世，独立于葡萄牙）都试图通过各种制度来控制采矿，从征收重税（但允许自由开采）到垄断（采取皇家开采公司的形式），再恢复到自由采矿的局面。尽管存在这些尝试，"秘密开采"（garimpo）始终是巴西钻石开采的重要特征，几乎就是使用奴隶劳力来开采钻石。

巴西高原上寻找钻石

自从葡萄牙航海家佩德罗·阿尔瓦雷斯·卡布拉尔（Pedro Álvares Cabral）于1500年航行前往印度途中意外发现了巴西，葡萄牙君主就试图从巴西蕴藏的自然资源中获益。[3]

最初，葡萄牙对巴西的殖民仅限于沿海地区，该地区被划分为称为都督辖区（captaincies）的行政区域。这些地区要么属于东北部马拉尼昂省（Estado do Maranhão）的殖民政府，要么属于殖民地余下地区合称的巴西省（Estado do Brasil）。殖民地出口到里斯本的产品是巴西木材和糖，后来还有烟草。种植园体系仍然是殖民地经济的基础，但很快就伴随着被称为米纳斯吉拉斯省（葡萄牙语中意为"总矿区"）的黄金和钻石矿镇的发展而得到完善。从16世纪中期开始，被称为"旗队"（译注：bandeirantes，葡萄牙语，意为"拿旗子的人"，因为这些人出发都会拿上旗子，指的是劫掠内陆的冒险家团伙，也有著作将其翻译为"猎奴队"）的冒险家团体在财富故事和黄金国神话（译注：Eldorado，西班牙语中意为"黄金"，指传说中失落的黄金城或黄金国，众多冒险家试图找到它，但都失败了）的激励下，开始探索这个国家荒芜广袤的内陆。这些队伍可能包含数十个无法无天的男女，但有时会发展到数百人。临近 16 世纪末，他们到达了后世称为米纳斯吉拉斯省的地区。由于缺乏补给、当地人尚武好斗，再加上流行病蔓延，他们无法在当地永久殖民。而且，比起从地下挖宝石或黄金，他们更善于俘虏当地人。据估计，17 世纪的头 30 年里，他们可能抓走了多达 4 万名土著人。[4]

然而，对矿藏财富的追求仍然是重要的动机。1550 年，葡萄牙国王收到了一封信，写信人想要在巴伊亚省（Bahia）南部的塞古罗港（Porto Seguro）附近勘探河床，希望能挖到绿宝石和其他宝石。[5] 据 19 世纪上半叶在里约热内卢勘探的德国地质学家威廉·路德维希·冯·埃施维格（Wilhelm Ludwig von Eschwege）所说，早在 1573 年就有人在巴西的河谷中发现绿宝石。[6] 最终，在 17 世纪的最后 10 年里，那些旗队在据说含有绿宝石的河床中发现了黄金。一位耶稣会士出版了一份巴西财宝录，他是这样说的："在后来的黄金区重镇维拉里卡·德·奥罗普雷托（Vila Rica de Ouro Preto）附近，一个混血儿首次发现了黄金。"（参见图 22）[7] 这很快引发了淘金热，18 世纪上半叶，估计有 8000 人至 10000 人迁移到米纳斯吉拉斯省的黄金区，许多人来自葡萄牙北部的米尼奥省（Minho）。[8] 该移民潮中，大量非洲黑奴被送往米纳斯吉拉斯省，他们被迫承担了现实中大部分的开采劳作。1698 年，皇家五一税（译注：royal fifths，指的是对开采的黄金等极具价值的商品征收其价值 20% 的税额）的缴纳登记名册中并未提到整个都督辖区的任何一名奴隶。然而 20 年后，登记名册中记录了 35094 名非洲奴隶的名字。[9]

Rio Paraguacu：帕拉瓜苏河
Lencois：伦索伊斯
Salvador：萨尔瓦多
Diamantino：迪亚曼蒂努
Rio de Contas：里奥迪孔塔斯河
Rio Sao Francisco：圣弗朗西斯科河
Cuiaba：库亚巴市
Rio Cuiaba：库亚巴河
Rio Araguaia：阿拉瓜亚河
Brasilia：巴西利亚
Rio Pardo：帕尔多河
Rio Jequitinhonha：热基蒂尼奥尼亚河
Porto Seguro：塞古罗港
Grao Mogol：大莫卧儿

Minas Novas：米纳斯诺瓦斯
Rio Claro：里奥克拉鲁
Goias：戈亚斯州
Grao Mogol：格朗·莫戈尔
Paracatu：帕拉卡图
Rio Dos Piloes：皮罗河
Tejuco：特乌科
Diamantina：迪亚曼蒂纳
Mendanha：门达尼亚
Coxim：科欣
Mineiros：米内鲁斯
Sao Goncalo do Abaete：圣贡卡洛 - 杜 - 阿巴埃特
Curralinho：库拉里尼奥
Bagagem：巴加盖姆
Milho Verde：米卢韦德

Rio Doce：淡水河谷
Quartel Geral："总部"
Rio Grande：里奥格兰德
Belo Horizonte：贝洛奥里藏特市
Quro Preto：奎罗·普雷托
Vitoria：维多利亚
Rio Tiete：铁特河
Sao Joao del Rei：圣若昂·德尔雷伊
Rio Parana：巴拉那河
Rio de Janeiro：里约热内卢
Rio Paraguay：巴拉圭河
Sao Paulo：圣保罗

Alluvial Diamond Deposits：冲积型钻石矿藏

图 22　巴西的钻石矿藏

　　巴西发现黄金后的 50 年间，葡萄牙殖民地生产的黄金占世界黄金供应量的 85%。[10] 在 18 世纪 20 年代的某个时间点（也许更早），淘金者们意外地在寒冷、多风的塞罗·弗里奥山区河床中发现了钻石。人们通常认为贝尔纳多·丰塞卡·洛博（Bernardo Fonseca Lobo）是首个意识到自己发现了钻石的人。在一份写给地方政府、未注明日期的申请书中，他声称自己于 1723 年发现了钻石，但 5 年后才拿给总督堂·洛伦索·德·阿尔梅达（D.Lourenço de Almeida）看。[11]国王对洛博的发现进行奖赏，将其任命为陆军上尉，但洛博的叙述很快受到了质疑。1732 年，一位名叫西尔维斯特·加西亚·杜·阿马拉尔（Sylvestre Garcia do Amaral）的人即将离世，某葡萄牙官员前来探望并记录下他的讲述。阿马拉尔声称自己是一名宝石工匠，曾被派往米纳斯吉拉斯，于 1727 年发现了钻石。1728 年，在听到阿马拉尔发现了钻石之后，洛博才意识到自己在 1723 年发现的也是钻石。[12]由于阿马拉尔病重，无法亲自前往欧洲，于是这位官员前往里斯本向国王报告了这一发现，国王当时向阿马拉尔拨发了一笔赏金，不是因为他是一名宝石工艺匠，而是他的说法似乎更为可信。[13]一位政府官员于 1734 年被派往钻石区，他在回忆录中记录下更早的钻石发现年份，分别为 1714年、1721 年和 1722 年。[14]

　　关于最初那段岁月最为有趣的故事中，有一个讲述了 4 个人（包括 1 名意大利教士在内）是如何合伙将巴西钻石作为印度钻石进行出售的。[15]上述官员的回忆录中确实有一个与洛博故事略微不同的版本。1726 年，据说洛博去了奥罗普雷托镇（**译注：Ouro Preto，意思是黑色黄金，又名"黑金城"**），在那里他向总督献上了 16 颗钻石。据谣传，总督向葡萄牙国王隐瞒了钻石的存在，却将这些钻石送到了里斯本。有人指控这名总督还秘密与上文提及的 4 个人合伙进行欺诈，该总督后来因扰乱公共秩序而遭到驱逐。时至 1728 年，原本是淘金者的洛博已经离开了自己发现钻石的地区，前往新发现的米纳斯诺瓦斯金矿（Minas Novas）（参见图 22）。不少冒险家从塞罗·弗里奥换到米纳斯诺瓦斯，他也是其中一个。人人都听说过黄金，但对于巴西钻石的发展前景，大家仍旧不敢保证。然而，那些留下来的人相信这些最初的发现会带来机遇。马蒂尼奥·德·门东萨·德·皮纳·普罗恩萨（Martinho de Mendonça de Pina e Proença）于1734年被遣往塞罗·弗里奥，他在回忆录中提到了这段早期岁月的有趣细节。他讲述了一个牧师雇佣15个奴隶寻找钻石的故事。[16]文献中最初提及神职人员的情节也很有意思，有助于解释后来官方为何从法律层面禁止神职人员进入钻石区。因为这些故事在最初并不为人所知，再加上总督本人也涉足其间，因而在1729年12月，葡萄牙国王正式获悉巴西发现钻石这一消息之前，巴西的钻石贸易便可能已经存在了。[17]这可通过更多证据予以证实，例如，在上述日期的5个月前，有封从巴西寄给里斯本某位商人的信，讨论了来自巴西殖民地的钻石价格和切割情况。[18]

官方是这般应对巴西发现钻石这一消息的：葡萄牙国王要求米纳斯吉拉斯的总督拿出一套规章制度。官方将某块特定土地分配给矿工们，每位受雇的奴隶分12平方米。每个人每年必须缴纳5000里斯（译注：reis，葡萄牙及巴西的旧货币单位）的人头税，在当时相当于3.3英镑。[19]规定禁止人们开采黄金，限制自由行动，特别是流动商人和神职人员。国王则拥有一块专为他开采的土地，他特别指定一名政府官员，即地方行政长官（intendente），以负责监督该地的钻石开采并解决采矿纠纷。当这些方案被上报给国王时，国王希望对那些违法者（该法律旨在规范钻石开采）采取更为严厉的惩罚形式。这些措施包括没收货物以及将涉事人员放逐到安哥拉。[20]有关钻石矿藏的信息传到了殖民地的其他地方，早在1730年，殖民地官员就抱怨说，在附近巴伊亚省金矿工作的奴隶们跑去加入在米纳斯吉拉斯省寻找钻石的冒险家队伍。[21]官方希望进一步控制不断扩大的钻石区，于是在1732年宣布了更为严格的规定。人们担心钻石开采将受到更为严密的殖民化监管，故而当地发生了大量骚乱，一群矿工聚集在维拉·杜·普林西比（Vila do Príncipe，今天的塞罗）的市政厅前，带着一份清单，上面写的全是他们的不平。[22] 他们希望开采活动完全不受限制，大幅降低成本，别再限制混血人群或黑人的自由行动。[23] 矿工们提出的反对建议被官方拒绝了，但总督渴望与钻石矿工保持良好关系以谋取私利，因此对后者的抗议行为表示支持。[24] 双方于是达成共识，每个奴隶的人头税为20000里斯（相当于13.2英镑），矿工们有权"在塞罗·弗里奥的所有河流和土地上开采钻石，就像现在这样"。[25]

1732年9月，一位新总督上任了，一年内，他将人头税提高了一倍，并将收取范围扩大到在矿场工作的自由黑人和混血人群。官方贸易范围仅限于钻石区中心特乌科（参见图22）。[26] 不难猜到为何葡萄牙国王指示新总督实施这些更为严厉的措施。巴西发现了钻石矿藏，欧洲市场上的钻石价格闻风急剧下跌，安特卫普和伦敦的几个知名钻石商开始给葡萄牙政府写信，表达他们的担忧，特别是在瓜皮亚拉（Guapiara）和库拉里尼奥（Curralinho）开了新矿，巴西的钻石产量进一步提高之后。1734年6月，一位新的行政长官拉斐尔·皮雷斯·帕尔迪奥（Rafael Pires Pardinho），在德·皮纳·普罗恩萨的陪同下抵达特乌科，后者可能最先撰写了关于巴西钻石的回忆录。帕尔迪奥奉命驱逐所有"无用之人、害群之马"，并对钻石区进行正式划界，该区域与巴西殖民地的其他地区相隔绝，接受单独的殖民管理。[27] 钻石区的边界划定后（参见图21），第一个行动是根据弗朗西斯·萨尔瓦多的建议，完全关闭钻石区，弗朗西斯·萨尔瓦多在其与印度的钻石贸易中获利颇丰。[28] 钻石区内，任何人都不得携带采矿工具或参加公共集会。[29] 矿工们绝望了，请求开采黄金以便谋生，却被拒绝了，但在 1738 年，他们获准在某些被认为已枯竭的采矿点寻找黄金。[30]

若昂·费尔南德斯·德·奥利维拉（João Fernandes de Oliveira）的开采垄断

政府当局利用关闭矿区的那数年时间来评估各类解决方案，以便更好地控制巴西的钻石生产。1734 年，数名位于里斯本的外国商人提出购买独家开采权，但官方为了完全关闭矿区，拒绝了他们的提议。4 年半后，即 1739 年 1 月，建立垄断权的提议再次冒头，相关人员制作的海报也在钻石区流传开来，以鼓励感兴趣的人出面。[31]官方同当地人会谈了好几次，但最后是一个名叫若昂·费尔南德斯·德·奥利维拉的葡萄牙移民给出了最佳报价。他住在奥罗普雷托镇，已经获得了在附近采金镇马里亚纳（Mariana）收取皇家税的合同。1739 年 6 月，双方签署了一份合同，德·奥利维拉获得了在划定区域内开采钻石的独家权利。[32]合同为期 4 年，德·奥利维拉获准雇佣 600 名奴隶，为此他必须每年支付每人 23 万里斯的人头税。该合同中包含了处理非法采矿和走私行为的条款，并将大量权力下放给德·奥利维拉，只要他怀疑某人违反规定，他就有理由惩罚那个人。对于违规行为，惩罚手段很多，从罚交黄金到放逐至巴西南部里约热内卢或圣卡塔琳娜岛（Santa Catarina），不一而足。矿区配备了 3 队骑兵负责维持秩序，每队 60 人；1746 年又增加了第 4 分队。所有商人都不得进入钻石区，店铺老板们必须遵守严格的规定，官方未雇佣的人则应离开该区域。矿工们发现的所有钻石都必须放入一个特殊的盒子保管起来，合同持有人和地方行政长官都有一把钥匙。钻石将在指定的时间被人运往里约热内卢，再从那里运到里斯本。在葡萄牙首都，代表德·奥利维拉的代理商们可以出售钻石，但一定要有一位葡萄牙大臣在场。此外，国王具有购买钻石的优先选择权。[33]

德·奥利维拉缺乏良好的经济实力，他依靠一个合伙人，即弗朗西斯科·费雷拉·席尔瓦（Francisco Ferreira Silva）带来大部分必要的资金。席尔瓦与德·皮纳·普罗恩萨和安东尼奥·戈麦斯·弗莱雷·德·安德拉德（António Gomes Freire de Andrade）同船前往巴西，德·安德拉德于1733年至1763年担任里约热内卢总督，并3次担任米纳斯吉拉斯总督，其第二次总督任期是在1737年至1752年。德·安德拉德是个位尊势重之人，他支持合同持有者，以至于人们谣传德·奥利维拉和席尔瓦只是中间人，总督才是真正的合同持有人，尽管官方资料无法证明总督是否参与其中。[34]德·奥利维拉和帕尔迪奥之间就雇佣奴隶的数量发生冲突时，德·安德拉德站在了垄断者这一边，要求里斯本取消此前定下的600名奴隶这一数量限制。[35]官方虽然拒绝了该请求，但是帕尔迪奥辞职了。随着帕尔迪奥的离职，德·奥利维拉和德·安德拉德最大的反对者没有了，采矿业开始蓬勃发展。4年后，该合同条款不变，又延期4年。

然而，采矿垄断需要投入大笔资金。垄断者不仅要支付巨额人头税，还需要向奴隶劳工们提供住宿和食物。此外，钻石属于冲积矿，主要位于河床中，开采时需要排水。为此，他们需要修建堤坝、抽水，对部分河流进行改道。这些建筑工程可能造价高昂，而且他们在里斯本销售钻石的收益可能需要很长时间才能被人送返巴西。为了负担得起这些费用，德·奥利维拉既要依靠葡萄牙首都的投资者们，也得依靠里约热内卢的投资者们。第二份合同于 1747 年年底到期时，这位合同持有人已经背负了大量债务，因而他无力竞争第三份合同，第三份合同给了费利斯贝托（Felisberto）和若阿金·卡尔代拉·布兰特（Joaquim Caldeira Brant）兄弟。他们是出生于圣保罗（São Paulo）的矿工，具有暴力倾向。1730 年，他们被指控在"死亡之河"（Rio das Mortes）地区对着一名官员射击，该地区是靠近圣若昂德尔雷（São João del Rei）的一个老采金区。[36] 然而，他们备受当地人支持：他们没有依靠来自里约或海外的投资，而是吸纳了 19 位合伙人参与到这一合同中来，这些人几乎都生活在特乌科，其中有一名还是牧师。[37] 虽然已正式将位于戈亚斯（Goiás）的新钻石矿藏纳入其中——卡尔代拉·布兰特兄弟自 1735 年以来一直在那里采矿，但现在他们的状况没有发生根本变化。新条款出台了，规定将 200 名奴隶迁往这些矿藏。[38] 钻石区现在由本身就是矿工的人掌控了，他们对钻石走私行为和秘密采矿活动视而不见，从而为自己的行动赢得更多支持。他们还与殖民当局建立了良好的关系。地方执行长官指定费利斯贝托·卡尔代拉·布兰特成为其遗嘱指定人，总督则是位于特乌科的其中一位合伙人路易斯·阿尔贝托·佩雷拉（Luís Alberto Pereira）的两个孩子的教父。他还出席了费利斯贝托女儿特雷莎（Tereza）的洗礼仪式。[39]

　　在卡尔代拉·布兰特管理矿区的那些年里，官方产量下降了大约 13%（参见图 33），这毫不奇怪。新的地方行政长官上任了，他希望消除非法超额雇佣奴隶和秘密钻石交易，这些举措很快就令卡尔代拉·布兰特兄弟及其合伙人垮台了。1752 年 2 月，戈麦斯·弗莱雷·德·安德拉德去了里约热内卢，把米纳斯吉拉斯留给了他的兄弟何塞（José）治理。6 月，这位地方行政长官和费利斯贝托·卡尔代拉·布兰特互相指责对方偷窃钻石，于是冲突升级了。这位长官遭到了费利斯贝托和路易斯·佩雷拉等武装暴徒的威胁，于是下令逮捕费利斯贝托，但他不仅未能如愿，反而自己被解职了。[40] 看来，与之前德·奥利维拉对抗帕尔迪奥的情况一样，费利斯贝托及其合伙人在总督的支持下，已经成功达成了自己的目标。然而，他们没有预料到的是，自己在次年竟然如此迅速地垮台了。1753 年 1 月，这些合同持有者无法偿还一连串涉及钻石区投资的汇票和期票；两个月后，在一艘从巴西抵达里斯本的船上，大量走私钻石被查获，这宣告了这些合同签约方的命运。因为发现的钻石数量是如此之多，官方认为巴西的垄断者们不可能对这类走私行动毫不知情，费利斯贝托·卡尔代拉·布兰特和路易斯·佩雷拉都消失在里斯本臭名昭著的利莫埃罗监狱（Limoeiro）的铁窗后。据说费利斯贝托见证了 1755 年重创葡萄牙首都的那场地震。某些文献显示，彭巴尔侯爵（Marquês de Pombal）在事后给了费利斯贝托自由，并允许他在里斯本北部的沿海小城卡尔达斯·达雷尼亚（Caldas da Rainha）度过其生命中的最后一年。还有人声称，1769 年他因中风死于狱中。[41]

　　卡尔代拉·布兰特衰败时正值葡萄牙动荡的时刻。国王约翰五世（João V）于 1750 年 6 月去世，他的继任者若泽一世（D. José）任命塞巴斯蒂安·若泽·德·卡尔瓦略·伊·麦罗（Sebastião José de Carvalho e Melo，即后来的彭巴尔侯爵）为战争和对外贸易大臣。德·卡尔瓦略·伊·麦罗曾任驻伦敦和维也纳大使，地震后成为葡萄牙最重要的政治人物。德·奥利维拉于 1751 年回到里斯本，旨在赢得第四份钻石开采合同。1752 年初，费利斯贝托及其合伙人正在特乌科与地方行政长官发生冲突并一决高下时，德·奥利维拉被几个债权人送上了法庭。日益绝望之下，他请求觐见新国王，而彭巴尔也将出席。这位大臣说，德·奥利维拉是"一个非常粗俗的人，头脑简单、行事疯狂……他签订了一份自己无法履约的合同"。[42] 国王个人尽管并不喜欢他，但 1753 年年初的事件迫使国王接受了德·奥利维拉对新钻石合同的投标。德·奥利维拉无力偿还第三份合同下的债务，葡萄牙首都的所有钻石贸易已全面崩溃，于是彭巴尔决定亲自出马。[43] 德·奥利维拉的债务还上了，他获得了官方的全力支持，决定垄断巴西钻石交易。[44] 1753 年 8 月 11 日，官方颁布了一部非常严厉的新法律，形成了新的法律框架，两大垄断体系都必须在这个框架内运作。钻石区内的任何人都不得在未经德·奥利维拉许可的情况下交易、开采或运送钻石原石，部分已有的惩罚措施（如驱逐、没收货物和奴隶、罚款等）都获得了批准。具体的惩罚方式则取决于受罚者的肤色。从事非法活动被抓的非洲奴隶不得不戴着镣铐继续采矿，居住在巴西的自由白人则会被送往安哥拉，而被人发现有罪的非洲裔自由人会被判处强制采矿一段时间，但这期间不用戴镣铐。举报者们可以获得奖励，人们不得自由进出钻石区。店主们进出该区域必须进行登记，而且他们的背景必须无可挑剔。而士兵们则每 6 个月轮换一次，以防止他们参与走私活动。[45] 钻石区已经成为"殖民地中的殖民地"。[46]

第四份合同期间，大量的钻石被开采了出来。若昂·费尔南德斯·德·奥利维拉和他的儿子又获得了两份合同，他的儿子也叫这个名字。小若昂·费尔南德斯·德·奥利维拉最为世人所知的是他大名鼎鼎的情妇，著名的女奴奇卡·达·席尔瓦（**译注：Chica da Silva，最初是一名奴隶，后来获得了自由，成为巴西社会中有权势的知名人士**）。她已成为巴西文化遗产的一部分，在肥皂剧、电影甚至现代音乐中都占有重要地位。[47] 小费尔南德斯·德·奥利维拉在 1771 年之前一直负责相关事宜，直至 1771

年，王室决定将巴西钻石区的开采权重新掌握在自己手中。

受奴役的劳工和被压迫的矿工

在印度矿区，当地劳工确保了劳动力的充裕，这些劳工在近似于奴隶制的情况下进行劳作。他们往往是当地人，进入采矿业的动机与其在当地社会的低下地位密不可分。而在巴西，劳动力则来自海外。米纳斯吉拉斯、巴伊亚和戈亚斯的钻石区往往流动着非法矿工和冒险家，但他们并非结构性劳动力中的一部分。相反，采矿当局——先是个人，接着是德·奥利维拉们和卡尔代拉·布兰特兄弟的私人企业，最终是葡萄牙殖民政府——他们都靠着从大西洋彼岸抓来的非洲奴隶开展劳动，那些奴隶主要来自今天的安哥拉和刚果民主共和国。[48] 在线跨大西洋奴隶贸易数据库内，学者们估计，被迫走"中间通道"（译注：指的是奴隶贸易船从欧洲、非洲到美洲再回到欧洲的"黑三角"航行中，从非洲西海岸横渡大西洋的那段旅程）的 1000 多万非洲奴隶中，有350 万人在 1551 年至 1875 年期间被运到了巴西。[49] 这些男男女女，绝大部分最终被送往沿海众多的糖业种植园中，但其中相当一部分人沿着专门修建的"皇家道路"（Estrada Real），被人从里约热内卢运往米纳斯吉拉斯的采矿区。1742 年，米纳斯吉拉斯人口中有 54% 是非洲奴隶，这个比例一直没怎么变，直到 1776年才略微下降到 52%。[50]

当然，采矿区中非洲奴隶的比例要高得多。然而，要找出具体有多少非洲奴隶在钻石区生活和劳作并不那么容易。在 1739年实行采矿垄断之前，相关历史证据极其稀少。1735 年距离钻石矿区关闭还有 5 年时间，该年度一份缴纳人头税的奴隶名单显示，当年总计要为 1100 名非洲奴隶缴纳税款。[51]1739 年至 1771 年之间的垄断合同规定了官方用于采矿的奴隶劳动力应限制在 600 名以内，但根据基于生产力数据的数值估计，实际奴隶人数总是高于 2000 人，在某些年份甚至超过了 5000 人（参见图 23）。这些估算结果可以从某些历史资料中得到证实，这些文献提到殖民时期雇佣的非洲奴隶通常为 4000 名至 6000 名。[52]

关于非洲奴隶的来源地，人们找到了一些线索。虽然仍需进一步探讨，但已有研究表明，米纳斯吉拉斯的奴隶大多数来自安哥拉、本吉拉（Benguela）和几内亚湾的科斯塔达米纳（Costa da Mina）地区。直到 1760 年，米纳斯吉拉斯 40% 的非洲奴隶都来自科斯塔达米纳，18 世纪的后续年份里，这一比例下降到 26%。[53]来自科斯塔达米纳的奴隶如此之多，乃事出有因：人们普遍认为，从该地区抓来的奴隶在寻找黄金和钻石矿藏方面具有特殊本领。[54]自中世纪以来，西非靠近科斯塔达米纳的部分地区已经开采出黄金，而在 20 世纪，那里也发现了丰富的冲积矿钻石。[55]巴西历史学家们已证实，从科斯塔达米纳运来的男女奴隶确实拥有采矿技术方面的知识，而且这些知识在塞罗·弗里奥的含钻河流中真的很有用。[56]

非洲奴隶的总数仍然显著上升。在图 23 中，主列只显示了在钻石矿场劳作的人，总人数还应加上每年平均女奴人数，以及在农业、食品供应等服务于采矿业的周边行当中劳作的奴隶，后者数量未知。女性是矿业经济的重要组成部分。她们在矿区人数占比极小，一些人被雇来做家务，另一些人则不得不努力靠卖淫或当人侧室来维持生计。她们中少数人有房子，其中寥寥无几的数人还拥有奴隶。[57]钻石区的妇女中，最常见的赚钱角色是那些活跃在街头的女奴，即所谓的"女黑人"（negras de tabuleiro）。[58]

据说，奴隶们每天获得的津贴很少，他们可以存起来用以赎身
（译注：alforria，意为解放或释放奴隶），但他们也可将这点可怜
巴巴的钱用以打打牙祭。非洲女奴以及非洲裔自由妇女都售卖食
物，她们带着鱼、卡莎萨（译注：Cachaça，一种巴西特有的发
酵甘蔗汁，被视作巴西国酒）、烟草等消费品前往采矿点。因为
个人行动，特别是黑人的行动在钻石区受到严格限制，而这些妇
女由于其流动性，加入了秘密的网络，这些网络将逃奴（即所谓
的前逃亡者）的非法定居点与特乌科当地居民以及奴隶们联系起
来。网络中大家互换信息，有利于钻石走私活动。[59] 官方意识到
了这一点，也试图限制她们的行动，打算迫使她们在固定地点开
店，有时甚至直接宣布她们非法，但他们始终无法阻止这些妇女
的活动，也无法制止她们参与非法行动。[60]

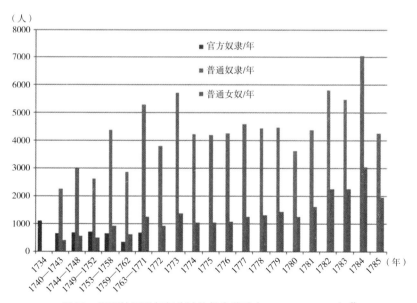

图 23 巴西钻石区每年估计的奴隶劳动力，1734—1785 年 [61]

　　虽然已证实对钻石矿场所雇佣的奴隶数量进行估计是有可能的，但要根据 18 世纪的资料描述奴隶们的日常生活则更为复杂。从 1739 年起，这些奴隶受雇于那些垄断了采矿的合同持有人，1771 年后，他们又受到葡萄牙殖民政府的剥削，因为此时巴西的钻石开采处于皇家直接监督之下。这两大采矿组织的领导虽然都是大奴隶主，但他们也从当地人那里另外雇佣奴隶。米纳斯吉拉斯的钻石开采被垄断之前，这里的开采权限是对外开放的，吸引了众多冒险家，比如，那些已经作为掘金者积累了小笔财富的矿工。他们因而得以有钱投资购买非洲奴隶，供自己驱使，或出租出去供他人差使。有时，当地的矿工们会联合起来。例如，1730年，一群来自金矿重镇维拉里卡·德·奥罗普雷托的富裕居民成立了一家钻石开采公司，该公司能够雇佣 40 名奴隶。62

　　殖民时期，钻石区无论是在地理上还是在管理上都与世隔绝，禁止那些会记录所见所闻的旅行家来访。事实上，几乎所有近代早期的资料都与殖民当局有正式关联。其中包括两幅 18 世纪末的水彩画，这两幅图画最初是在一封信中，该信件由地方行政长官撰写后送往葡萄牙，意欲向政府报告相关事态。63 一幅图展现了采矿方式，包括排水机制（参见图 24），而另一幅图则展示了在白人的持续监督下，奴隶们被迫在含钻泥土中搜寻钻石的方式（参见图 25）。

　　关于巴西殖民时期的钻石开采，最为著名的图像绘自卡洛斯·胡利昂（Carlos Julião，1740—1811），他是一名意大利工程师，18 世纪下半叶在巴西为葡萄牙政府工作。他的水彩画从视觉上详细描绘了矿区非洲奴隶的生活和劳动（参见图 26、图 27）。64 胡利昂的钻石开采图与上述水彩画的绘制时间差不多，特别是那些展示冲洗含钻泥土的各类图片。英国矿物学家约翰·马威

（John Mawe，1764—1829）的作品中可以找到胡利昂图画的一幅变体画，两幅画几乎一模一样。约翰在 1809 年和 1810 年先后参观了巴西的钻石区，当时巴西的钻石产量已经下降了。

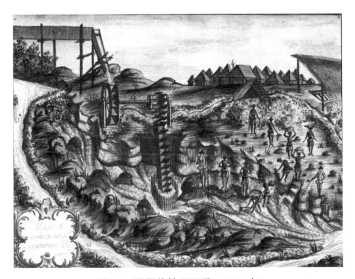

图 24　巴西的钻石开采，1775 年

图 25　巴西的钻石清洗，1775 年

图 26　巴西的钻石开采，18 世纪 70 年代，卡洛斯·胡利昂绘制

图 27 检查奴隶是否藏匿钻石，18 世纪 70 年代，卡洛斯·胡利昂绘制

原始文献比较片面，在殖民地时期的绘画中，其包含的歪曲信息非常明显。画家们将劳动浪漫化了，将其描绘成一种宁静和谐的户外活动。没有哪幅图是接近奴隶劳动的真实性质的，奴隶的劳作是严酷的、危险的。此外，那些图画中，非洲奴隶身着衣服，这也是错误的——现实中他们被迫赤身裸体地劳动，只戴了一条腰布，这样以防走私和偷窃。胡利昂的图画中，有个人正被人搜身（参见图 27），这与实际情况最为接近；但与一个多世纪后在南非钻石矿所拍摄的照片（参见图 28、图 29）仍有较大差距，那些照片更为真实、更加令人不安。

图 28　检查人员正在检查劳工是否藏匿钻石，金伯利，1884 年

图 29　检查人员正在检查劳工是否藏匿钻石，金伯利，1884 年

从 18 世纪起，奴隶所从事的采矿劳作并没有什么变化，因为开采仍是借助人工在河道中寻找钻石，故而 19 世纪初对奴隶矿工的作业环境所进行的评论也适用于此前的时期。然而必须记住的是，在 19 世纪初，巴西的钻石矿业已经进入衰退阶段，再也没能重拾辉煌。这种衰退景象在第四份（即最后一份）垄断合同生效期间已经开始，这迫使葡萄牙国王改变政策。在小若昂·费尔南德斯·德·奥利维拉的合同于 1771 年结束后，官方决定不再将采矿垄断权授予私人企业。他们引入了另一个殖民组织，以监督巴西所有的钻石开采。这一时期被称为皇家开采公司时期（Extracção Real），一直持续到 1832 年。1771 年 8 月 2 日，在彭巴尔的监督下起草的新法律体系被称为 Livro da Capa Verde（即"绿皮书"）。它保留（或加强）了此前大部分打击走私及非法采矿的相关法规。这些规定对有色人种特别严厉。即使是自由的非洲人后裔，无论男女，都不得自行进入商店购买或销售产品，也不得携带武器。受奴役群体仍然大多是从当地人那里雇佣的，而且监工已获得明确授意可对奴隶们随意鞭笞。告发罪行的举动可获得奖励，但只有在没有其他证据存在的情况下才会接受非洲奴隶的证词。[65] 1798 年，皇家开采公司雇佣了 505 名自由人，其中大部分人（共 351 人）被雇来监督奴隶们的劳作。[66] 1753 年的法律已经非常严格了，但 1771 年的规定在某些方面更加严厉：商人们不再获准进入钻石区，店主们必须在钻石区之外的地方寻找货源。这促进了商业网络的发展，有人将烟草、白兰地、玉米和豆子从米纳斯吉拉斯、里约热内卢、圣保罗和巴伊亚的农场带到钻石区。随着黄金利润的下降，为钻石区提供补给成为许多矿工的另一种谋生手段。[67] 对此，少数人有资格获得能够进口食品的年度许可证。[68]

　　皇家开采公司的所有在职员工都是自由人，而且是白人或棕色人种（译注：pardo，指欧洲人、土著人和非洲人的混血儿），但与庞大的奴隶人群相比，这个群体只占很小的一部分。钻石之都特乌科在 1772 年有 4600 名居民，其中 3610 名是奴隶。[69] 1781 年，钻石管理部门雇佣了 340 名自由人和 4383 名奴隶。[70] 与早先一样，钻石区所雇的绝大多数奴隶都在寻找钻石，人们认为来自某些地区的奴隶会更加擅长此事。随着时间的推移，奴隶的数量减少了。德国旅行家约翰·巴蒂斯特·里特·冯·斯皮克斯（Johann Baptist Ritter von Spix，1781—1826）和卡尔·弗里德里希·菲利普·冯·马蒂乌斯（Carl Friedrich Philipp von Martius，1794—1868）于 1818 年来到该地区时，他们估计只有 1020 名非洲奴隶在钻石区劳作。[71] 除了那些无自由的非洲人后裔，钻石区内还有逃奴居住的各种秘密定居点（译注：quilombos，即前逃亡黑奴在巴西腹地所建的定居点）。文献资料显示，这样的定居点至少有 12 个，每个定居点有 15 人至 60 人居住。[72] 这些做法不太受白人欢迎，许多秘密定居点都遭到了暴力袭击。[73] 所以，殖民政府颁布了一系列法律试图压制黑人群体，但通常不允许他们在钻石区携带武器，这便不足为奇了。[74]

　　大多数奴隶住在小棚屋里，这些小棚屋位于他们正在开采的矿场附近。他们获准加入的唯一社会组织是"宗教兄弟会"（irmandade）。1753 年新法律颁布之后，官方不再允许神职人员进入钻石区，尽管 18 世纪末的人员清单显示尚有 6 位牧师住在特乌科。[75] 教会机构实质上缺席了，这令其他形式的宗教组织变得必要，这些组织就是兄弟会。钻石区内有好几个这样的组织，能否获得成员资格往往取决于候选人自由与否、财富多少和肤色深浅。[76] 奴隶们有自己的兄弟会，主要是"玫瑰圣母兄弟会"

（Nossa Senhora do Rosário），但小若昂·费尔南德斯·德·奥利维拉等也是某个兄弟会的成员（译注：Irmandade de Nossa Senhora do Carmo，意为"卡梅尔山圣母兄弟会"）。[77] 这些兄弟会组织大多有自己的教堂，其中有几座教堂至今仍矗立在迪亚曼蒂纳。[78] 兄弟会发挥着重要的宗教功能，其惯常做法显然具有融合性。它们组织弥撒、宗教节庆和游行活动。兄弟会在慈善和社会方面扮演着重要角色，它们照顾病患和穷人。[79] 部分白人的兄弟会靠出租房屋和奴隶为其活动提供资金：1792年，圣体兄弟会（Irmandade do Santíssimo Sacramento）90%以上的收入源自出租男女奴隶。[80] 朱莉·斯卡拉诺（Julita Scarano）认为，在整个近代早期，种族差别和由此产生的虐待行为司空见惯，大部分黑人兄弟会对之抱以容忍的态度。[81] 这种情况逐渐消失，时至1794年，一些兄弟会的入会条件已经不再限制种族类别了。[82]

虽然这是向前迈出的重要一步，但不应该忘记的是，奴隶制在巴西持续了漫长的时间，直到所谓的《黄金法》（译注：Lei Áurea，巴西1888年制定了该法律，宣告巴西所有的奴隶成为自由人，且不用对主人做出补偿）出台。即使像兄弟会这样的大型组织也遵守了殖民时期的虐待制度，但大量个人，如秘密矿工和逃奴，通过建立自己的定居点去挑战官方，特别是秘密定居点。[83]

18世纪，人们进入钻石区的行为受到严格限制，因此除了殖民地档案和两本18世纪的匿名手稿《综合演绎》（Deducçaó Compendiosa）和《编年史》（História Chronológica）外，笔者并无太多详细描述采矿社会的原始资料。[84] 19世纪的资料多一点，因为政府允许一些旅行家来访，最为著名的可能是约翰·马威。在他的游记中，他描述了门达尼亚矿区（Mendanha），那里有大约1000名非洲奴隶生活在100间用黏土和树枝搭建的小棚屋里（参见图30）。[85] 他们的食物是大米和豆子，也有熏肉和卡莎萨酒。[86] 他们每天的部分收入用于购买"女黑人"们出售的食物。那里的劳作很辛苦，男女奴隶从"天色微亮"一直工作到"日落时分"，每天可以休息4次至5次，中午的休息时间是2小时。[87] 另一位欧洲旅行者奥古斯特·德·圣伊莱尔（Auguste de Saint-Hilaire）写到，非洲奴隶们经常歌唱他们的故土。[88]

图30　在河床上开采钻石，巴西，1825年

　　巴西的钻石矿是冲积矿床，采矿点位于钻石区的热基蒂尼奥尼亚河（Jequitinhonha）、里约达欧特拉斯河（Rio das Pedras）和雷博劳都因菲莫河（Ribeirão do Inferno）的河床上。后来，随着钻石开采企业在帕拉瓜河（Paraguaçu）、穆库热河（Mucugê）和里奥迪孔塔斯河（Rio de Contas）沿岸陆续建立（参见图22），采矿范围扩大到阿贝特河（Abaeté）和印度河（Indaiá），继而扩大到巴伊亚。有人在旱地，甚至山坡上都发现

了钻石，只是规模较小。巴西钻石开采所需的手工劳作与印度矿区所采用的非常相似。奴隶们必须挖开好几层泥土才能找到含钻砾石沉积物（cascalho），这类沉积物由卵石和泥土组成，有时是黄色的，有时是黑色或白色的。为了获取这种砾石，人们建造了围墙和水坝，用带有木轮的装置将水抽尽（参见图24、图30）。这并非毫无危险，1768年70名奴隶在热基蒂尼奥尼亚河中溺水身亡。[89] 此外，潮湿的作业环境下，许多人患有疝气，也经常有人得肺炎。这些病人无法获得基本的护理，因为钻石区的首家医院于1790年才建成。[90]

含钻砾石沉积物被运往洗钻点，洗钻点的奴隶们站在木盘中，其中的水流循环往复，将泥土从木盆的孔洞洗刷出去，留下钻石。10月至来年4月的雨季，河道中的开采活动经常被中止，清洗先前所开采的泥土则成为最重要的活动。这项工作由监工（feitor）监督，他们就在高处舒服地看着（参见图25）。[91] 奴隶矿工们以拍手的方式示意自己发现了钻石，用拇指和食指夹住钻石再将其交给监工们（参见图31）。

已有插图显示情况并非如此，奴隶们必须半裸着身子劳作，以防他们藏匿钻石，而且他们所有人的体腔都要经人定期检查，这是一种令人感到屈辱的做法。据说，倘若有奴隶发现了17.5克拉以上的钻石，这名奴隶便可获得自由，而倘若发现的钻石比这个小，发现者获得的奖赏也会较低。[92] 约翰·马威尽管注意到有人利用水轮驱动的小车运输含钻泥土，并采用筒状体清洗含钻砾石，而不再使用男女奴隶（参见图32），但上述劳作方法在19世纪基本保持不变。[93] 在1888年的《黄金法》废除奴隶制后，采矿过程由有偿劳动者或矿工完成，开采利润中留出一部分给他们做报酬。

图 31　巴西库拉里尼奥的洗钻场景，1824 年

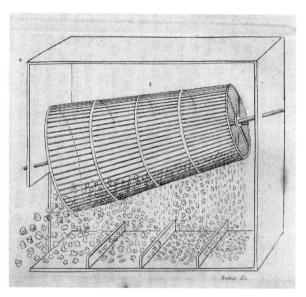

图 32　用以清洗含钻砾石沉积物的圆筒，巴西，1812 年

奴隶们要么为垄断者做事，要么为皇家开采公司做事，但并非所有的开采活动都是由非洲奴隶完成的，许多冒险家决意冒着生命危险非法采矿。这些人，有时与逃奴或其他流浪者一起，被称为“露天矿勘探者”（garimpeiros）。那些选择秘密采矿的人员数目不详，但肯定极多。露天矿勘探者们的生活很艰难，因为他们总是到处逃跑，受到官方严重迫害。殖民地采矿社会的特点是暴力，米纳斯吉拉斯总督 1782 年发表的言论就证明了这一点，他表示希望“消灭露天矿勘探者”。[94] 这是该总督回复某个特使所发信件的用语。特使在信中解释说，1782 年年初，在离特乌科不远的塞拉·达·圣都·安东尼奥·德·伊塔坎比鲁苏（Serra do Santo Antônio de Itacambiruçu）山脉发现了钻石。他还说，前往该地的冒险家那么多，维拉·杜·普林西比和特乌科的街道基本遭人遗弃了。这位特使可能是首位使用“garimpeiros”一词的官员，他还把他们称为小偷（ladrõ）。[95]

钻石区内有不少偏远地区，因山高皇帝远，政府始终无法根除秘密开采行为。事实上，这些矿工往往相当贫穷，找到钻石便成为他们为数不多的希望之一。他们经常可获得当地居民的支持，因为对许多人而言，如编年史家若阿金·菲利西奥·多斯·桑托斯（Joaquim Félicio dos Santos），这些人不是罪犯，而是英雄，因为他们会站出来反对不公正的殖民政府。有些人甚至发现他们身上体现了巴西最初的民族主义情绪。[96] 旅行家们也注意到了露天矿勘探者们的存在。斯皮克斯和马蒂乌斯于 1818 年在钻石区走了走，他们描述了非法矿工们使用过的废弃营地。[97] 其中一些营地成为永久性的，例如，“大莫卧儿”（Grão Mogol）便是由秘密矿工们于 1781 年建立的。如今，它是米纳斯吉拉斯北部的一个小城镇，约有 25000 名居民。[98]

尽管人们通常将非法矿工描述为下层阶级的一员，但特乌科矿业社会较高阶层的人士也参与了钻石走私。整个 18 世纪，各位总督也纷纷参与其中，这是一个公开的秘密。到该世纪末，那些家庭成员有在皇家开采公司和军队中任职的家庭，他们的钻石走私活动与反殖民主义运动产生了关联，从几个著名人物身上可见一斑，如罗林神父（Father Rolim），他的父亲是钻石管理部门的财务主管。[99] 1789 年 3 月 15 日发生在特乌科的起义，即著名的米涅拉事件（Inconfidência Mineira）中，便有几位活跃在皇家开采公司和军队中的革命者。这些人中的一部分及其家庭成员在钻石管理部门担任正式职务，但他们也被指控从事走私活动，走私活动似乎将富人和穷人联合起来了。反葡萄牙的起义失败了，好些人被处决，但巴西独立的种子已经不可逆转地播下了。[100]

在钻石区，存在一种超越阶级的凝聚力，因为这里的一切都以采矿为中心，官方不允许教士进入，贵族阶层的规模非常小。米纳斯吉拉斯总督想要改革当地军队时，他惊讶地发现能够加入的贵族少之又少。[101] 这也是由于钻石区内土地所有权的规定使改革变得困难重重。自 1375 年起，费尔南多一世（D. Fernando I）颁布了规定，要求土地必须用于生产，而事实上，钻石区内几乎所有土地都被用于采矿，农业活动受到了限制。[102] 若昂·费尔南德斯·德·奥利维拉控制着钻石区内的大部分土地，他将其中部分土地用于农业生产；一些为他工作（或后来为皇家开采公司工作）的人，在部分土地种上农作物，由奴隶们负责照料。[103] 所有这些都意味着存在着一小撮精英，他们是拥有奴隶的矿工或开采投资者，与那些当权者关系密切，掌权的首先是德·奥利维拉，其次要算皇家开采公司。这些精英人士把自己的孩子送到葡萄牙的大学，特别是科英布拉大学（Coimbra），并经常受雇于殖民机构。[104] 这些人虽然剥削奴隶劳工，并试图镇压下层社会中所有企图脱离他们控制的采矿活动，但他们中有些人也与其他阶层的成员共同参与走私活动，少数人甚至在 18 世纪末动荡时期挺身而出，反对殖民统治。

钻石区之外的地域

特乌科周围的钻石区相对较小，即便在接下来几十年里，更多偏远位置的矿藏被纳入其中，总体面积也不大。米纳斯吉拉斯的都督辖区是一片广阔的土地，有大片区域无人居住（**译注：Sertões，意为腹地或者穷乡僻壤**），还有许多河流纵横的森林和山脉。冒险家、非法采矿者以及为垄断公司做事的代理商一直在这些土地上进行勘探，寻找黄金、钻石和其他宝石，他们冒险进入邻近的巴伊亚和戈亚斯。早在 1734 年，就有人在戈亚斯的克拉鲁河（Rio Claro）和皮隆河（Rio dos Pilões）的河床上发现了钻石，这些地区住着卡亚波人（Caiapó，参见图 22）。矿工们与当地人发生了冲突，有传言说，卡尔代拉·布兰特兄弟此前曾在这些钻石区开采过。[105] 武装远征队消灭了该地区的各类秘密开采点后，官方划定了一个钻石区，并指定一名地方行政长官负责。从费利斯贝托·卡尔代拉·布兰特签订钻石合同开始，垄断者们获准从其官方劳工（即 600 名奴隶）中派出 200 人前往该地。[106] 在戈亚斯，钻石开采组织仍然带着神秘色彩，部分原因是该地区地处偏远，此地开采的钻石数量仍有争议。一位历史学家甚至对那里曾经开采过钻石的这一说法提出异议。[107] 虽然有组织的钻石挖掘行动可能远未达到如今所猜测的规模，至少有足够的证据可以证实，历史上在边境地区存在少量、单个的秘密开采行为。弗朗西斯·德·卡斯泰尔诺（Francis de Castelnau）于 1844 年来到戈亚斯，他观察到众多当地居民在河边自己建了营地去开采黄金和钻石，一些村民深入内陆，冒着与当地卡亚波人发生冲突的风险，试图将他们的"发现"（译注：pénibles recherches，意为"艰辛的追寻"）转化为巨大的利润。[108]

戈亚斯的钻石产地被纳入垄断体系进行管理，这迫使冒险家前往其他地方寻找宝石。到 18 世纪中叶，矿工们活跃在阿巴埃特河（译注：Abaeté，一条遍布瀑布的大河）以及印度河沿岸。这是一片荒芜而辽阔的地区，官方没有在此设置定居点，露天矿勘探者和逃奴们在这里四处游荡，他们与殖民武装部队发生了激烈的冲突。1791 年，当局决定派遣 200 名劳工到阿巴埃特河岸，想要努力控制该地的采矿，但几乎收不抵支，4 年后该项目就被摒弃了。好几个关于矿工们挖到大钻石的故事流传开来，例如，3 个遭驱逐的罪犯在阿巴埃特河中寻找黄金的传说。这几个人经过 6 年时间的开采，"面临着遭遇食人族和野兽的危险"，发现了一颗 144 克拉的钻石。但理查德·弗朗西斯·伯顿（Richard Francis Burton，1821—1890）认为这是一个假故事，理查德是一位在印度待了 7 年的知名旅行家，他在非洲和美洲（如巴西）四处旅行，并将《一千零一夜》（*Arabian Nights*）和《爱经》（*Kama Sutra*）翻译成英语。相反，某 15 岁小伙于 1791 年或 1792 年在印度河发现了钻石的故事被人视作真实的。[109] 诸如此类的故事吸引了众多冒险家，其部分定居点后来发展成为城镇，如距迪亚曼蒂纳约 300 千米处的圣康卡罗都阿巴埃特（São Gonçalo do Abaeté，参见图 22）。[110]

官方未必清楚该如何处理这类情况。1791 年，特乌科的殖民地官员们报告声称这些矿藏无足轻重，而其他人则断言该地区蕴藏着丰富的钻石。某露天矿勘探者团队的领导人伊西多尔（Isidoro）上尉将他们在阿巴埃特发现了钻石的情况告知总督贝尔纳多·何塞·德·洛雷纳（Bernardo José de Lorena）时，后者决定派遣一支由矿物学家何塞·维埃拉·库托（José Vieira Couto）领导的探险队前往该地，这位矿物学家来自特乌科。[111]库托得出结论，该地区不仅土地非常肥沃，适合种植，而且富含铂、铅、铜、银、金——尤其是钻石。库托为特乌科的官员们早先犯下的错误开脱，指出他们的专长是河道开采，而不擅长干式挖矿，干式挖矿人称新洛林（Nova Lorena），与这一地区同名。洛雷纳被提拔为"葡属印度"（译注：旧时葡萄牙的部分海外领地，葡萄牙人将17世纪前后处于果阿控制之下的定居点和领土称作"葡属印度"）总督。1807年，新总督接到指令，要在新洛林建立一个由政府控制的钻石开采公司。官方从特乌科派出人员和奴隶，次年，由于没什么收获，该地区的采矿活动结束了，于是它再次落入露天矿勘探者们之手。这一地区被重新命名为"总部"（Quartel Geral），继续吸引着冒险分子。当地军队的指挥官在1823年8月写到，有300多人通过各种方式（如抄小路、乘独木舟等）来到这里。[112]

巴西的两大垄断权

在巴西，垄断更为成功。米纳斯吉拉斯的钻石开始进入欧洲时，钻石原石的价格下跌，许多人惊慌失措，认为钻石可能变得不再稀罕，于是对之丧失兴趣。据说在1732年，对巴西钻石的进口数量是对印度钻石进口数量的4倍。那一年，英国驻里斯本领事提拉沃列勋爵（Lord Tyrawley）给南方部（译注：自安娜女王以后，英国外交等事务由君主移交给首相，分设有南方部和北方部）的部长写了一封信，表达了他的担忧：

"在巴西矿区发现的钻石，目前已令来自东印度的贸易停滞了，而伦敦市场并非如此，因为英国在与里斯本的贸易中比其他邻国更具优势……因此到目前为止，来自巴西的大部分钻石都会运往伦敦，再从那里分销到欧洲其他地方。"[113]

阿姆斯特丹和安特卫普的钻石商和珠宝商们开始恐慌。成立于阿姆斯特丹的著名商行兼银行"安德里斯·佩尔斯子弟"（Andries Pels & Sons）向里斯本发出一封信，在信中他们坚称"应该有所行动"。来自安特卫普的钻石贸易公司穆勒奈尔（Meulenaer）也写信给葡萄牙当局，抱怨说他们很难为钻石找到买家，因此不得不降低售价。[114]伦敦的钻石商人向东印度公司请愿，要求公司采取行动，而英国东印度公司则试图通过降低珊瑚和钻石的关税来改善对印贸易。[115]

老牌钻石商们试图维护他们对印生意的一种方法是散布谣言，他们声称巴西宝石只不过是从印度矿区秘密进口的未切割钻石。[116]根据 19 世纪旅行家理查德·伯顿的说法，某些巴西矿工利用这类虚假的谣言为自己谋利，"他们把宝石送到果阿，然后在那里将其作为真正的东印度钻石转送到欧洲"。[117]因为有说法声称印度钻石质量更佳，聪明的矿工们于是利用这一做法从中获利，但这些不受约束的网络很快就成为欧洲钻石批发商和葡萄牙国王的靶子，这些人努力全面控制巴西钻石的流通。很快，部分商人表示有兴趣购买巴西钻石的商业垄断权，葡萄牙当局收到了来自里斯本和低地国家商人的报价，但一一拒绝了。[118]它们反而选择颁布开采禁令，这也是弗朗西斯·萨尔瓦多的建议。1739年，当官方认为需要基于垄断权进行采矿管理时，也赞成在很大程度上维持钻石原石贸易的自由。钻石每年有数次被人运往里斯本，在那里，它们被装进海外理事会（Conselho Ultramarino）所在位置的铁箱子里。政府和垄断者的代表们，被称为"出纳员"（译注：caixas，本意为保存物品或者钱财的箱子，后指银行，在此为意译），接到任命进行销售管理。国王的代表们有优先购买权，之后，这些"出纳员"便可以自由地将钻石出售给任何买家，但出售时必须有一名政府官员在场。[119] 这些销售的利润归垄断者们所有，用于偿还合同持有者们所签发的汇票，那些汇票是为了采矿作业得以持续下去而出售给里斯本和里约热内卢的投资者们的。[120]

第三位合同持有人费利斯贝托·卡尔代拉·布兰特的欺诈行为以及钻石走私行为，令支持采矿特权的金融体系在18世纪50年代初崩溃了。赢得第四份合同的里斯本"出纳员"若昂·费尔南德斯·德·奥利维拉拒绝偿还第三份合同下待付的汇票，危机情势因而进一步恶化。[121] 此外，费利斯贝托·卡尔代拉·布兰特在里斯本的特权贸易合伙方之一——塞巴斯蒂安 & 曼努埃尔·范德顿公司（Sebastian and Manoel Vanderton）曾赊购钻石，然后将这些钻石进行抵押。有人认为范德顿公司是首个拥有商业垄断权的公司，这是错误的，但一位法国外交官在18世纪后期撰写的报告证实了该公司的优势地位："其中一位将所有钻石原石买下来的商人是塞巴斯蒂安·范德顿，他是欧内斯特·范德顿（Ernest Vanderton）的儿子，安特卫普人，其职业是宝石工艺匠，在这个行当中的经验极其老到。"[122] 卡尔代拉·布兰特和范德顿的行动令里斯本的钻石贸易完全陷入停滞状态。[123] 然而，有个人认为自己可以利用这次危机来改变全球钻石贸易的现有结构，他就是有权有势的第一部长——彭巴尔侯爵。他持反犹观点，认为犹太人不仅控制着钻石贸易，还互通有无，建立了秘密的合伙关系；他们通过这些合伙关系将伦敦、阿姆斯特丹、利沃诺和威尼斯出售的钻石全都买下来。对这位首相来说，钻石贸易事实上是犹太人垄断的生意，而弗朗西斯·萨尔瓦多是其主要的一大保护者。[124] 许多犹太商人虽然确实参与了钻石贸易，但彭巴尔对犹太人的看法极为负面，部分原因是他早先与萨尔瓦多的接触。彭巴尔此前担任葡萄牙驻伦敦大使时，萨尔瓦多曾借钱给他，用于葡萄牙大使馆的重建工作，过程中两人的关系出现了裂痕。[125]萨尔瓦多还积极参与一些请愿活动，请求英国东印度公司降低印度钻石的关税，以便能够更好地与巴西竞争。[126] 彭巴尔在回忆录中写道，萨尔瓦多曾向葡萄牙官员提供"阴险的建议"，并且巴西钻石矿的封闭"给这位臭名远扬的希伯来人带来了极大的快乐"。[127]

1753 年的危机成为彭巴尔手中的一把利器，方便他建立起一个能与犹太商人一较高下的基督教教徒贸易网络。至少，彭巴尔在他的回忆录中是这样描述的。[128] 他意识到，钻石贸易需要外国资本，还需要在阿姆斯特丹和伦敦拥有人脉，而他曾在这些地方当过大使。有人推荐了赫尔曼·约瑟夫·布拉姆坎普（Herman Joseph Braamcamp，1709—1775），这是一名荷兰商人，曾任普鲁士驻里斯本领事，还曾试图与其兄弟联手获取巴西的采矿垄断权。[129] 布拉姆坎普与约翰·布里斯托（John Bristow）合伙获得了商业垄断权，后者是一名英国商人，也是布里斯托 & 沃德公司（Bristow & Warde Co.）的合伙人，该公司自 1711 年创立以来，总部一直设在里斯本。18 世纪 30 年代及 50 年代，布拉姆坎普曾参与过从里斯本走私金银的活动，但在彭巴尔的亲自干预下，他获救了。[130] 布拉姆坎普和布里斯托于 1753 年 8 月 10 日与葡萄牙政府签署了一份协议，协定每年购买 45000 克拉巴西钻石原石，每克拉 8000 里斯（1 里斯当时相当于 5.28 英镑，当下的购买力在 1056 英镑至 1584 英镑之间）。这个日期并非巧合，因为这是巴西钻石开采新法公布日期的前一天。只有布里斯托和布拉姆坎普的合资企业可以在葡萄牙帝国境内销售巴西钻石原石，但在殖民当局管辖范围之外，钻石贸易仍然是自由的。该合同最初签署的期限为 6 年，合同履约情况将由彭巴尔亲自进行监督。其中有条款规定：如果巴西发现了新的钻石矿，导致钻石在欧洲的价格下滑，那么布里斯托和布拉姆坎普将享受折扣。在葡萄牙最富有的商人中，多明戈斯·德·巴斯托斯·维亚纳（Domingos de Bastos Viana）和安东尼奥·多斯桑托斯·平托（Antonio dos Santos Pinto）获得了"出纳员"的职能，成为不同垄断者之间的中间商——这是彭巴尔拉拢葡萄牙商业资产阶级参与殖民贸易计划的第一步。[131]

里斯本重归平静后不久，人们发现弗朗西斯·萨尔瓦多及其儿子约瑟夫·萨尔瓦多是上述合同中的秘密合伙人，约瑟夫·萨尔瓦多于 1757 年予以证实："我曾与巴西钻石合同有关系，但在过去的一年，我放弃了合作，现在巴西钻石已被人从布里斯托先生及其伙伴那里拿过来了。"[132] 这对两个承包商来说是致命的一击，他们已经很难完成必需的采购配额。布里斯托在 1755 年那场震撼里斯本的地震中损失惨重，布里斯托 & 沃德公司于 1756 年破产。[133] 身处伦敦的葡萄牙官员接到命令要求寻找替代者，而后于 1756 年 12 月与英荷商人约书亚·范·内克（Joshua van Neck）和英国人约翰·戈尔（John Gore）签署了一份合同，后者是一名议员、商人、前南海公司（South Sea Company）董事以及军队承包商。[134] 最初商定的合同期限是 3 年，但历史再次重演，合同又提前终止了。[135] 1758 年，戈尔和范·内克想终止合同。葡萄牙驻伦敦大使收到了约书亚·范·内克的一封信，约书亚在信中宣称，由于运载印度钻石的船只已抵达，其价值超过了范·内克的巴西钻石，他不可能售卖巴西钻石。[136] 愤怒的彭巴尔从中看到了"犹太人集团"的手笔，由于被踢出局，犹太人感到愤怒，他们便试图破坏相关基督教商人的声誉。[137]

　　这一次，彭巴尔已受够了英国人。他本已认为英国人参与葡萄牙的殖民贸易将对葡萄牙不利，故而其此前的经济政策一直致力于禁止外国商人参与葡萄牙的海外贸易，为此，他在 1755 年成立了一个贸易委员会，并分别于 1756 年和 1760 年成立了 2 家巴西贸易公司。然而，第三次垄断权还是给了一个外国人，这次是荷兰人丹尼尔·吉尔德梅斯特（Daniel Gildemeester）。他的哥哥扬（Jan）于 16 岁时来到里斯本成立了自己的公司，丹尼尔成为该公司的合伙人。后来扬被任命为荷兰驻里斯本领事。等他回到阿姆斯特丹后，丹尼尔接任了领事一职，1761 年获得钻石商业垄断权时，他还在领事这个位子上。[138] 丹尼尔获得了比其前辈们更为有利的条款。他承诺每年购买 40000 克拉钻石，每克拉8600 里斯。该合同为期 3 年，但如果合同展期，则购买价格将提高到 9200 里斯。他被明令禁止从事印度钻石贸易。[139] 丹尼尔以及他的儿子在 1787 年之前一直拥有商业垄断权。这令他们变得极其富有，丹尼尔在里斯本附近的小镇辛特拉（Sintra）建造了瑟特阿斯宫（Palace of Seteais）。

　　吉尔德梅斯特家族与阿姆斯特丹仍然关系紧密，他们在里斯本获得成功，这既确保了阿姆斯特丹的钻石原石供应量，也有利于切割行业的发展。切割业已成为当时欧洲最大的行业，1750年，有600个家庭靠钻石切割为生。[140]吉尔德梅斯特时期，彭巴尔实施了自己的计划，将当地商业资产阶级与殖民贸易紧密关联起来。班代拉（Bandeira）、达·克鲁斯－索布拉尔（da Cruz-Sobral）和金特拉（Quintela）家族的成员们在商业组织和政府机构中担任重要职务，如皇家财政部（Royal Treasury）。[141]钻石管理部门两个额外职位是给何塞·弗朗西斯科·达·克鲁斯（José Francisco da Cruz）和何塞·罗德里格斯·班代拉（José Rodrigues Bandeira）的，他们的家族将在未来几十年内占据这些职位。[142]通过几次联姻，他们不仅与当地家族，与外国知名家族，如布拉姆坎普斯（Braamcamps）之间的关系也得以进一步加强。从当时法国大使的日记中可以看出，大家清楚金特拉家族至少与吉尔德梅斯特家族保持着交往。[143]葡萄牙商人的参与度日益增加，这从这些家族出现在采矿合同的投资者名单中可见一斑。一份涉及钻石区开支的汇票清单显示，直至18世纪70年代，尚未支付的汇票中有29%的汇票掌握在金特拉、班代拉和达·克鲁斯－索布拉尔这些家族之手。[144]

起初，吉尔德梅斯特底下的生意非常好，这位荷兰领事所购买的钻石高于他所承诺购买的数量下限，1767年达到了91380克拉的最高值。1776年，吉尔德梅斯特仍然购买了66000克拉；但自1780年起，他的购买量迅速下降。1780年他购买了37000克拉，1781年和1782年都是20000克拉，1787年则只有12000克拉。[145]当时，巴西的产量正在减少，采矿业垄断权制度已为皇家开采公司制度所取代。该商业垄断也需要再过一段时间才会结束。吉尔德梅斯特于1787年不再参与其中，他为时26年的垄断结束了。不久，2名葡萄牙商人保罗·乔治（Paulo Jorge）和若昂·费雷拉（João Ferreira）取而代之，但因欧洲和奥斯曼帝国之间的战争，钻石原石的价格下降了，他们便退出了。[146] 1788年，彭巴尔去世 6 年后，3 名来自汉堡的商人代表阿姆斯特丹的本杰明和亚伯拉罕·科恩兄弟（Benjamin and Abraham Cohen）与葡萄牙政府谈判达成了一项交易；直至 1790 年，科恩兄弟才购买了 95000 克拉的钻石，价值 8.4 亿里斯。此后，该商业特权落入佩德罗·金特拉（Pedro Quintela）之手，他于 1791 年至 1800 年期间购买了 158168 克拉的钻石。[147] 这个数字相当于每年平均购买 15817 克拉，而在那些年份里，巴西平均每年生产20423 克拉的钻石，这意味着金特拉购买了其年产量的 77%。

那时，欧洲已经掀起了革命热潮。持中立立场的葡萄牙迫于压力放弃与英国长期结盟，同时在 1796 年和 1801 年，它还不得不向商人们借钱。[148] 这笔钱中有一部分送给了法国以避开战争的威胁，但在 1801 年短暂的"橘子战争"中（译注：Guerra das Laranjas，战争始于 1801 年 4 月，持续 3 周便结束了。被围困的葡萄牙军队准备投降，戈多伊写信向西班牙王后报捷，随信附上一只橘子，因此得名），在法国的支持下，西班牙入侵了葡萄牙，迫使后者不仅又交了一笔钱，还将奥利文萨镇（Olivença）割让给了西班牙。由于来自法国的压力日趋沉重，葡萄牙决定从 2 家银行，即伦敦的巴林兄弟公司（Baring Brothers & Co.）和阿姆斯特丹的希望公司（Hope & Co.）借 1300 万弗罗林（florin）。后者在巴西钻石贸易方面颇具渊源，至少从 18 世纪 40 年代开始，它便在俄罗斯和土耳其销售钻石。在里斯本，它们与范德顿公司一直有来往，并且还在阿姆斯特丹销售过佩德罗·金特拉的钻石。[149] 正是金特拉说服了这些银行发放贷款，1802 年至 1811年期间，葡萄牙用巴西钻石原石偿还这些贷款。[150] 1802 年至

1810 年期间，巴林公司收到 24.35 万克拉的钻石，希望公司收到 25.8 万克拉的钻石，该数额大大高于这些年巴西的产量，迫使葡萄牙深入研究自己的钻石储备。[151] 这笔钱中，很大一部分钱被用来向拿破仑示好，但花钱买不了平安，朱诺特（Junot）最终还是于 1807 年入侵葡萄牙。葡萄牙陷入了混乱，大量依旧储存在首都的钻石原石遭人掠夺并被运往巴黎。36 艘载有 15000 人的船只在英国船只的护送下驶离里斯本港前往巴西，这些人中包括了葡萄牙皇室。该船队于 1808 年 3 月抵达里约热内卢，葡萄牙皇室在那里一直待到 1821 年。[152] 1819 年，它与希望银行的所有账目都已结清。从皇家开采公司创立之初到 1819 年，巴西钻石的官方产量中，不低于 40% 的钻石被用来偿还其 1801 年从上述银行借来的贷款。[153]

然而，待葡萄牙皇室搬到里约热内卢，所欠贷款仍然未还清，于是政府试图加强对钻石的控制。它借助 1808 年所成立的巴西银行，控制销售的行动取得了一些成功。[154] 但贸易的大门已经轰然打开，一些对巴西财富感兴趣的英国公司在里约热内卢建立了分支机构。塞缪尔·菲利普斯公司（Samuel Phillips & Co.）与内森·梅耶·罗斯柴尔德（Nathan Mayer Rothschild）有姻亲关系，借助自己与葡萄牙皇室的良好关系，开始代后者购买巴西黄金和钻石。直到 19 世纪中叶，他们仍然在这样做。[155] 钻石的世界并不大，罗斯柴尔德娶了列维·巴伦特·科恩（Levi Barent Cohen）的一个女儿，科恩是犹太人，出生于阿姆斯特丹，18 世纪 70 年代移民到英国。科恩从事各种商品交易，其中包括巴西钻石，他将这些钻石放在希望公司寄售。而且根据他人描述，他在 1781 年至 1794 年间是伦敦的主要钻石交易商。1802 年，他与其他犹太商人联合起来，在巴黎购买了大量巴西钻石，出价超过了巴林公司和希望公司。[156] 列维·科恩在荷兰有一个表弟叫本杰明，本杰明从事烟草、白银、谷物和巴西钻石的交易。似乎就是那位 1788 年至 1790 年期间与其兄弟一起垄断巴西钻石的本杰明·科恩。[157]

1821 年 3 月，葡萄牙皇室重返里斯本前，国王下令：为了偿还皇室财政部的债务，钻石管理部门拥有的所有毛坯和抛光钻石都应该交给巴西银行（Banco do Brasil），该银行可在巴西或欧洲出售那些钻石。[158] 同年晚些时候，某个革命委员会在里斯本决定将所有巴西钻石收归国有，这引发了有关这些宝石所有权的政治争论，该银行所扮演的角色遭人彻查。巴西于 1822 年宣布独立时，巴西政府完全拥有了所有的巴西钻石，这又引发了米纳斯吉拉斯当地的抗议。[159] 巴西银行在 1829 年进行清算时，巴西钻石业再次成为自由身，但那时米纳斯吉拉斯的生产力已经大大下降。巴西的钻石贸易只待巴伊亚发现矿区后才得以恢复。60 年后，国家支持的垄断梦在南非死而复生了。

18 世纪欧洲的消费情况

随着时间推移，冲积矿床的开采方法没有什么变化，19 世纪几乎没有任何新技术引入。开采的钻石原石在数量上存在波动，这主要是因为钻石冲积矿场逐渐枯竭，同时官方又在持续寻找新矿藏。1740 年至 1806 年期间，官方开采了 270 万克拉的钻石。其中 61% 是那些垄断者在其 32 年的管辖期间开采出来的，其余部分则是在皇家开采公司成立后的 35 年内开采的。[160] 各合同期内以及皇家开采公司设立的前 10 年，每年开采量经常超过 40872 克拉这一年平均数，但 1784 年之后，开采数量再也没有超过该值。[161] 第四份合同期间开采产量增加了，这并不令人惊讶，因为这一合同期时间更长，而且正是在这些年份里，巴伊亚和米纳斯吉拉斯之间具有争议的管辖区域（即米纳斯诺瓦斯的矿藏）开始被纳入钻石区，并进入官方的统计数据中。

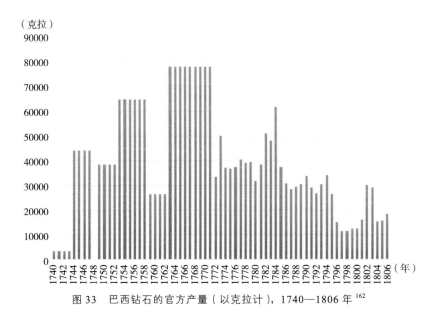

图 33　巴西钻石的官方产量（以克拉计），1740—1806 年 [162]

里斯本钻石现有销售数据显示，除了某些例外情况，每克拉钻石的均价都在下降，这是由多种原因造成的，其中一个重要因素是宝石质量的下降。笔者也有一些关于采矿所需费用的资料。对于合同期内所发生的费用，笔者已知的仅限于向皇室支付的奴隶人头税。皇家开采公司时期，费用总额意味着某一年的全部成本，其中包括了雇佣奴隶的费用。比较成本与销售价格，显然成本所占的比例极大。合同期内，人头税可能达到售价的 40% 以上。而在 1775 年至 1790 年期间，销售收入中，有 85% 用以覆盖成本，占比很高。然而，人们需要注意两点：首先，国王可以拿走一些高品质的钻石；其次，销售数字并不包括所有正式开采的钻石，因为总有一些钻石未被售出而囤积在巴西或里斯本。例如，在1790年，未售出的钻石原石总计有137622克拉。然而，上述占比比例表明，钻石开采的殖民企业已然失效，特别是在出现了大量非法活动的情况下。

钻石年均产量在18世纪中期达到顶峰，巴西钻石的稳定开采显然已扰乱了欧洲市场，这无疑是建立贸易垄断的原因之一。然而，不同于佩尔斯、穆勒奈尔等从事钻石贸易的欧洲公司所抱怨的内容，还有人断言，抛光钻石的价格并未因为从巴西进口的钻石原石日益增多而受到影响。它们弥补了印度钻石产量下降带来的缺口，但更为重要的是，对欧洲消费市场来说，钻石原石和抛光钻石的价格之间并无关联。根据近代早期文献，如让·巴蒂斯特·塔韦尼埃和大卫·杰弗里斯的著作所给出的报价，戈德哈德·伦岑断言，对于1克拉明亮式切割的抛光钻石，其价格一直很稳定。塔韦尼埃在1665年引述的价格是1克拉此类钻石要200金法郎（gold francs），而1672年一份关于珠宝的匿名手稿也给出了相同的要价。大卫·杰弗里斯声称，1750年这一规格钻石的价格为8英镑，根据伦岑的说法，该价格相当于200金法郎。[163]伦岑认为这种值得注意的价格稳定性可以解释为，18世纪初钻石原石和抛光钻石已分开进行交易了。[164]

再早些时候，欧洲那些亲自前往印度的珠宝商，通常是通过葡萄牙的印度航线（Carreira da Índia）去交易成品和非成品钻石的。特别是英国东印度公司，当他们开始控制欧洲对钻石原石的进口时，伦敦的一群商人开始专门从事钻石原石交易。他们通过英国东印度公司进口钻石原石，然后再卖给珠宝商或国外商人。英国东印度公司还公开销售钻石原石，这吸引了那些可能原本与印度并无具体商业往来的珠宝商。[165] 公开销售钻石的做法令市场上的钻石供应量得到控制，而巴西的钻石垄断机制既方便葡萄牙国王为自己挑选钻石，也达到了上述同样的目的。当钻石开采合同体系被皇家开采公司所取代时，大量钻石显然被人囤积了起来。一些与第二份、第三份和第四份开采合同相关的账目仍未结清。相关文献显示，这些合同持有人运往里斯本的所有钻石原石中，约有 33% 被囤积了起来。账目结清后，它们被移交至皇家财政部。[166] 通过囤积来控制钻石供应的手段是钻石开采和贸易垄断的重要组成部分。这也是英国东印度公司战略的一部分，但他们无法控制采矿。葡萄牙的双重垄断机制首次成功控制了世界钻石原石的供应。因此，彭巴尔引入的机制，后来在 20 世纪直接被戴比尔斯公司采用，以便成功控制世界范围内钻石的生产。

卡琳·霍夫梅斯特说，正是在 18 世纪，"越来越多的资产阶级顾客开始购买珠宝，并且紧随明亮式切割方式这一流行趋势，形成了对钻石的特殊品味。由于价格相对低廉，更多的人接触到了明亮式钻石"。[167] 事实上，18 世纪是明亮式钻石的时代。17 世纪下半叶，法语中的"brillant"一词开始被用于称呼切割成多个切面的钻石。红衣主教儒勒·马扎然（Cardinal Jules Mazarin，1601—1661）是路易十三和路易十四的首席大臣，他称得上早期明亮式钻石形式的发明者。马扎然非常欣赏钻石，并拥有令人叹为观止的系列收藏：早期的钻石切割为 16 个琢面，被称为"马扎然式切割"（参见图 18）。[168] 根据马歇尔·托科夫斯基（Marcel Tolkowsky）的说法，马扎然切割得到一个名叫文森佐·佩鲁齐（Vincenzo Peruzzi）的威尼斯人进一步改进，后者在 17 世纪末成功地将琢面数量从 16 个增加到 32 个。[169] 这种切割方式很快就变得极为时尚，而且相关知识传播得非常快。至世纪之交，英国的切割师已成为该技艺领域的专家，有人据此认为，32 面明亮式切割法实际上是发明于英国的。[170] 该方法尽可能延长了光线在宝石中的传播路径，最大限度地分散了光线，直到 20 世纪，这仍然是标准做法。1751 年，英国珠宝商大卫·杰弗里斯撰写了一篇文章，关于抛光钻石所用的不同方法："使玫瑰式钻石的制造工艺成为机密，能够令它在世界范围内更受欢迎。而且现在也是最适合推荐它的时候，因为最近盛行的堕落风气，玫瑰钻石变成了明亮式钻石——好像这样就会令钻石变成更美丽、更出色的珠宝似的。"[171]

明亮式切割方式在 18 世纪占主流，其特点是消费者"酷爱光线和明亮"。[172] 明亮式钻石的对称性和分散光线的能力使其成为当下所售钻石的主要样式，尽管其他不那么流行的形状（通常被称为"花式切割"）也继续存在。[173]

颜色的变化也是如此。法国皇室在珠宝方面的传统观念发生了改变，他们对简约风格产生了兴趣。[174] 1722 年，有人宣布彩色宝石不再流行。这种转变持续到法国大革命，大革命进一步破坏了基于阶级的旧品味："贵族时尚和矫揉造作的模式被强调自然美和简朴风格的模式完全取代……简约风和可见性变得令人信服，它们令新阶层得以证明其优势是合情合理的，而用不着将那个小圈子中的成员都推翻。"[175]

来自阿尔萨斯（Alsace）的珠宝商乔治·弗里德里希·斯特拉斯（Georg Friedrich Strass）于 18 世纪 30 年代研发了一种技术，在莱茵石（Rhinestone）等镀铅玻璃上涂抹金属粉末来生产假钻石，这也许并非巧合。斯特拉斯并不是凭空想出这一工艺的，至少从 1657 年起，便有迹象表明有人尝试在巴黎生产假宝石，但斯特拉斯改进后的技术似乎特别成功；1734 年，斯特拉斯已成为法国皇家珠宝商，他的姓氏在法国成为人造珠宝的代名词。30年后，法国首都有314名珠宝商兼造假者（joailliers-faussetiers）。[176]欧洲不断变化的消费模式出现性别分化始于17世纪，并在18世纪继续存在。女性相对于男性佩戴珠宝的情形更常见，但不应该忘记，"虽然男性的钻石时尚定位一直摇摆不定，但很明显，在较长的历史时期内，男性佩戴钻石戒指，他们帽子上的珠宝、领带上的别针、仪式上的剑柄、鼻烟盒等配饰中也镶有钻石，其中钻石应用最为广泛的是鞋扣"。[177]历史学家玛西娅·波顿（Marcia Pointon）从钻石鞋扣的重要性中看到了斯特拉斯完善研发假钻石背后的原因，因为如果假钻石从鞋扣上掉了，造成的经济损失将是最低的。[178]

18世纪，假钻所取得的进展很大，消费者对该类产品的兴趣也在发展。阿姆斯特丹的一家报纸在1730年发布了一则公告：某个星期三的上午9点至12点之间，将在海牙向公众展示一颗相当大的钻石。公开展示的前一天，谁若感兴趣便可前往一位达伽马先生（Mr da Gama）的家里，在那里他们可以得到钻石主人签名的纸条，该纸条便是入场券。[179]而5天后，又有消息称，由于发现这颗钻石是假的，这场公开展览取消了。[180]这样的故事证实了钻石作为奢侈品，其地位愈发重要，越来越多的客户对其青睐有加。市场变得专业化，钻石原石及抛光钻石商品链之间的业务分割，供应量出现增长……这些都与巴西矿藏问世后钻石世界发生的变化有关。未来数个世纪的钻石原石开采和贸易运行中，部分变化仍将占主导地位。但是，无论在巴西发现钻石矿藏这一事实造成多大的混乱，同150年后非洲大陆南端发生的变化相比，它是相形见绌的。

虽然19世纪末非洲发现的钻石矿藏震撼到了钻石业的核心，

欧洲作为主要钻石中心的地位却在 18 世纪得到了巩固。[181] 伦敦与印度、巴西的钻石原石贸易直接关联，它是主要的进口中心；而阿姆斯特丹已成为欧洲最重要的钻石切割中心。1748 年，超过 300 名抛光师活跃在此地。[182] 安特卫普在阿姆斯特丹之前就已建立了切割业，它正在努力维持其在钻石业中的地位，但它只能通过专攻尺寸较小和品质较低的钻石，将它们切割成玫瑰式，才能勉力为之。[183] 1739 年，即巴西采矿业被规划为垄断业的那一年，"安特卫普钻石切割师协会"（Antwerp Diamond Cutters' Guild）的学徒人数多达 80 余人。1754 年，安特卫普有 180 名切割行家，多达 1500 人（如商人、劈钻师、切割师和抛光师等）从钻石行业获利。[184] 伦敦也拥有小型的切割业，据说在 18 世纪初生产了一些品质最为上乘的明亮式切割钻石，如"摄政王钻石"（The regent）。[185]

大卫·杰弗里斯在关于钻石的论文中写到，英国工匠在钻石切割方面不逊于其他国家的工匠。他还带点傲慢地说，英国工匠可能是世界上技术最为娴熟的，但与那些邻国相比，他们收费较高，因而伦敦无法建立起一个规模更大的切割业。[186] 伦敦的切割业在 18 世纪下半叶几乎消失殆尽，1773 年只有 26 名抛光师仍活跃在威尼斯。[187] 法国于 18 世纪 80 年代试图在巴黎建立一个皇家切割工场，由阿姆斯特丹的犹太切割师艾萨克·沙布拉克（Isaac Schabracq）进行管理，后者希望通过当时巴西钻石业的垄断者吉尔德梅斯特直接获得巴西钻石，但该计划最终一无所获。[188] 跟莫斯科、伊斯坦布尔以及几个意大利的城市一样，巴黎只好自我满足于继续作为消费市场，对珠宝贸易和制造发挥极为重要的作用。

直到 19 世纪末，这种专业化的局面基本上没有改变，尽管它曾多次受到挑战。有时，在这类挑战行为的背后，宗教是重要的刺激因素。巴西的贸易垄断之所以明确建立了起来，是为了替代已延伸到印度的犹太贸易网络。阿姆斯特丹的基督教商人们抱怨来自犹太人的竞争："我们的朋友在这里（阿姆斯特丹）与商贩或犹太人进行协商或秘密交易，而不是将他们的货物送到诚实的基督教教徒手中。"[189] 1753 年，安特卫普的商人们抱怨犹太人和其他外国商人。[190] 4 年前，大约 100 个非犹太钻石工匠向阿姆斯特丹政府请愿，要求建立一个公会，以应对来自犹太人的竞争。他们威胁说，如果自己的愿望得不到满足，就会离开此地。[191] 基督教钻石切割师们在请愿书中的一些反犹言论极能说明，切割行业已趋向犹太人占据主导地位。为了解释自己为何比犹太人更需要谋生手段，一些基督徒写道："因为我们的天性，我们不可能像犹太人那样，靠着洗鞋，或者大量收购梳子、眼镜和旧衣服为生；也不可能像猪猡那样，10 个或 12 个聚在一起，在一个猪圈里互帮互助。"[192] 这一评论指向一种旧观念，即许多阿什肯纳兹犹太人（Ashkenazi Jews）做着小商小贩，他们过的是大家庭式的生活。这种敌意满满的反犹主义言论并不能阻止钻石业朝着犹太工匠占主导地位的方向演变。

里斯本在印度钻石贸易中所扮演的角色已经于 17 世纪结束了，但由于巴西钻石，它设法再次变得重要起来。然而，除了发挥政治决策中心的作用外，它并没能发挥出重要作用。虽然还有钻石商人活跃在葡萄牙的首都，但商业垄断化的进程令里斯本本身未能成功地变为商业钻石中心，尽管 18 世纪末、19 世纪初，它尽力将商业垄断权出售给葡萄牙商人。此外，这座城市也未能取代低地国家切割业的地位，尽管它曾尝试过。从寥寥无几的档案资料中，笔者得知 19 世纪初，有人试图在里斯本坎普·佩奇诺（译注：Campo Pequeno，意为"小田庄"）遗址附近开办过一家钻石切割厂。当时的情况是，皇家开采公司控制着巴西的采矿业，葡萄牙商人佩德罗·金特拉则掌握着贸易垄断权，而开办切割厂则可能是为了将钻石原石业务的所有三大分支都控制在葡萄牙人手中。然而，这个工厂终是昙花一现，目前只留下1806年和1807年为聘用钻石切割师们给出的收据。[193] 1808年，拿破仑入侵后，葡萄牙皇室逃往里约热内卢，于是它为了将巴西钻石业的控制权集中到里斯本的葡萄牙人手中而展开的种种深入尝试终止了。等葡萄牙与法国的战争结束，巴西已顺利独立，葡萄牙不得不等到20世纪，届时它的另一殖民地——安哥拉，将为葡萄牙人提供又一笔璀璨的财富。

第三章

驶向工业现代化的过山车

1785—1884 年

虽然戈尔康达和维萨普尔已经失败，好望角、澳大利亚和加利福尼亚却正刚刚起步，而且人们虽然在巴黎和伯明翰制造的拙劣产品上赔了钱，但巴西仍有望在"钻石行当"干点大事。[1]

探险家理查德·伯顿于1865年被派往巴西的桑托斯之前，已经去过印度、中东和非洲。19世纪有大量欧洲旅行家亲自到访过巴西钻石区，他是其中之一。上述引文体现出许多人对巴西钻石的乐观态度，这种看法在18世纪初，米纳斯吉拉斯发现这些宝石后不久就开始形成了。然而，理查德·伯顿心中犹存的那些模糊的希望不会成为现实：当他写下他的评论报告时，巴西的钻石矿场已进入衰退期，再也无法再现盛况。尽管他已然了解到开普敦殖民地发现了钻石，但他显然不像同时期的其他评论者，他缺乏对南非钻石前景的预见性。

1870年，某位来自格拉斯哥的苏格兰地质学家约翰·肖（John Shaw）来到南非的科尔斯堡（Colesberg），担任校长一职，他这样评论道："根据我的所见所闻以及所提到的缘由，南非的钻石开采现状远远比不上它应该形成以及最终将要形成的景象。"[2]而距此3年前，一个农场男孩偶然发现了钻石，这令钻石世界发生了翻天覆地的变化。19世纪中叶，那些在婆罗洲、巴西和印度的传统钻石矿藏开采量已经严重下降，而在巴伊亚发现的钻石只能解解燃眉之急，并不足以长久地拯救欧洲各大钻石中心。人们逐渐认识到，基本的难题在于人们对钻石究竟来自何方这一科学问题太无知。截至此时，纵观前述整个历史，人们所有发现的钻石都来自冲积矿藏，这令采矿行为成为相对原始的、劳动密集型的劳作。某个地区的钻石被人开采殆尽时，矿工们就会转移到下一个地区。最初，在南非发现这类宝石时，人们依然采用这种惯用的做法，但很快南非的矿藏经证实极其丰富、无可比拟。最终，在地下深处发现了钻石，这导致坑式采矿的发展，先是露天采矿，后来是地下采矿。一个新的时代已经诞生，没有什么事物会一成不变。本章的主题就是 19 世纪所发生的转变：从古老到现代，从手工到工业。[3]

东方衰落的形象

尽管在现代性出现之前，几乎没有任何关于印度和婆罗洲钻石开采量的资料，但到了 18 世纪，亚洲的钻石开采显然已经过了黄金时期，已有的开采安排和商业布置已经无法与设在巴西的殖民机器相抗衡。与此同时，在 1757 年普拉西战役中，独立的孟加拉最后一个纳瓦布（译注：nawab，是"王公"或者"统治者"的意思）西拉杰·乌德－达乌拉（译注：Siraj ud-Daulah，他当时对英国人滥用贸易优惠政策大感恼火，袭击了英国人位于加尔各答的据点，并暂时成功地驱逐了英国人。而克莱夫事先就买通了孟加拉的大臣米尔·贾法尔，最终俘虏并处死了他）被罗伯特·克莱夫指挥的英国东印度公司军队击败后，其对印度次大陆的政治统治也被推翻了。[4] 这场著名战役被历史学家塞卡·班迪奥帕德亚（Sekhar Bandyopadhyay）称为"普拉西劫掠"（Plassey plunder），它开启了英国对印度人民的政治统治。[5]最初的扩张主义行动属于英国东印度公司的任务，英国因而得以于1765年控制印度东部。[6]再往南，英国人与法国人争夺统治权，法国人控制了本地治里（Puducherry）周围的地区。1746年，贝特朗－弗朗索瓦－马赫－德－拉－布尔多内斯（Bertrand-François Mahé de La Bourdonnais）率领一支法国海军部队进攻了圣乔治堡并在那里大肆掠夺（参见图13），大量钻石落入他的手中。在接下来的一年里，对于英国东印度公司船只运送钻石的生意，拉布尔多奈斯仍然是个威胁，1747年11月，萨尔瓦多公司写信给他们在安特卫普的代理商詹姆斯·多默说：

> "从孟加拉开来的船也到了，这艘船6月份将前往非洲海岸的圣保罗，但有人留意到拉布尔多奈斯在港口，船就开走了。但拉布尔多奈斯出来了，追了3小时，一直追到天黑。这令我意识到我们从圣戴维兹堡（St Davids）出发的第一艘船是冒了一些风险的。如果这艘船被拉布尔多奈斯抢走，来自印度的所有钻石都在那上面，交易的规模越大，风险肯定越大。因为我们目前完全掌管了该分支，直到明年才会有新钻石供应到欧洲。"[7]

萨尔瓦多公司的大部分钻石是从印度获得的，但他们在英法战争中发现了控制全球钻石贸易的机会，至少暂时如此。拉布尔多奈斯后来在法国政府那里失宠，他被逮捕和被囚禁在巴士底狱，直到1751年才获释，萨尔瓦多和多默努力找寻他的妻子。据传，她当时正在欧洲各地旅行，试图出售其丈夫在围攻圣乔治堡时所获得的几包钻石。[8]法国虽然偶尔也获胜，但只能眼睁睁地在"七年战争"（译注：七年战争发生在 1754 年至 1763 年，参战方主要是以英国、普鲁士为首的阵营对战以法国、奥地利、俄罗斯为首的阵营）期间失去自己在印度的领地。

尽管法国人根据 1763 年《巴黎条约》（*Treaty of Paris*）的条款重新拿回了他们在印度的殖民地，他们从未能够在欧洲对印度的压迫行动中更进一步。法国东印度公司于 1769 年解散，英国人成为印度次大陆上的欧洲殖民主力。[9] 英国政府在 18 世纪末和 19 世纪初公布了几项印度法案，规定由东印度公司和政府（以总督代表）共同控制印度。这一时期还出现了进一步扩张的行为，这些扩张行为以牺牲某些地方统治者（特别是马拉塔人）的利益为代价。[10] 在西北部，19 世纪 40 年代的英国锡克战争（译注：Anglo-Sikh wars，这里指 1845 年至 1849 年的英国锡克战争中的多场战役）以英国大获全胜告终，旁遮普邦被并入英国殖民地印度。兰吉特·辛格（Ranjit Singh）之子，即锡克最后一位大君达立普·辛格（Duleep Singh）年仅 10 岁，他被迫按照 1849 年 3 月签署的投降条约之规定，将"光之山"钻石交给维多利亚女王。[11] 英国人在投降条约中提出了一些要求，其中一条就是要求交出这颗可能最为世人所知的钻石，这颗钻石从莫卧儿兰吉特·辛格再落入英国之手，表明了该钻石所有权所具有的象征意义和经济价值。1851 年，在海德公园为伦敦万国工业博览会（Great Exhibition of the Works of Industry of All Nations）而建造的水晶宫中，这颗钻石首次向公众展出。[12] 印度政府自独立以来在不同场合要求归还"光之山"钻石；最近，巴基斯坦政府新闻部部长法瓦德·乔杜里（Fawad Chaudhry）于 2019 年也提出了类似要求。他表示，希望英国人能将钻石交给拉合尔博物馆（Lahore Museum）。前殖民地领土上的各政府尽管日益强烈地要求归还被掠夺的文物，归还这颗钻石只是其中一部分要求，但英国王室和英国政府都没有答应。[13]

1857 年发生了一场事件，有时被称为"首次印度独立战争"（First Indian War of Independence），但通常仍被称为"西帕衣"（译注：Sepoy，根据英国或其他欧洲国家的命令服役的印度士兵）或"印度兵变"，它引燃了整个东印度公司控制区，爆发了起义。西帕衣士兵乃最初为莫卧儿王国服役的印度士兵，但在当时他们是英国军队中服役的步兵。他们抗议英国的殖民统治，随后发生了动乱，但这招致了血腥的报复，数十万印度人（甚至可能更多）因此而死亡。[14] 1858 年，英国政府废除了东印度公司的统治权，英属印度殖民地变为完全由英国政府直接统治。[15] 印度的政治情势从莫卧儿统治演变至莫卧儿衰落，马拉塔人、锡克人等地方统治者崛起，最后，其疆域被东印度公司和英国政府占领，这些政治演变给这个大国的某些地区带来了长期的混乱和战争，因而加剧了钻石开采的全面衰败。

这一衰退的形象在游记以及同期的科学出版物中得到了印证。多亏了瓦伦丁·鲍尔（Valentine Ball，1843—1895）的调查，人们对 19 世纪末印度钻石矿场的状况更为了解。他是一位爱尔兰地质学家，曾为印度地质调查所（Geological Survey of India）工作。该调查所于 1851 年由印度政府设立，旨在探索能够开采用于铁路建设的煤炭。它现在仍属印度矿业部。[16] 1881 年，也就是鲍尔离开地质调查所的那一年，他发表了一份关于印度煤炭、黄金和钻石开采的报告，其中包含了关于当时印度钻石事务状况的大量信息。属于里特凯达帕矿群的部分钻石矿区仍在开采（参见图 7）。康达佩塔镇附近，矿工们正在"挖掘"鹅卵石和砾石，并将其运到小丘上的蓄水池，而后在当地钻石开采承包商的监督下，他们将那些砾石洗净以采集钻石。这些承包商若要在一个长 910 米、宽 455 米的区域内独家开采钻石，需支付 250 卢比的费用，开采期为 4 个月。鲍尔亲自与这些承包商面谈，后者声称自己在 1834 年获利了，但 1 年后却亏损了。[17] 在凯达帕附近的切努尔（Chennur），一位来自金奈的理查德森（Richardson）先生获得了许可，得以在重新开放的钻石矿区开采，每年支付 100 卢比。虽然据称矿场已经产出了 2 颗钻石，分别以 5000 卢比和 3000 卢比的价格售出，事实证明这样的运营模式并不盈利。[18]

　　基于此前的报告，鲍尔断言，卡诺尔（Karnool）地区的 14 个钻石产地，大多数都废弃了，该地区与里特所说的凯达帕和南迪尔矿群大体相符。巴纳甘皮里（Banaganpilly）位于距今安得拉邦卡诺尔市 60 千米处，是该地区少数几个仍有矿工活动的矿区之一。[19] 巴纳甘皮里的矿场不是冲积矿，而是岩石矿。当地劳工开采含钻岩石，然后将其运至某个清洗点，在清洗点再由妇女、儿童从中寻找钻石。鲍尔来到这些矿场时，他没有看到任何发现了钻石的场景，尽管有人称，他们将几块产自此地的钻石送到过他的面前。然而，鲍尔认为，这些钻石"细节粗糙，缺陷明显，颜色肮脏，令人非常失望"。[20] 他的描述展现了某种可怕的境地。拉穆尔科塔的状况也好不到哪里去，那里的岩石开采作业区已经荒废，但在雨季，仍有 300 名当地人在河床上劳作。承包商从卡诺尔的纳瓦布那里租赁了这片区域，再将其转租给第三方。雇佣这些劳工的花费仅为每天 3.5 便士和一餐米饭。[21] 里特笔下名为埃洛尔或戈尔康达矿群的钻石矿区中，有些还是印度非常有名的钻石矿，但这一矿区的结局却不怎么好。1871 年有英国人前来参观时，戈拉皮利矿区（Golapilly）"看起来已长期遭人遗弃，上面长满了灌木丛林"。[22]

溯北而上，19 世纪上半叶焦达讷格布尔地区的各河边矿场仍在开采中，在此期间有数位欧洲旅行者到访了马哈纳迪河的冲积矿场，他们见证了这一点。[23] 然而，正值鲍尔描述这些地区的当头，它们的采矿活动几乎完全停止了，这位爱尔兰地质学家还提到了几处当地人口中开采出钻石的地点。据说，当时焦达讷格布尔王公的后代们仍然拥有在该地区开采的几颗大钻石。[24] 焦达讷格布尔地区以东，印度中部最著名的矿区是森伯尔布尔，在 19 世纪初它与奥里萨邦的其他地区一起为英国所控制。直到 1833 年，一名驻扎在森伯尔布尔附近的英国东印度公司代理商每年都要前往这些矿藏地收集钻石，并对之进行分类和分级。他负责将那里发现的钻石送往加尔各答，但结果不尽如人意，于是该公司叫停了这一行为。森伯尔布尔是知名矿区，经常有人前往该地，所以鲍尔花了几页纸的篇幅来追溯这个地方的已知历史，这是让·巴蒂斯特·塔韦尼埃于 17 世纪就已经描述过的了。尽管在英国占领期间，曾有人多次尝试在森伯尔布尔订立采矿租约，到了鲍尔所处的时代，森伯尔布尔的产钻历史似乎已经结束了。

过去数年里，印度的文献资料中出现了一些说法，大意是森伯尔布尔的淘金者现在偶尔还会发现钻石。问遍众人，都没能问到真的有谁发现了钻石。那些仍在劳作的淘金者在被问起的时候都言之凿凿，声称那些说法并不准确。[25]

紧随英国东印度公司的失败之举，印度钻石矿的糟糕状况以及英国人日益增强的控制局面似乎吸引了希望发财的冒险家们。19 世纪 40 年代初，英国东印度公司拒绝了一位绅士所提出的建议，这位绅士来自孟加拉军队，他前往英国，想要说服该公司董事允许他本人去管理森伯尔布尔和本德尔肯德的钻石矿。[26]

本德尔肯德最有名的矿区，即里特笔下的第五组（也是最后一组）矿群，位于本纳（参见图 7）。本德尔肯德自 18 世纪初以来一直在马拉塔人的控制之下，但在 19 世纪伊始的 10 年里，本德尔肯德被割让给了英国人，当时本德尔肯德的大君成了英国的傀儡。[27] 这位大君仍然能够授予当地人在这片土地上开采钻石的许可证。有时，外地人也会获得此类许可证，1833 年的许可名单上就有一个欧洲人。鲍尔指出，本纳和附近村庄约有 3/4 的人口以钻石开采为生，他们或是受雇于人，或是自己开干。[28] 19 世纪 60 年代，法国作家兼摄影师路易斯·卢塞勒（Louis Rousselet，1845—1929）在印度旅行期间，见到了本纳的大君。大君不仅穿着"孟加拉改革者"（réformateurs du Bengale）的服装，还戴着"一条华丽的项链，由他自己矿山开采出来的钻石制成"。[29] 卢塞勒断言，本纳矿可能是印度最古老的钻石矿，这也从侧面说明，有时候要将古时提到的钻石开采地点与今天的地名联系起来有多么困难。这位法国人提及了托勒密的"Panassa"一词，以此证实自己关于本纳（Panna）的说法，但最近基于地理信息系统的研究确认了 Panassa 就是今天旁遮普省的巴格萨尔（Bhagsar），位于本纳西北 1000 多千米。[30]

　　尽管本纳的矿场很古老，但大君答应让卢塞勒参观此地，这必定把那个法国人乐坏了，但当他到达某个靠近高山的洞口时，他难掩失望之情。矿洞由几个衣衫褴褛的士兵把守着，那里唯一活动的东西是由 4 头牛拉动的轮式装置，另有几个光着身子的矿工将含钻碎石运往洗矿场。这个洞的直径为 12~15 米，深度为 20 米。在洞内，矿工们几乎赤身裸体地在水中劳作，水深达膝盖（参见图 34）。开采操作很原始，但成本极高：为了获得 1 立方米的含钻泥土，矿工们需要移走 100 立方米的泥土。卢塞勒认为，若采用现代采矿技术，如建造地下通道，效果无疑会更佳。[31]

图 34　印度本纳的钻石矿，1875 年

　　本纳钻石的质量通常都上佳，那里能找到颜色深浅各异的钻石，平均重量为 5~6 克拉。他声称，每年从矿区能开采出 150 万至 200 万法郎的产品（但实际收入完全有可能是该数字的 2 倍）。卢塞勒继续补充说，大君在安拉阿巴德（Allahabad）和贝拿勒斯出售这些钻石。最初只出售钻石原石，但卢塞勒说，"近年来矿区附近建了一些切割工场"。这位法国人认为，在一个自上而下

都充斥着腐败行径的国家里，盗窃和走私是无法改变的现象。大
君的解决办法是确立大致的收入，如果矿场的钻石产量没有达到
一定的数量，就会有一名监工被斩首。[32] 虽然卢塞勒在实地看到
矿场时大感失望，他并未对开采劳作的性质发表任何看法。卢塞
勒观察到的矿工们，其处境与近代早期的印度、巴西的劳工和奴
隶们的待遇类似，他们就在严酷无情、妨害身体的环境中劳动。
由于在地底下开采，双脚泡在水里，他们很容易生病、出事。[33]
鲍尔描述本纳各大矿场时，对劳作性质要谈得多一些。他觉察
到，矿工们"不惜付出艰辛劳动，挖掘深坑……只为挖出一小块
含钻砾岩"。[34] 这一言论证实了印度钻石矿藏正日益枯竭的情况，
正是因为如此，才需要不断挖掘深坑，需要牺牲矿工。鲍尔还附
上了一篇刊登在印度报纸上的文章，其中涉及了更多有关采矿劳
作环境的细节：

　　"人力很便宜，因为该国最贫穷的国民就在这些地方劳作。
从雨季开始到寒季来临，采矿一直在进行，因为该省所有地方都
供水充裕——这是有利于寻找钻石的必要条件……本纳和邻近村
庄几乎有 3/4 的人谋生就靠着自己去开采或为他人劳作。他们为
自己做事时，经常会听到他们这样抱怨：'几个月都没什么运气。'
事实上，我在该国短暂逗留期间，我从未见过哪个本地人说自己
找到了一颗钻石。"[35]

　　除了工资低廉、寻钻困难外，这篇文章还描述道，前任大君
是位非常贪婪的统治者，他的收入主要依靠钻石。他对采矿业征
收了极不合理的高额税收，还决意将超过一定重量的钻石变为自
己的财产——这是统治者们的常用做法。以上种种都引发了矿工

们和承包商们的仇恨。[36]

19世纪末，印度钻石开采的严峻形势也反映在当地工场的运行上。这些工场一直与欧洲的工场并存，因为大量钻石并未被人带离印度，以便满足统治精英阶层的需要。正如塔韦尼埃等人所描述的那样，钻石切割者们在戈尔康达、拉穆尔科塔等地著名的钻石矿附近已经经营了数个世纪。卡琳·霍夫梅斯特以拉穆尔科塔附近的切割业为例，说明切割师的活动受到了当时政治暴力的干扰，因为他们在19世纪20年代末因马拉塔人入侵而逃离。[37]这种人员迁移，以及在安拉阿巴德和贝拿勒斯等贸易中心建立的工场，令切割业变得七零八落。这时的切割业虽然能够满足当地市场的需求，但无法与欧洲钻石业一较高下，尽管这一切在20世纪将有所改变。鲍尔以相当悲观的口吻结束了他关于印度钻石的叙述。他认为，即使有科学技术支持，也进行过广泛的勘探，但可行的运营还是很难展开，而且仅对那些"满足于支付报酬迟缓的职业以及坚信困苦的生活"之人具有诱惑力。[38]

婆罗洲殖民开采计划的失败

婆罗洲的情况与印度的情况没什么不同。班丹苏丹接管了苏卡达纳和兰达克之后，该岛西部各省日益处于荷兰人的控制之下。1818年，荷兰人与桑巴思、坤甸（Pontinank，又称庞提纳克）和曼帕瓦（Mempawah）的苏丹国签订了条约。6年后，一份英荷条约根据随意划分的边界，将该岛实际上分为两部分，从而结束了对该岛的殖民争夺。1849年，坤甸成为荷兰西婆罗洲的首府。[39]除了西婆罗洲这一划分，荷兰人还另有一个殖民行政单位，即南婆罗洲与东婆罗洲，其中包括了前苏丹国班贾尔马辛

（Banjarmasin）及该地的钻石矿。[40]

西婆罗洲拥有婆罗洲的大部分钻石矿藏，特别是马达布拉镇周边地区，该地区成为重要的钻石中心（参见图35）。

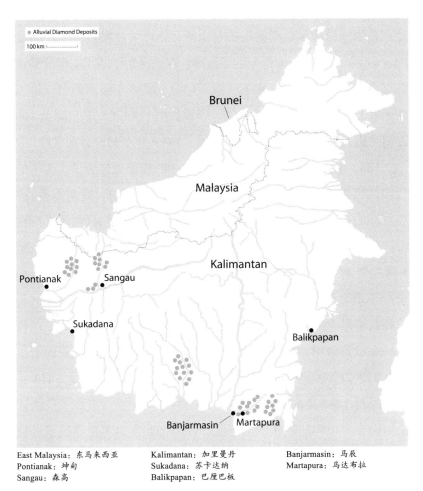

East Malaysia：东马来西亚　　　Kalimantan：加里曼丹　　　　Banjarmasin：马辰
Pontianak：坤甸　　　　　　　Sukadana：苏卡达纳　　　　　Martapura：马达布拉
Sangau：森高　　　　　　　　Balikpapan：巴厘巴板

图 35　婆罗洲的钻石矿藏

19 世纪，主要是荷兰人对该岛钻石矿藏进行了系统的开采。自 18 世纪以来，婆罗洲一直存在着华人，他们具有影响力，但中国劳工和商人更注重黄金开采，而非钻石开采；荷兰殖民政府则做出各种尝试，想要扩大钻石开采业务。[41] 从 19 世纪 50 年代起，工程师们以更为系统的方式探索了婆罗洲可能蕴藏矿产的情况，调查了金、锡、铂、铜和煤的矿藏。[42] 数项相关研究成果出版问世，它们讨论在婆罗洲的已知地区开展新的钻石勘探行动。其中一份非常全面的报告是由蒂瓦达尔·波塞维茨（Tivadar Posewitz）编写的。他是一名工程师，在该岛待了 3 年。他清楚该岛富含钻石的历史，记录下了以下信息：1738 年钻石的出口价值在 800 万至 1200 万荷兰盾之间，但该数据于 19 世纪初已降至 100 万荷兰盾，1838 年为 11.7 万荷兰盾，1843 年为 33.9 万荷兰盾。[43]

1833 年，婆罗洲所有的钻石开采垄断权都被废除了，为了给行业的自由发展让路，这与巴西出现上述情况的时间差不多。[44] 婆罗洲的当事各方没有受到过多规则的限制：他们只需要进行注册，并每月支付 1 荷兰盾的许可费。[45] 1875 年，这一费用提至 3 荷兰盾。[46] 不过，对婆罗洲的钻石矿工们来说，许可费涨价可来得不是时候。再者，人们清楚，大约 10 年前发现的南非钻石矿藏具有巨大潜力，世界市场上钻石原石的价格已经下降。在荷兰的文献记录中，抵达爪哇岛（荷属东印度首都巴达维亚的所在地）的进口婆罗洲钻石数量出现稳步下降，从 1836 年的 5473 克拉下降到 1843 年的 1315 克拉，这个数字与上文中波塞维茨的评论相吻合。但即使收费价格上涨，许可证制度确实也导致了进口量的小幅上升。1876 年，收费登记册显示，婆罗洲进口了 4062 克拉钻石，这一数字在 1879 年上升到 6673 克拉，这达到了顶峰。一年后，钻石进口量下降到 3013 克拉，[47] 而许可证则只发放了 235 份。[48]

1880 年，法国采矿工程师 F.E. 西蒙纳（Simonar）和 L.C.J. 西蒙纳前往该岛东南角进行勘探，并成功获得了 75 年的特许权，可在 21 平方千米的区域内开采各类黄金和钻石矿藏，费用是净收益的 6%。该公司从巴黎的罗斯柴尔德银行和后来的戴比尔斯公司获得了财政支持。[49] 尽管有人支持，而且也有现代机械，结果并不尽如人意，于是 1883 年开采活动暂停了。该公司被出售给婆罗洲矿业公司（Borneo Mining Company），但后者也没有取得任何进展。[50] 几家总部设在阿姆斯特丹和伦敦的公司进行了更多的尝试，它们的名称早已被人遗忘，也许是坤甸钻石集团（Pontianak Diamond Syndicate）和桑巴斯勘探公司（Sambas Exploration Company）。这些行动表明，欧洲人对直接开采亚洲的钻石矿一直很感兴趣，但没有取得多大成功。婆罗洲工业化的失败极易让人联想到西方在南美所采取的行动，但是南非所取得的进展却与之截然不同。[51]

　　婆罗洲的钻石产量仍然很少，而且方法很传统，基于许可证制度的钻石开采行为仍然存在。1876 年至 1884 年期间，兰达克出口的钻石总重量为 36546 克拉，这无法与 18 世纪巴西出口的钻石或 19 世纪末南非的钻石开采的获利相比。[52] 这些数字在世纪之交降至低点，1904 年为 859 克拉，[53] 1905 年为 710 克拉。1906 年，婆罗洲的钻石总产量为 3800 克拉，产生过 10450 份许可证。一年后，钻石产量上升到 4100 克拉，产生过 12073 份许可证，但在 1913 年产量又逐渐减少到 1590 克拉，产生过 8120 份许可证。[54] 获得授权许可证的单片区域需要 12 人在此劳作，这意味着，在 1906 年至 1913 年间，平均每年有 740 人在婆罗洲的钻石矿工作。人数虽不少，但与 1914 年南非金伯利雇佣的 11000 多名劳工相比，这一人数便微乎其微了。[55]

　　波塞维茨认为，婆罗洲的钻石开采业状况不佳存在各种原因。首先，最容易开采的矿藏已经被人开采完了。波塞维茨尽管坚信婆罗洲仍不乏丰富的矿藏，但投资匮乏令开采受阻。其次，婆罗洲的钻石竞争不过在当地工场进行加工的南非钻石，因为后者更便宜。[56] 最后，当地统治者压迫矿工，其中有当地矿工，也有中国矿工。尽管荷兰人已放弃了垄断权制度，几个矿场的控制权仍然掌握在当地居统治地位的家族之手。他们给点微薄的工资，强迫矿工们在发现达到一定尺寸的钻石时上交给自己。依照波塞维茨的形容，这种采矿制度令人沮丧，矿工们因而放弃了自己的劳动成果。波塞维茨以兰达克举例进行说明："在 19 世纪 80 年代之前，当地人在矿区为苏丹挖采钻石，换来的是大米、烟草以及每克拉 1 美元的报酬。"[57] 在那里寻找黄金和钻石的矿工数量从 1881 年的 344 人减少到 1884 年的 87 人。[58] 1857 年，有 462 名矿工在森高（Sangau）劳作："钻石矿开采是通过强迫劳动的方式进行的，在 19 世纪 20 年代，苏丹的奴隶们就被安排在那里劳作。"[59] 虽说环境如此，奴隶制并不会公开存在，采矿业也毫无技术可言，政治权力集中在少数统治者家族手中，再加上采矿业的状况又不确定，劳动者们便不得不继续受到虐待。

与印度的情况一样，婆罗洲的钻石产区附近也形成了本地切割业。根据波塞维茨的说法，当地的一位苏丹决定从附近的爪哇岛雇佣钻石切割师。这位苏丹显然决定建造自己的切割工场，因为华商们已向他指出，成品钻石比钻石原石更有价值。[60] 波塞维茨就此事提供了部分数据，类似作者并不多见。他声称在 1838 年，兰达克的主要城镇阿邦（Ngabong）有 16 家钻石作坊，到 1858 年，这个数字下降到 7 家。[61] 看起来，在欧式切割方式之外，也存在着地方风格的切割方式。波塞维茨写到，兰达克的工场要么将钻石切割成明亮型，要么切割成比拉罕式（Belahan），"Belahan"一词是印度尼西亚语，意思是"裂缝"。根据波塞维茨的说法，这种切割方式将钻石切成扁平状。还有人将钻石切割成玫瑰式，但尽管本地存在切割业，大多数切割工作仍然是在欧洲完成的。[62]约翰·克劳福（John Crawfurd，1783—1868）是一位苏格兰外交官，他曾居住在新加坡和爪哇岛，撰写了大量关于印度尼西亚群岛历史的文章。他注意到，不同岛屿上的原住民都喜欢钻石，而且这些人只去切割钻石而非其他宝石。他认为切割技艺是一种在当地发展壮大的技能，并非外部输入的。但他也说："如果那些主要的部落，爪哇人、马来人和西里伯斯人（Celebes）曾经了解切割钻石的技艺，那么他们现在已经丢失了它。但在靠近矿区的班贾尔马辛，仍然可以找到钻石切割师。"[63]克劳福还发现，当地人的品味与欧洲人的不同，因为据他所说，当地消费者更喜欢"一种桌式琢型"，这种样式可能与波塞维茨所提到的比拉罕式相同，他们不太能欣赏明亮式或玫瑰式切割。[64]

自由开采模式重现巴西

笔者很想把 19 世纪的钻石开采历史简化为一个"亚洲衰落、非洲成功"的故事。故事尽管进行了简化，但仍然包含了大量的事实。然而，这个故事没有考虑南美洲所发生的事件。巴西的钻石生产极大程度上植根于葡萄牙殖民主义。其贸易网络是在国家下放了钻石贸易垄断权之后形成起来的，巴西的钻石开采是在边界清晰的地区进行的。首先是由殖民官员们监督一个葡萄牙企业进行采矿，其次是由殖民政府自己代表葡萄牙王室监督采矿。矿场的活计是由非洲奴隶完成的，大量奴隶被人带到了巴西。虽然这些遭受非人虐待的男男女女大多被迫在种植园工作，皇家道路却将钻石区与里约热内卢连接了起来，这既方便将钻石原石运到这座港口城市（参见图 36），再从那里将其运往里斯本，也方便将成千上万的非洲奴隶运往矿场去劳作。

　　大多数关于巴西钻石的历史学著作都没怎么关注殖民时期巴西钻石开采业，这些著作通常在谈及法国入侵葡萄牙以及与英法达成涉及钻石的金融协议时戛然而止。虽然巴西的钻石开采状况与地球另一端的亚洲一样，生产力急剧下降，其开采行为却从未停止过。[65] 到 1822 年 9 月，唐·佩德罗（D.Pedro）宣布自己成为巴西独立后的皇帝时，殖民地的钻石开采显然已经处于一种糟糕的状态了。

图 36　护送钻石的卫队经过巴西卡埃特（Caeté），1835 年

　　钻石管理部门的债务已经上升到 100 万克鲁扎多，这是一个巨大的数字。[66] 10 年后，即 1832 年 10 月，5 岁的佩德罗二世（Pedro II）在巴西登基一年后，皇家开采公司制度被废除了。官方决定将土地出租给个体矿工，他们必须是巴西人。该制

度将由一名特别任命的巡查员进行监督。[67]虽然该计划将露天矿勘探者们的行为合法化，也为那些非法开采的矿工提供了一条出路，废除殖民体系的建议却并没有付诸实践，尽管名义上"殖民主义"已不再存在了。政府的采矿活动仍在继续，但开采程度极低。当地一位著名的编年史学家若阿金·菲利西奥·多斯·桑托斯写到，1841年的开采活动仅限于库拉里尼奥，那里有一名"阴沉忧郁"的监工和10位雇来的奴隶。图31显示了20年前同一地点的画面，但并未能从中发现情形出现了多大的改善，从中只能看到黑人奴隶们不得不在3名白人监工的监督下劳作。[68]该地区部分地带由个别矿工自行负责，但并不太清楚他们与国家开采行为有何关系。最后，在混乱不堪、前景难料的情况下，政府于1845年9月颁布法令，永久性废除皇家开采公司制度。钻石区的特殊行政地位消失了，将由米纳斯吉拉斯省政府监督采矿。对钻石而言，则通过在特乌科设立的钻石区总务处（Dos Terrenos Diamantinos）进行监督。各块土地以不同的价格租给矿工，通过公开拍卖的方式进行分配，租赁期限为4年至10年。1864年，每块3.7平方米的土地，倘若这块土地曾经被开采过则要价1000里斯，尚未开采过则要价5000里斯。开采黄金的矿工们仅限于在指定的地区进行劳作，以免干扰钻石开采。[69]但依然存在一些困难：许多人继续非法寻钻，政府因而放弃了公开拍卖制度并规范了土地租金，以便适应当时的情形。租金降低了，于是矿工们接受了该制度，因此多斯·桑托斯写道："我们认为这部法律非常好。"[70]

　　大约在19世纪中期，两种不同类型的钻石开采行为出现了。大量小规模的开采活动是由露天矿勘探者们完成的，这些流动矿工有时会联合起来在一个地区进行勘探和劳作。也有部分合作伙伴和小公司继续雇佣奴隶。巴西是最后一批废除奴隶制的国家之一，1888 年的《黄金法》解放了大约 70 万名男女奴隶。截至此时，大多数非洲后裔已获得解放，或者出生便是自由身了，但仍有相当多的人依然受到奴隶制的束缚。[71] 在殖民时代，由于法律限制，人们很难进入钻石区，这一点在 19 世纪有所改变。当时到访钻石区的大部分外国旅行者，如理查德·伯顿、约翰·马威、奥古斯特·德·圣伊莱尔（Auguste de Saint-Hilaire）、斯皮克斯、马蒂乌斯、弗朗西斯·德·卡斯泰尔诺、乔治·加德纳（George Gardner）、约翰·雅各布·冯·楚迪（Johann Jakob von Tschudi）、玛丽亚·格雷厄姆（Maria Graham）和约翰·波尔（Johann Pohl），都集中描述了各公司所开展的大型采矿作业，而他们只用有限的笔墨触及个体采矿行为。例如，冯·楚迪于 1858 年参观了一个矿场（lavra），一家公司强迫 120 名非洲奴隶在 18 米深的地方采矿。在这里，他们每周挖出大约 35 克拉至 70 克拉的钻石，也就是说每年钻石的总产量在 1820 克拉至 3640 克拉之间，该产量非常低。冯·楚迪证实，采矿活动并不是特别赚钱。对于那些露天矿勘探者，他只写到他们是穷人，人数有好几千，而且他们有时会齐心协力支付那些不得不付的税款。[72] 10 年后，伯顿描述了自己参观一个由卡尔代拉·布兰特家族后裔监管的矿场时的情形（参见图 37）。[73] 他还另外参观了一个矿场，其中有一个深 25 米、宽约 6 米的矿坑，"黑人和浅褐肤色劳工，不论是自由人还是奴隶"，都在开采含钻泥土。他们使用一种名为锄头（almocafre）的椭圆形铁制工具，然后将泥土带到地面进行筛分和清洗，其开采方式类似于印度钻石开采的做法（参见图 38）。由于方法没怎么变，伯顿回想起自己小时候在约翰·马威的书中所见的绘图，于是很快认出了它们。他没有看到任何正在运转的机器，只有水泵，他说自己看到的情形是：
"没有任何使用吊桶、起重机和滑轮或轨道的痕迹……黑人是唯
一的工具。"[74]

图37　开采费利斯贝托·卡尔代拉·布兰特名下的钻石，圣·若昂·达·查帕达
（São João da Chapada），1869年，奥古斯托·里德尔（Augusto Riedel）摄

图38　印度戈尔康达的洗钻工序，1830年

伯顿指出，由于钻石区逐渐枯竭，矿工们挖矿时不得不挖得更深（参见图 37），因此采矿作业仅限于资本家，后者有时会雇佣数百名奴隶，这句话表明外国旅行者对"秘密开采"行为缺乏大概的了解，其实这类做法普遍存在。[75]官方资料显示，非法的个体采矿行为仍然很猖獗。1860 年，3000 名至 4000 名冒险者来到卡诺阿斯河（Ribeirão das Canôas）沿岸，建造了一个小镇，镇里有砖房和教堂。[76]1863 年 5 月，离迪亚曼蒂纳不远的拉戈阿塞卡（Lagoa Seca）市议会报告声称，有 200 多名露天矿勘探者来到此地，这些人"贫困潦倒"，没啥可损失的。当一支 100 多人的警察队伍赶来试图驱逐他们时，双方发生了打斗，数人因此而死亡。[77]两年后，有封内容相似的信中提到了一次入侵事件，肇事者是 400 名非法矿工，该信还将他们大多归为"社会最低阶层的人"。[78]

然而，并非所有的小规模采矿都非法，大多数土地是由个体矿工租用的。在迪亚曼蒂纳市，1875 年至 1890 年期间，74.6% 的土地出租给了个人，这些人几乎都是男性，只有极少数例外情形。[79]其中有个人是位木匠之子，其父亲 1831 年从波西米亚来到巴西。他的名字叫奥古斯托·埃利亚斯·库比契克（Augusto Elias Kubitschek），是儒塞利诺·库比契克（Juscelino Kubitschek）的祖父，儒塞利诺·库比契克于 1956 年至 1961 年间担任巴西总统。这位总统出生于迪亚曼蒂纳，被人们亲切地称为"JK"，他在巴西的中心地带建造了该国目前的首都巴西利亚。[80]最初，1832 年的立法保留了巴西人的采矿权，但正如库比契克的例子所示，半个世纪后，外国冒险家们已经来到巴西钻石矿场。伯顿曾听说一个为钻石管理局工作的爱尔兰人，他自己在钻石区遇到了康沃尔郡（Cornish）的矿工，此外，还遇到了其他英国人、一个普鲁士人和一个法国人。[81]

从 19 世纪 50 年代起，迪亚曼蒂纳市参加了数个世界博览会，并在奥罗普雷托成立了一所矿业学校，这有助于吸引外国资本进入钻石矿场。[82] 继 19 世纪末非洲钻石工业化开采迅速发展起来之后，这些外国投资者希望在巴西实现钻石清洗和挖掘的机械化。第一家采用现代化采矿方式的是博阿维斯塔公司（Companhia de Boa Vista），该公司通过从法国、比利时和巴西筹措到的资金成立了起来，资金用于购买液压泵等现代化机械。它在 1907 年就放弃了其在库拉里尼奥的采矿业务。12 年后，有 15 家外国公司在迪亚曼蒂纳附近开展业务。[83] 这些外国采矿公司，如塞里尼亚有限公司（Serrinha Limitada）、匹兹堡—巴西挖掘公司（Pittsburgh-Brazilian Dredging Company）和钻石开采公司（Diamond Mining Company），没有哪一家能够创办起长期盈利的业务，因而这些公司纷纷消失了。大多数奔着发家致富而去的外国冒险家也等来了类似的命运。他们中大多数人都消失在历史的浪花中，除了游记中偶尔被提及的无名之辈，其他人几乎没有留下任何痕迹。有个明显的例外是荷兰人尼古拉斯·维舒尔（Nicolaas Verschuur），他前往巴伊亚和米纳斯吉拉斯荒芜的塞托斯地区（译注：sertões，意为"偏远地区"）旅行，寻找钻石和其他宝石。他于 1897 年至 1902 年期间向荷兰寄信，这些信件发表在报纸《每日新闻》（Het Nieuws van de Dag）上。[84]

巴伊亚的淘钻热

至此，大家都清楚了历史上巴西、婆罗洲和印度的钻石矿区在 19 世纪都处于衰败状态。在南非发现的钻石矿藏将这个世界搅得翻天覆地之前，几乎没有任何新的矿区被人开采，这又深化了钻石的衰退景象。然而，一个重大但短暂的例外出现了：巴伊亚的淘钻热。在殖民时期，巴伊亚和米纳斯吉拉斯之间的边境地区曾发现过钻石。而早在 1734 年 10 月，甚至早于特乌科附近的钻石矿因欧洲价格危机而被人为关闭时，巴西总督就曾下令禁止在巴伊亚开采钻石。[85] 矿工们无视这些法律，尽管他们的活动日益频繁，殖民当局却并未看到该地区具备的潜能，那足以建立一个巴伊亚钻石管理局。也许政府认为，如果不加限制地允许矿工们在巴伊亚开采，就更容易控制人们眼中更为富足的特乌科周边的钻石区。在殖民时期，巴伊亚的钻石产区从未处于任何官方政体的管辖之下，无组织的钻石开采活动在这里持续进行。

德国探险家斯皮克斯和马蒂乌斯于 1818 年秋天来到富含钻石的塞拉杜辛科拉山脉（Serra do Sincorá），他们将那里描述为"田园诗般的高山风光"，那里有一条清澈的山涧，满是紫红色的花朵。他们写到，这一切都让他们想起了古老的钻石之都特乌科，他们很遗憾无法在那里多待一会儿。[86] 如果他们真的决定留在如此宜人的环境中，几十年后，他们的清净肯定会被打断。19世纪 40 年代初，某个奴隶开采了 20 多天，获得了 700 克拉钻石的故事引发了一场淘钻热。虽然该故事夸大其词，很可能是假的，但约 8500 名罪犯、投机者、冒险家和糖业种植者，在其奴隶们的陪同下还是来到了塞拉杜辛科拉山脉。[87] 1845 年 7 月，据报道称，矿工人数已增加到 30000 人，分布在 7 个城镇，其中最重要的城镇是伦索斯（Lençóis），该名称源于矿工的白色帐篷。[88] 欧洲公司也纷纷涌入巴伊亚，据报道，在 1845 年的几个月内，英国船只运送了价值超过 150 万法国法郎的钻石，一家英国公司的收益高达 20 万英镑。据估计，巴伊亚矿区每天可生产约 1450

克拉的钻石，这相当于每年的钻石产量约为 50 万克拉。不过，即便在殖民地全盛时期，这一数字也没有达到过，因而这可能是夸大其词，或者只是短期内的数据。[89]

这些数字昭示着希望，官方决定成立一个总局，就像在米纳斯吉拉斯一样，而关于巴伊亚钻石区的第一份官方报告来自 1847 年的总督察贝内迪克托·达·席尔瓦·阿考亚（Benedicto da Silva Acauã）。他发表于 1869 年的评论，为 1844 年淘钻热的故事提供了更多见解。据阿考亚说，一个名叫何塞·佩雷拉·杜普拉多（José Pereira do Prado）的人在帕拉瓜河（Paraguaçu）及附近的几条小河里发现了几颗钻石，从省会萨尔瓦多（Salvador）出发前往这些地方，路上所花的时间都不超过 4 天（参见图 22）。[90] 所有这些地点都属冲积矿，其开采方式与米纳斯吉拉斯钻石区的采矿非常相似。阿考亚描述了某项重要的创新之举，即在河流中间安装杆子，再由潜水员从河底采集含钻砾石沉积物。[91] 巴伊亚的钻石产量很快就超过了米纳斯吉拉斯的产量。1850 年至 1885 年期间，塞拉杜辛科拉山脉估计开采了 150 万克拉的钻石，平均每年约 4.2 万克拉，并于 1850 年和 1851 年达到高峰，即每天约 822 克拉，但该数字与之前报告的 1450 克拉相比仍有很大差距。迪亚曼蒂纳在 1843 年至 1885 年期间的平均开采量约为每年 3.5 万克拉，这一数字同样适用于米纳斯吉拉斯、戈亚斯和马托格罗索（Mato Grosso）其他地区的总产量，它们在迪亚曼蒂纳和库亚巴（Cuiabá）的城镇附近蕴含有矿藏（参见图 22）。[92] 如果这些数字准确无误，就意味着 19 世纪下半叶巴西钻石总产量因巴伊亚钻石矿场而增加了 1/3。这些数据不包括秘密开采的钻石数量，因此不能尽信，但它们仍然表明了巴伊亚淘钻热的重要性，特别是在大多数钻石矿场逐渐枯竭的时候。哈利·伊曼纽尔（Harry Emanuel，1831—1898）是一位英国著名珠宝商，撰写了一本关于钻石等宝石的著作。他坚称，巴伊亚淘钻热的头几年里，欧洲的钻石原石价格因其下降了50%。他还说，巴伊亚的钻石生产数量在后来迅速下降，这又令钻石原石价格恢复正常水平。[93] 尽管淘钻热盛况空前，巴伊亚的种种事件却迅速湮没在南非钻石开采的进展中。虽然1845年至少还有20000名矿工活跃在巴伊亚，到1901年该人数已经下降到5000人。[94]

巴伊亚钻石矿场迅速衰落，这并不意味着该地区就不再参与钻石开采活动。在早期，巴伊亚的河流中显然不仅仅只有钻石。这里的河流中含有深色的块状物，这些块状物是由非常小的钻石晶体与其他矿物（如石墨）混合而成。这些块状物最初在人们眼中毫无价值，后来人称黑金刚石（carbonado），或黑钻石（参见图39）。它们的来源在地质学层面尚未得到完全令人满意的解释，它们有可能最初形成于太空。[95] 日内瓦工程师 J.R. 里舒特（J. R. Leschot）于1862年提出钻石钻头的概念时，他发现黑金刚石的硬度接近钻石的硬度，非常适合做钻头（参见图40）。[96] 随后，1870年至1906年间，巴伊亚黑钻石的价格增长了50倍，而在20世纪初，每年有价值400万美元左右的黑钻石离开萨尔瓦多港，出口到巴黎、伦敦、阿姆斯特丹和纽约。第一次世界大战令美国增加了对巴西的投资，而法国、英国和德国在此地的投资则减少了。1919年，巴伊亚50%以上的黑钻石出口到美国，而美国公司，如1927年成立的班德勒公司（Bandler Corporation），则租借了巴伊亚大部分的钻石矿场，世界上98%的黑金刚石来自这里。[97] 1931年，该公司的股票急剧下跌，之后它们继续在帕拉瓜河地区开采了两年，接着再次让位给个体矿工。[98]随着黑金刚石价格上涨，工业钻石的需求又在不断增长，人们研发了其他的替代品。[99]

图 39　黑金刚石，即黑钻石，班吉（Bangui），中非共和国

图 40　里舒特钻孔机，约 1883 年

尤里卡！河流采矿的发现

19 世纪下半叶，后来成为南非领土的大部分地区当时都是英国的殖民地，即开普殖民地（Cape Colony）。1814 年，荷兰人是该地区的首批欧洲殖民者，他们在伦敦会议（译注：Convention of London，1884 年举行）后将控制权让给了英国人。许多布尔人（译注：Boer，荷兰语，意为"农夫"）是荷兰殖民者和农民的后裔，他们对英国的统治感到不满，特别是殖民政府在 1828 年正式将非白人的自由人置于与白人平等的地位。1834 年，废除奴隶制之后，许多人在"大迁徙"（译注：Great Trek，南非布尔人反抗英国殖民政策的迁移运动）中向北迁移，因此产生了两个独立的阿非利卡人（译注：Afrikaners，非洲人）共和国，即德兰士瓦（译注：Transvaal，1852 年被英国承认）和奥兰治自由邦（译注：Orange Free State，1854 年被英国承认）。[100] 殖民者、冒险家和非洲人之间的暴力冲突构成了边境生活的常态，再加上布尔人为了获得所需的劳动力而绑架当地儿童，这些令当地的情形雪上加霜。[101]

殖民化初期，不同种族群体之间存在明显界限。白人殖民者和布尔人在南非是少数人群，这里是游牧民族科伊人（Khoi）、桑人（San）以及诸如科萨人（Xhosa）、巴索托人（Basotho）、茨瓦纳人（Tswana）和恩德贝勒人（Ndebele）等各民族的家园。[102] 后来，种族间的性关系产生了具有混血背景的混杂群体，而其中众多性行为无疑是新来者强加给原居民的。[103] 这类群体中较为古老的种族之一是格里夸人（Griqua），他们是科伊桑人和布尔人的后代。[104] 有人声称："许多格里夸人之所以出生，源自荷兰移民对科伊 – 科伊（Khoi-Khoi）女奴的性虐待。而科伊桑人一般都无力抵御西方的殖民化。"[105]

殖民主义尽管带来了暴力，但格里夸人设法保持独立，并在所谓的"船长们"（captains）的领导下组织起来。有传教士希望将格里夸的基督徒与非基督徒继续区分开来，在其影响下，他们在一个名为格里夸敦（Griquatown）的地方定居，但仍然保持自治状态；他们有时会搬走去建立新的定居点。1820年，一个名叫安德里斯·沃特博尔（Andries Waterboer，1789—1852）的人被选为首领，这疏离了格里夸人群体内的几个派别，这些派别后来又成立了自己的独立团体。沃特博尔的统治范围包括现在被称为西格里夸兰（Griqualand West）的领土，以格里夸敦为其首府。[106]英国人希望保护不太稳定的北部边界以及横穿西格里夸兰的道路，这条道路用于殖民地"以物易物"的贸易，因此，他们在1834年与西格里夸兰签订了条约。沃特博尔对开普殖民地伸以援手后，作为回报，他得到了金钱、武器和弹药。[107]

当地人、英国人和布尔人之间为争夺南非边境地区领土控制权而进行的斗争从未停止过，但在1867年，赌注加大了。这一年，有个名叫伊拉斯谟·雅各布斯（Erasmus Jacobs）的农场男孩，他的父亲拥有一个名为"德卡尔克"（De Kalk）的农场，伊拉斯谟在玩一种名为"五块石头"[108]的游戏时，一个名叫沙尔克·范·尼科克（Schalk van Niekerk）的邻居在旁观，对这个孩子手中一块漂亮的白色石头产生了兴趣。男孩母亲将这块石头免费送给了范·尼科克，范·尼科克把它带到了科尔斯贝格（Colesberg）的流动商贩杰克·奥莱里（Jack O'Reilly）那里，后者把它交给了霍普敦（Hopetown）的市政专员（civil commissioner）兼治安官威廉·布坎南·查默斯（William Buchanan Chalmers）。霍普敦是最近的边境城

镇，位于西格里夸兰、奥兰治自由邦和开普殖民地部分区域交
界处附近的奥兰治河边（参见图41）。查默斯建议把它寄给格
拉罕镇（Grahamstown）的威廉·阿瑟斯通博士（Dr William
Atherstone）。阿瑟斯通博士是一位业余矿物学家，他在1867年
4月收到了这块石头，并确认它是一颗真钻石。它又被送往开

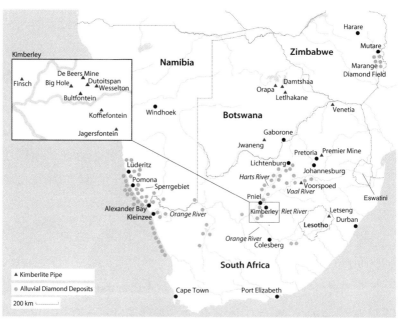

Kimberley：金伯利
Finsch：芬什
De Beers Mine：戴比尔斯矿
Big Hole：大洞
Dutoitspan：杜托伊斯潘
Wesselton：威塞尔顿
Bultfontein：布尔特方丹
Koffiefontein：咖啡方丹
Jagersfontein：亚赫斯丰坦
Namibia：纳米比亚
Zimbabwe：津巴布韦
Harare：哈拉雷
Mutare：穆塔雷
Marange：马兰吉
Diamond Field：钻石矿
Damtshaa：达姆塞
Orapa：奥拉帕

Letlhakane：莱特拉卡纳
Windhoek：温得和克
Botswana：博茨瓦纳
Venetia：韦内沙
Gaborone：哈博罗内
Jwaneng：朱瓦能
Pretoria：比勒陀利亚
Premier Mine：普雷米尔矿
Luderitz：卢德立次
Pomona：波莫那
Sperrgebiet：禁区
Lichtenburg：利赫滕堡
Harts River：哈茨河
Johannersburg：约翰内斯堡
Voorsped：沃尔斯波德
Vaal River：瓦尔河
Alexander Bay：亚历山大贝

Kleinzee：克莱因泽
Orange River：奥兰治河
Pniel：普尼尔
Riet River：里德河
Letseng：莱特森
Durban：德班
Lesotho：莱索托
Colesberg：科尔斯堡
South Africa：南非
Cape Town：开普敦
Port Elizabeth：伊丽莎白港

Kimberlite Pipe：金伯利岩管
Alluvial Diamond Deposits：冲积
型钻石矿藏

图41　非洲南部的钻石矿藏

普敦，法国领事欧内斯特·赫里特（Ernest Héritte）此前对钻石有所了解，他和荷兰钻石切割师路易斯·洪德（Louis Hond）确认了这是一颗钻石。[109] 殖民地秘书理查德·索西（Richard Southey）将这颗钻石运到英国，在那里人们将其切割至 10.73 克拉的重量，并命名为"尤里卡"（译注：Eureka，含义是"发现了！有了！"）。[110]

虽然人们通常将尤里卡钻石视作在南非发现的第一颗钻石，有迹象却表明，1859 年一位名叫 W.F.J. 冯·路德维希（W.F.J. von Ludwig）的政府勘测员在检查奥兰治河沿岸的农场时（如"德卡尔克"农场），已经意识到了该地区富含钻石。[111] 这也有助于解释路易斯·洪德为何在第一颗钻石"尤里卡"被人发现之前就出现在南非。人们很快就意识到，尽管发现了第一颗钻石是意外的惊喜，但还将有更多的发现。威廉·布坎南·查默斯在 1867 年的《开普敦蓝皮书》（Cape Colony Blue Book）中说，尽管范·尼科克是个"没有受过任何教育的布尔农夫……但我们必须感谢他这种天生的精明劲头和探究精神，这令奥兰治河沿岸所藏钻石得见天日"。[112] 越来越多的钻石出现了，但没有人真的知道其开采潜能到底有多大。1867 年 7 月，开普敦的一次议会辩论后决定如下：殖民当局将静观其变，因为这些钻石是在私有地产上发现的。两年后争论再现。[113] 然而，殖民地秘书理查德·索西仍然对钻石很感兴趣，并与霍普敦的查默斯和附近边境定居点（即科尔斯贝格）的一名职员就此事长时间保持通信。1868 年 6 月，他要求查默斯就迄该时间为止发现的所有钻石提交一份详细报告，因为大部分钻石都是在查默斯治下发现的。[114]

早先那段岁月里，开普敦政府中一些人对钻石产生了个人兴趣。总督菲利普·沃德豪斯（Philip Wodehouse）从第一批发现的钻石中购买了部分钻石，并于 1870 年返回英国时带走了它们。理查德·索西密切关注着运抵开普敦的钻石，这些钻石数量与日俱增，尽管部分被鉴定为毫无价值的石英晶体。这是一段混乱的时期，越来越多的南非钻石通过伊丽莎白港的商人运抵伦敦，因而在伦敦，人们日益担忧钻石的价格可能下降。这一局面促使一位重要的珠宝商——邦德街的哈利·伊曼纽尔（Harry Emanuel），派出一位名叫詹姆斯·格雷戈里（James Gregory）的地质学家前往南非调查钻石矿场。伊曼纽尔对钻石世界一点都不陌生，他在 1865 年出版过一本关于宝石的论文，并亲眼见过尤里卡钻石。[115]格雷戈里奉命谨慎行事，因此他的行程蒙上了一层神秘色彩。当格雷戈里突然返回英国时，威廉·阿瑟斯通认为他之所以离开，是因为他知道截至当时发现的钻石都产自哪里，这些都是冲积矿钻石，"我认为格雷戈里已经找到了真正的钻石产地……其他国家发现了含有钻石的可弯砂岩（**译注：原文应是 Itacolumite 的笔误，这种砂岩是一种天然存在的多孔性黄色砂岩，切成细条后具有弹性，其中含有钻石**）就在霍普敦附近"。[116]这开启了科学家们激烈争论的大幕。国王学院（King's College）的矿物学教授詹姆斯·坦南特（James Tennant）认为，格雷戈里是"一流的矿物学家"，他还认为钻石来自德拉肯斯堡山脉（Drakensberg range），在英国吞并巴苏托兰（**译注：Basutoland，今莱索托**）后，该山脉一直是英国领土。实用地质博物馆（Museum of Practical Geology）的地质学家罗德里克·默奇森（Roderick Murchison）爵士对南非是否存在钻石显然持怀疑的态度。[117]格雷戈里也持同样的观点，这让身处霍普敦的查默斯大为恼火。

格雷戈里先生对钻石嗤之以鼻，甚至声称："这一地区并无钻石存在的迹象，那些已经发现的钻石一定是由鸟类带来的。"这简直太荒谬了……但笔者认为他这样说只是为了蒙蔽世人。[118]

格雷戈里关于鸟类带来钻石的评论很有意思，因为这令人想起了第一章中关于钻石谷的那些古老神话。他回到英国后，在《地质杂志》（*Geological Magazine*）上发表了一篇游记，这篇文章因为错过了南非钻石的历史时刻而闻名于世，他在该文结尾写道："最后，我只能表达自己坚信的观点，即非洲南部发现的所有钻石就是一个骗局、一个泡沫。"[119] 阿瑟斯通认为格雷戈里的文章是人身攻击，特别是当格雷戈里发表以下观点的时候：

"阿瑟斯通博士的所有信息都是从荷兰布尔人、当地人、农场工人、妇孺的陈述中获取的，而且他似乎没有到访过任何一个传说中的钻石区。因此，相较于去年，我们目前并没有更接近据称发现了钻石的实际产地。"[120]

1868 年 11 月，在格雷戈里为《地质杂志》撰写的另一篇稿件发表之前，伊曼纽尔公开了一封信，他在信中为格雷戈里辩护，并在信末指出，无论是在南非发现了钻石还是黄金，这些说法都不是真的，他同时还驳斥了坦南特关于南非钻石起源的矿物学观点。[121] 这两人的观点大错特错，笔者只能猜测伊曼纽尔的动机。也许他真的认为南非没有钻石。也许他担心价格下跌，想要维护自己的商业利益。也有可能他甚至已经达成了购买南非钻石的秘密交易，想要阻止其他人前来竞争。事实上，仅仅两个月后，他就对其他地方的钻石前景更加热心了，他说："本人所做的调查证实了本人长期以来的观点，即澳大利亚很快就会跻身钻石生产国之列。"[122] 在同一篇文章中，他提到了巴西和印度的钻石矿场，但对南非只字未提。时至今日，在南非的俚语中，"格雷戈里"这个词仍然意为"一个重大的失误"。[123]

1869 年 3 月，一项重要发现最终平息了人们对于南非是否真的存在钻石的怀疑，沙尔克·范·尼科克再次参与其中。一个名叫"帅哥"（Swartboy）的格里夸人发现了一颗重达 83.5 克拉的大钻石，他将其当作护身符。范·尼科克设法买下了这颗钻石，路易斯·洪德也参与了这颗钻石的确认过程。[124] 不久后，该钻石以 11200 英镑的价格卖给了霍普敦的利林费尔德商行（Lilienfeld），这一金额在今天几乎相当于 40 万英镑。德国犹太人古斯塔夫和利奥波德·利林菲尔德（Gustave and Leopold Lilienfeld）将其命名为"南非之星"（1974 年，它在日内瓦被佳士得拍卖）。[125] 当地一家报纸《格拉夫 – 里内特先驱报》（Graaff-Reinet Herald）不无恶意地询问它的读者："格雷戈里和伊曼纽尔先生现在对南非钻石会怎么说，嗯？"[126] 发现"南非之星"的两个月后，哈利·伊曼纽尔给理查德·索西写了一封信，他在信中试图纠正自己先前所犯的错误，指出正是因为自己对非洲钻石充满信心，才会一开始就将格雷戈里送到那里。[127] 不过，伊曼纽尔仍然对开采潜能表示怀疑。1871 年，他在听到 1870 年从开普敦殖民地运出了价值 22 万英镑的钻石这一消息时说："这一供应量远远达不到美国的市场需求，开普敦的钻石非常少，钻石价格不会出现明显下降。"[128]

南非最早那批知名钻石是由当地人发现的，这并非巧合："长期以来，当地人一直使用钻石机械地开凿其他石头，并定期到这里（奥兰治自由邦）采购。"这是该地区传教士所知晓的事实。[129] 矿工、商人和冒险家经常推测当地人的技术诀窍，同他们进行以物易物的交换，"因为本地居民在地表成功地找到了钻石，这显然反映出在哪里可以找到钻石"。[130] 1869 年 8 月，在哈茨河

（Harts）和瓦尔河（Vaal）交汇处附近的迪卡特隆（Dikatlong），格里夸酋长收到了一群"海湾商人"（Bay merchants）的提议，想要购买多年内在其土地上发现的所有钻石，但酋长拒绝了，坚称自己的臣民想卖给谁就卖给谁，他无法阻止。[131] 随着有关"南非之星"的消息四散传播，1870 年 1 月开始出现了淘钻热，许多人来到瓦尔河和奥兰治河的河边挖矿（参见图 41）。一份在埃克塞特（Exeter）出版的英国报纸收到了来自开普的信息："水手们正在丢下港口的船只，警察们正抛下他们的大部队，学徒们无心干活，年轻人无心上学，他们都感受到了来自同一个地点的巨大引力，那就是瓦尔河岸。"[132]

两年后，访问该地区的弗雷德里克·博伊尔（Frederick Boyle）提到，有 5000 人在普尼尔（Pniel）的传教机构附近挖矿，许多人住在帐篷里（参见图 42）。[133] 挖矿者的队伍不断壮大，澳大利亚人也来了，那些澳大利亚人曾于 1868 年加入了再往北出现的淘金热，但一无所获。[134] 组织有序的勘探形式也获得了发展。杰罗姆·贝比（Jerome Babe）曾描述了两支队伍

图 42　金伯利，19 世纪末

的冒险之举，一支来自东开普省（Eastern Cape）的威廉国王镇（King William），另一支来自纳塔尔（Natal）。他们在赫布隆（Hebron）相遇，在那里他们与当地居民发生了冲突，本地人害怕白人开采者会夺走他们的土地。两支队伍又顺流而下，朝瓦尔河以北移动，在 1 个多月的时间里，他们发现了 300 颗钻石，估计价值 8 万英镑。[135] 一个名叫斯塔福德·帕克（Stafford Parker）的人来了，令克里普德利夫特（Klipdrift）短暂地出现了一个由独立开采者们组成的共和国，帕克是这个共和国的总统，行为举止怪异。[136] 贝比来到这个地方时，它已被重新命名为帕克顿（Parkerton），这里居住着 2000 余人，大部分是男人。在附近的科普杰镇（Town Kopje），有个用砖头砌成的音乐厅，还有摄影师、屠夫、医生、面包师、杂货店、钻石商、珠宝店和"喝酒的酒吧，在那里能喝个通宵"。这些开采者还在考虑建造一座教堂，因为当时宗教仪式是在桌球室举行的。[137]

克里普德利夫特很快就被英国收入囊中，但其他地方仍存在争议。例如，普尼尔一直处于奥兰治自由邦的管辖之下，而德兰士瓦和西格里夸兰也要求得到河边的开采矿场。尼古拉斯·沃特伯尔（Nicolaas Waterboer）是安德里斯（Andries）的长子并且将接任安德里斯统治西格里夸兰，他经历了漫长的诉讼，试图证明"南非之星"是在自己的领土上发现的，因此理应是他的，但他在与利林费尔德商行的诉讼中败诉。[138] 阿非利卡共和国的总统采取了不一样的方法：向河流开采区派出官员和警察，试图维护自己的管辖权。一些矿工倾向于加入德兰士瓦，而另一些矿工，如斯塔福德·帕克的开采者，则希望独立，但许多人都对格里夸和英国政府十分反感，因为它们旨在扩张自己的领土。巴苏托兰已经于 1868 年被吞并，官方机构正在考虑将钻石区纳入开普殖民地的可能性，它们同时还得确保其北部边境的安全。总督亨利·巴克利爵士（Sir Henry Barkly）在参观了钻石矿场后，决定将西格里夸兰划归英国，这让英国殖民大臣金伯利伯爵（Earl of Kimberley）很不高兴，他认为政府还没做好将钻石区纳入囊中的准备。[139]

　　领土吞并的现象并没有结束争端，也未终止随之而来的暴行。采矿定居点存在很大的自主权，因为西格里夸兰的新行政长官理查德·索西允许采矿委员会制定一套防止违规违法行为出现的规则，并收取许可费。[140]阿非利卡人奥兰治自由邦的警察被某人形容为"蓬头垢面、衣衫褴褛"，他们也不断越过边界，偶尔逮捕英国臣民，然后英国官员又强迫他们释放这些人。[141]暴力行为常常针对当地人。1870年，一个荷兰人在赫布隆指控一名当地人偷窃，并开枪打中了偷窃者的腿。这个指控者招来了一顿殴打，并被带到了当地贝专纳（Bechuana）酋长那里。一群矿工，包括800名武装人员，在酋长儿子手中发现了这个荷兰人，酋长儿子被捕并被送审。最后，酋长必须赔偿价值75英镑的赃物，而荷兰人射伤那名部落成员却只需缴纳25英镑的罚款。[142]

科尔斯堡科普杰（Colesberg Kopje）开挖"大洞"

　　河流中的挖掘点是冲积矿场，就像当时世界上已知的所有钻石矿床一样，矿工们迅速从一个地区转移到另一个地区，在当时已知的钻石开采区域内碰运气。然而，1869年年底，在离河岸稍远的地方，人们有了一些发现，这些发现挑战着有关钻石开采的方方面面。在位于克里普德利夫特和普尼尔东南方向约30千米的2个农场，农场主在将农场卖给商人之前，一直将该地块出租给钻石矿工，因为远离河流挖掘点的钻石矿，其生产潜力充其量只有那么大。1869 年至 1871 年期间，科内利斯·杜·普罗伊（Cornelis du Plooy）以 2000 英镑的价格将布尔特方丹（Bultfontein）卖给了霍普敦公司，该公司是伦敦 & 南非勘探公司（lsaec，London and South African Exploration Company）的前身，在该公司古斯塔夫和利奥波德·利林菲尔德与路易斯·洪德是合作伙伴。还是这家公司，以 2600 英镑的价格买下了杜托伊斯潘（Dutoitspan）。某位前候选买家在法庭上对布尔特方丹的出售提出异议，该案于 1872 年解决。[143] 不同的文献资料提到的买卖年份各不相同，也对出售农场的农夫是否能意识到其农场中含有钻石存在分歧，但结果是霍普敦公司在 1871 年年底拥有了农场的所有权，这是无可争议的。[144] 有文献还表明，至少从 1869 年年底开始，该地区就进行了一些勘探，没有引发淘钻热，但针对布尔特方丹农场的首次购买行动计划是在同年 11 月采取的。[145] 新业主试图通过竖立警告标志（即奥兰治自由邦将对其进行惩罚）来阻止秘密采矿，但没什么用，因为矿工们只是将那些标志牌拿走，还利用其木料去做筛子和分拣台。[146]

许多活跃在河边矿区的矿工将目光转向了位于布尔特方丹（参见图 43）和杜托伊斯潘（参见图 44）的新干式开采矿区，1871 年 5 月，戴比尔斯兄弟拥有的沃鲁齐希特农场（Vooruitzigt）也成为其中一员。两个月后，人们在沃鲁齐希特发现了第二个矿藏，位于一座名为科尔斯堡科普杰的山上，这座山很快被更名为"新拉什"（译注：New Rush，意为新的淘钻热）（参见图 45、图 46）。[147] 该年年底前，这个农场被伊丽莎白港（Port Elizabeth）的杜内尔 & 艾伯登公司（Dunell&Ebden Co.）以 6000 英镑的价格买下。[148] 各大报纸开始刊登前往干挖

图 43　布尔特方丹矿，1870 年

图 44　杜托伊斯潘矿，1877 年

矿区的行程，截至 1871 年 9 月，据说有 20000 人来到杜托伊斯潘、布尔特方丹和沃鲁齐希特挖掘钻石，这些地点都位于西格里夸兰。整个城镇"围绕着公共或市场广场而建造，保龄球馆、台球馆、酒店、餐馆和商店不胜枚举"。[149] 到 1871 年 12 月，矿工

图 45　金伯利大洞，19 世纪 70 年代

图 46　金伯利大洞，1870 年

的人数已经增加到 50000 人，其中 30000 人是黑人，与 1870 年
活跃在河边的 5000 名挖矿者相比，这个数字极为庞大。[150] 他们
来自四面八方：有来自阿非利卡人共和国的布尔人挖矿者；有格
里夸人；有殖民者；有澳大利亚人和美国人，这些人通常具有采
矿经验；有德国人，尽管他们中钻石买家的人数更多；还有意大
利人、西班牙人和法国人。[151] 一些同时期的评论家对荷兰布尔人
的风度仪态直言不讳。杰罗姆·贝比写到，那些布尔人认为自己
是去参加家庭野餐的，以为不费吹灰之力就能带笔财富回去品咖
啡。[152] 查尔斯·佩顿（Charles Payton）是一位冒险家，他曾在
金伯利挖掘钻石，他的说法甚至更为直白。根据佩顿对矿区的描
述，英国人和美国人都讨厌布尔人，因为布尔人"不讲究、不文
明"。这些布尔人试图成为开采者时，他似乎对他们很蔑视。

　　此外，查尔斯·佩顿不仅带着他的"vrouw"和"kinders"
（妻子和孩子），还带着许多卡菲尔人（**译注：Kafir，大意为"异
教徒"**），他在内陆以每年 1 头牛或 3 英镑的工资雇佣了这些人。

因此，他来到矿场，住在他的矿车里，或住在那些卡菲尔人和他的孩子们为他搭建的帐篷里，在矿场上根本不花钱，就靠他带来的物资过活。看他挖东西——嗯，你没法说他在挖掘，这个残暴的老家长会整天坐在分拣台前，叼着烟斗……而半裸的卡菲尔小伙们（对，还有年轻姑娘们）以及他自己的孩子们……都在烈日下辛勤工作，他们或翻拣、或铲挖、或搬运、或击打、或筛分。[153]

据同时期的一位目击者说，某位"棕色面孔、胡子拉碴、健壮厚实的挖矿人"找到一颗 20 克拉的钻石后在一间台球室内跳舞，并且与人合唱《马赛曲》（*Marseillaise*）。[154] 这个地区变得如此拥挤，《纳塔尔水星报》（*Natal Mercury*）的一名记者因此描述道："晚上站在戴比尔斯和科尔斯堡之间，两边都点亮了灯光，这场景就像在海德公园某个点向四周张望，既可以看到贝斯沃特（Bayswater）路上一长排灯光闪耀，同时也能看到骑士桥（Knightsbridge）上的灯光亮堂。"[155]

这些发现之所以与众不同，是因为它们并非冲积形成的。德国地质学家欧内斯特·科恩（Ernest Cohen）于 1872 年 9 月 20 日从杜托伊斯潘发出了一封信，信中认为南非的干式采矿场位于古代火山口的中心。[156] 最后，在后来被称为金伯利岩管的地方，人们发现钻石来自地球更深的地方（参见图 1）。

最初挖掘出来的含钻材料是一种屑粒状的黄土，到了大约 15 米的深度，土壤变得更硬，颜色也更深，最后为石蓝色或深绿色，感觉油乎乎的，类似于某些品种的蛇纹石。这就是钻石矿工们相传的大名鼎鼎的"蓝地"（blue ground）。[157]

南非的钻石生产扩大了，这很快引发了领地争端。在奥兰治自由邦发现了咖啡方丹矿（Koffiefontein）和亚赫斯方丹矿（Jagersfontein）等小型矿区，该自由邦便主张自己对之拥有特权，并试图通过帮助几个农场主来实施这一权力，这些农场主想要将个体矿工群体赶出矿区。但是，那么小的一块地，来了这么多的矿工，农场主们被迫让步，不得不同意采用采矿许可证制度。1871 年 5 月，杜托伊斯潘的所有者同意了一套规则。矿工们最多可在 2 块矿地里劳作（这一措施是为了阻止大点的公司进入），每月支付 10 先令和 6 便士银币。某"开采者委员会"（Diggers' Committee）负责监督采矿，解决争端，并指定相关人员监督街道和广场的开发。[158] 西格里夸兰的金伯利经证明是最富有的矿场，而布尔特方丹则被称为"穷人的矿场"。[159] 部分矿地经常被出售出去，在 1872 年，20 平方米左右面积的售价可以达到 1500 英镑。[160]

1871 年 10 月，英国吞并了西格里夸兰，领土争端因而得以解决。该地区被分为 3 个区域，即克里普德利夫特、普尼尔和格里夸敦——皆由亨利·巴克利爵士在开普敦进行远程管理。[161] 多个地方委员会此时刚制定了矿工们应遵守的规则。英国人并未推翻这一体系，但镇上显然出现了一位新警长："旧英格兰的旗帜在繁忙的营地上空神气地舞动着，冷静超脱的英国'警察'也在那里。"[162] 金伯利伯爵已对吞并行为非常不满，他认为这非常仓促、缺乏准备。他还认为，"新拉什"或"科尔斯堡科普杰"对大英帝国最富有的一大钻石产地来说，并非一个好名字。于是该镇和矿场被重新命名为金伯利，含钻蓝土因而被称为金伯利岩（参见图 2）。[163] 然而，要让采矿群体们承认新政府还是有点费劲，1872 年年初，一位金伯利矿工在《泰晤士报》（The Times）上匿名表达了自己对英国警察的不满，声称矿工们的现状比起他们处于自由邦政府统治下的状况"差得远了"。他抱怨金伯利的 20000 名居民没有可以求助的治安官，抱怨奥兰治自由邦所有的基础设施（如邮局）都已经消失了，他还抗议那随意收取的重税。[164] 他一定忘记了这一情况：据称，同年在金伯利还住着15000名至35000名黑人。[165] 只有3件事备受重视："任何本地人拥有钻石都是违法的""任何从本地人那里购买钻石的人都将受到严厉的惩罚""不得向他们供应酒类"。作者继续写道："但不幸的是，第一条规矩在杜托伊斯潘被打破了，在那里'本地人可以自由地为自己采矿，但这一事实在采矿者中并非尽人皆知'。"[166] 英国官方政策确实允许自由黑人从事采矿，例如，在1874年，布尔特方丹135名矿地持有者中有120人并非白人。[167]

白人矿工对其矿工同行们频繁提出异议，带有种族歧视，这在未来多年的南非社会中都具有代表性。许多白人，特别是布尔人，不太满意1828年颁布种族平等法律的做法，也不满1834年废除奴隶制的行为；南非黑人是人数最多的群体，却受到白人们的无情对待，后者经常雇佣黑人在钻石矿场劳作（参见图47、图48、图49、图50、图51）。

图47　金伯利大洞，1873年

图 48　劳动力的种族分工，金伯利，1870 年

最初，南非钻石的开采操作与巴西和印度的传统开采方式相似。即收集含钻泥土，这些泥土主要是从河流中提取的，但也有部分含钻泥土取自岩石；再将其运到某个地方，在那里人们可以清洗泥土、搜寻钻石（参见图 48、图 49、图 50）。这些任务依赖于那些不需要特殊技能的矿工，他们使用镐、铲子、筛子等手工工具。钻石开采属于劳动密集型的行业，而且并非全无危险。在最初几年里，劳动者的年替代率为 30%。[168] 许多白人冒险家雇佣黑人劳工从事劳动密集型程度更强的劳作便不足为奇了。这一点，再加上白人们愈发强烈地反对黑人矿工主张占据矿地所有权的行为，从而开启了按种族划分的劳动分工：这种分工现象在接下来的日子里会不断增多，成为技术矿工和非技术矿工之间进行分类的同义词（参见图 48、图 50、图 51）。用佩顿的话说：

"假如有两个卡菲尔人，他们都知道该怎么做事，若他们同时还是两个白人男子，便必定总是被雇来从事分拣环节，这份工作在炎热的天气真是棒极了。而在冬天，'老板'（译注：baas，这是南非有色人种对白人经理或老板的称呼）手上拿着镐、铲子或筛子，他会发现这样既愉快又温暖。"[169]

图 49　清洗钻石，金伯利，1870 年

图 50　开采、分拣钻石，金伯利，19 世纪末

　　许多矿工来自佩迪兰（Pediland）、特松加兰（Tsongaland）和巴苏托兰，他们往往步行而来，是劳动力迁移群体的一分子，这种迁移行为虽于南非发现钻石之前就已经存在，但此时达到了前所未有的规模。后来南非北部地区的人临时迁移到南非南部地区，这背后存在多个原因，最常提到的因素是地区冲突、农业和畜牧业生产力下降、狩猎获利减少。据历史学家托德·克利夫兰（Todd Cleveland）所说，这些移民劳工在这里逗留 4 个月至 8 个月，"他们这段时间赚的钱足够买一支步枪，这并非巧合"。[170] 地方领导人反复采取这样的策略：将自己部落的男性成员送去钻石矿，那里的待遇高于开普敦其他地方。他们这样做的目的是用步枪武装自己的部落，但这与劳工们往往直接定居在矿区附近而不再折返的做法相冲突。[171] 从很早的阶段开始，殖民政府就试图通过对各种族的非洲黑人所住住房征收"棚屋税"（hut tax），以迫使他们去钻石矿场劳作。例如，1870 年，巴苏托兰开始征收 10 先令的税，目的是迫使有色人种从事采矿劳动，以缴纳该税款。[172] 1872 年，有万余名非洲人在金伯利矿区工作，这一数字在 1878 年到 1881 年的繁荣时期增加了 2 倍。[173] 奥斯瓦尔德·道蒂（Oswald Doughty）于 1963 年出版了一部有关南非钻石矿场历史的书，赞扬了移民劳工"惊人的耐力"，他们穿越 1600 多千米的旅程后才到达钻石矿区，受到"已在金伯利定居的土著兄弟们"欢迎。[174] 这些移民劳工中尽管许多人决定更为长期地迁居到矿区，但他们往往只签订了 1 个至 2 个月的短期合同，这样他们便能从不断增长的劳动力需求中获益，1871 年至 1875 年间工资增长了 5 倍。[175] 19 世纪 70 年代末，据估计约有 9000 名黑人劳工迁往金伯利永久定居，这一数字还因移民劳工的不断迁入而增加。[176]

　　有时，来自不同部落的成员之间会发生冲突。佩顿声称，祖鲁人（Zulu）和巴苏托人（Basuto）之间的敌对由来已久，其他人为了找点乐子，会鼓动单挑行为。[177] 然而，总的来说，部落间的这种紧张关系相较于大量白人中普遍存在的种族主义情绪，显得微不足道。再加上白人们意识到当地（有色）人口远远多于他们，这些情绪便更加糟糕。而在白人眼中，黑人劳工与擅离职守以及盗窃钻石（非法购买钻石）这一钻石矿场中最严重的罪行脱不了干系，这又令种族主义情绪火上浇油。[178] 道蒂甚至认为，白人雇佣非洲黑人是"文明使命"的一部分，这是典型的殖民种族主义用语。他在论文中认为，随着时间的推移，犯罪率降低，将出现"更具'文明'，更有'教养'"的土著，这就是证据。[179]

　　一些投机取巧的白人为黑人劳工建造了饭店食堂，那里的汤、肉和面包都是免费的，但希望顾客们在碗里"不小心"留下一颗"汤钻"。[180] 被盗钻石出现在这些地方，而白人矿工有时会自行执法："矿工们对某些食堂老板的行为感到恼火，指控后者从当地人那里购买偷来的钻石，于是他们烧毁了 5 家食堂……政府下令向矿区增派警察。"[181] 1872 年，政府推出了旨在控制黑人劳工的通行许可证制度。它规定他们必须携带一份文件，说明其主人是谁。若无该文件，他们就会被捕。虽然官方立法没有明文区分不同种族，只是使用了"奴仆"和"主人"这两个词，其目的显然是限制黑人劳工的自由流动。未来很长一段时间内，非洲黑人劳工遭受的对待便基于通行证法，由此可见，还产生了封闭式劳工营和种族隔离政策。[182] 雪上加霜的是，1879 年，殖民政府利用这一制度，根据他们眼中黑人劳工们的"文明程度"及其所效劳主人的种族，进一步将其进行区分。[183]

图 51　劳动力的种族区分，金伯利，1873 年

但是，白人对黑人依然不满，并且由于针对黑人和亚裔矿地持有者采取了种族主义歧视而使情况更为糟糕。南非的钻石开采环境在很大程度上取决于帝国主义、种族主义和殖民主义的特征。[184]家长制是该背景下一种比较温和的表现形式，佩顿等人对布尔人对待黑人劳工们的苛刻方式表示遗憾，但同时也认为英国人对待黑人太过仁慈，黑人们对其主人失去了尊重。佩顿本人是一名钻石冒险家，他并不仅仅在纸上记录自己的观点，他还写下了自己的行为，描述自己如何雇佣了一个在他看来很懒惰的黑人，所以每次看到那个黑人靠在铲子上，佩顿都会向他扔石头。[185]他还说："只要把一个黑鬼放在适当的位置上，即将他'控制住'，他就会表现得很好；若是按照埃克塞特大厅（Exeter Hall）中的慈善家们对待'男人和兄弟'般的方式去对待他，只能惯坏他，进而伤害自己。"[186]种族主义、通行许可证制度的形成、日益增长的采矿操作统一化需求，导致"白人清洗"行动的出现，或者说 1872 年后出现了黑人、印裔和马来裔矿地持有者逐渐消失的

现象，白人们视拥有成功矿地的非洲人和亚洲人为嫌犯，白人挖矿者们认为那些人通过"非法购买钻石"获取财富。[187]

局面因日益加剧的种族关系紧张而更加恶化。最受欢迎的工作形式是共同开采，即挖矿者代表矿地持有者在矿区开采，持有者则只需支付许可证费用和采矿税。挖矿者抽取 50%~90% 的利润，用以雇工、安排任务以及销售钻石。矿地价格大幅上涨，这令持有者的数量减少。在戴比尔斯的矿场（译注：以前被称为"老拉什"）、金伯利（译注：最初被称为"新拉什"）、布尔特方丹和杜托伊斯潘，共计有 1243 块矿地。1875 年，只有 757 人持有矿地，其中 120 人并非白人。[188] 早些时候，在 1871 年，干式开采矿场总数超过 3200 个，其中一些进一步分割为更小的矿地。[189] 更多人积极成为合伙制矿工，他们开始表达自己的不满。

露天矿开采由于需要挖掘得更深，在技术上就变得更为困难。这不仅带来了更大的风险，矿场也变得愈发难以开采。露天矿的岩壁被称为矿脉，矿工们挖得越深，矿脉坍塌的情况就越多。有时，这些毫无价值的泥土落在尚未开采的矿地，加重了开采的负担。露天矿坑中数百个矿地之间进行分隔的岩壁也经常塌陷，特别是各矿地不在同一深度作业时。间发性的降雨令部分矿区有时无法进行开采。众多此类问题是由缺乏一致性造成的。矿工们不在同一深度进行挖掘，这增加了坍塌的风险（参见图 47、图 52）。此外，对"跳转"（jumping）制度的抱怨声也多了起来。根据该制度，冒险投机分子遇到 3 天内未经开采的矿地便可将其占有。[190] 单个的挖矿者们愈发缺乏自由的感觉，一方面挖矿者们想要民主制，另一方面又希望建立某种形式的垄断。1873 年，人们认为有必要建立一个新的管辖体系，西格里夸兰被宣布成为开普殖民地的一个省。理查德·索西因在河流开采场具有殖民管理经验，被任命为这一新省份的行政长官和中将。[191] 索西立即中止了"跳转"制度，但由于该省未制定新宪法，他是在法律真空中进行管理。采矿者们不断要求建立一个地方代议政府，但1874年颁布的新《采矿条例》（*Mining Ordinance*）采用权力较小的采矿委员会取代了其原本的委员会，这些新委员会的权限仅限于采矿事务。该条例还建议任命一位巡视员，"负责人员的生命和肢体安全"。[192]

图 52　金伯利大洞，1875 年

　　官方引入巡视员是为了满足一个迫切的需求。时至1874年年底，露天矿的情况非常糟糕，许多合作制矿工失业了，他们感到不安和愤怒。《采矿条例》颁布后，尽管政治动荡继续，情况却大有改善。到1875年3月，采矿的节奏加快，因而突然出现了劳动力的短缺。金伯利的矿坑此时有49米深（参见图52），矿地持有者引进了基于马拉滚筒（horse whims）或绞盘的运输系统，设备更加先进，这推动了空中索道"蜘蛛网"的应用，以取代危险的分隔式矿壁（参见图 47、图 53、图 54），更为密集的采矿活动因而得以实现。[193] 一年后，以蒸汽机为基础的运输机械问世了，但由于难以获得燃料，而且钻石矿藏的开采潜力不稳定，这些机械无法大规模地应用。该问题在 10 年后，矿业资本家涉入，才得到了解决。[194] 往前数年，一位名叫威廉·霍尔（William Hall）的矿工研发了一套倾斜的小铁路网络，由金伯利的第一台蒸汽机驱动，以便将碎石运出矿坑，他向其他挖掘者提供这一服务，但要收取费用。霍尔支持垄断，同行们回绝了他，他们更喜欢自己的个人运输系统，从而出现了空中绳索"蜘蛛网"的场景。[195] 技术创新影响了运输方法，而旋转式清洗机（参见图 48、图 49、图 53）的问世则为清洗碎石带来了额外的劳动力需求。黑人劳工们意识到在矿坑边缘采矿极具风险，他们利用这些变革的机会，要求提高工资并减少白人对其营地的监管程度。当然，这引起了白人开采者们的反感，他们认为这样会增加盗窃的威胁，同时也考验着他们的权力地位。[196]

图 53　矿层运输系统和旋转清洗机，金伯利，1875 年

图 54　金伯利大洞，19 世纪 70 年代

　　一方面，白人开采者和合作制矿工越来越难以强迫黑人去劳作；另一方面，来自矿地所有者和农场主（如拥有布尔特方丹和杜托伊斯潘的伦敦 & 南非勘探公司）的压力也与日俱增。这些人认为，干式采矿场的未来建立在外部国际资金和更大型公司的基础之上。合作制矿工和挖矿者们反对这一观点，理查德·索西也持反对意见，他认为如果外国资本垄断了采矿业，英国的殖民利益将受到损害。他也不希望采矿的利润转移到私人手中。[197] 正是由于这般关注殖民地经济，索西力争在 1874 年的《采矿条例》中加入限制矿地的条款。[198] 但因为这一政策，这位中将与采矿者和业主们的关系疏远了。他们的怨恨日渐膨胀，最后在 1875 年引爆了。索西拒绝承认农场主们的矿场所有权，而农场主则想从矿工那里收取尽可能多的租金。金伯利矿所在的沃鲁齐希特农场

主杜内尔 & 艾伯登公司于当年 2 月提高租金，于是一个"挖矿者保护协会"（Diggers' Protection Association）成立了，以明确保护白人开采者的利益。4 月，一名旅馆老板因向该协会的某位首领出售武器而被捕，一场武装叛乱随之爆发。政府不得不进行干预才恢复了正常的秩序，但这次所谓的"黑旗起义"（Black Flag Revolt）最后终结了索西的任期，因为他的政策及其对叛乱的反应激怒了太多的人，尤其是某些拥有土地的公司，如与伦敦方面拥有密切关系的伦敦 & 南非勘探公司。[199]

这一时期标志着挖矿者民主制的结束。在该时期，较小型的个体矿工群体在采矿区确定了基调。他们不得不让位于已出现在矿区的新阶级，这一阶级抓住时机，将干采矿区化为矿业资本家的风险兼机会。"黑旗起义"造成的后果也结束了干采矿场所在地西格里夸兰曾享有的殖民自治。[200] 19 世纪 70 年代末，一系列反对白人殖民者的叛乱爆发了，如东格里夸兰（Griqualand East）发生的叛乱，后者还蔓延到西格里夸兰。最终，格里夸人、特拉平人 (Thlaping)、科拉那人（Korana）和桑人的运动失败了，西格里夸兰包括其钻石矿场于 1880 年并入了开普殖民地。[201]

如果在地球上存在这样一个地方，人们可以在这一时空内彻底成就自己或完全毁掉自己，那就是金伯利镇。笔者知道，对一个已经学着爱上英国惯常生活方式的人来说，没有什么地方比这里更可憎。它播土扬尘、苍蝇乱舞、肮脏难闻；它散发着劣质白兰地的气味；在这里，人们以罐头肉为食；它的周边没有一棵树。这里有些居民来自南非人的部落，他们在为白人劳作的过程中丧失了黑人的所有美感。而白人自己也举止粗野、衣着随意、面目丑陋。这里的天气非常炎热，从早到晚除了寻找钻石以及与之相关的劳作外，没有别的事可干。[202]

开普敦活力四射的时期，1870—1876 年

干式矿场的发现令整个欧洲的钻石业重新焕发了生机。在历经了过山车般的产量减少与扩大之后，纵观整个 19 世纪，欧洲最为重要的钻石切割业（位于阿姆斯特丹）的规模都产生了巨大的波动，于 1820 年前后到达谷底。[203] 在随后的几十年里，该切割业的规模发生了变化，从通常建在切割师住所内的小作坊，演变为大型工厂。[204] 伴随着这种转变，开采的机械化程度也在不断提高。近代初期，钻石加工厂通常靠妇女们的体力劳动运转起来（参见图 20），但在 1822 年，人们引入了马匹为工厂提供动力，而在 1840 年，首家使用蒸汽的切割工厂开业了。[205] 1822 年至 1855 年期间，在大多数犹太人居住的阿姆斯特丹东部，9 个利用马匹进行驱动的切割工厂成立了，雇佣了多达 400 名工人。[206] 这种日益增长的工业化对劳工们产生了严重的影响，一位犹太医生这样描述阿姆斯特丹切割厂的劳动条件：这里空间狭窄、尘土飞扬、乌烟瘴气。工人们有的流鼻血，有的腹泻，有的胸闷，有的眼部感染，有的患上肺结核。他们每周工作 5 天半，每天工作时间长达 12 小时之久。[207]

1820 年后，该行业出现扩张，这主要是由从巴伊亚进口的钻石推动的，并被 "钻石切割公司"（Diamantslijperij Maatschappij）借以获得垄断地位。该公司于 1850 年拥有 520 个抛光台，而阿姆斯特丹当时总共只有 560 个。这种情况下，人们要求建立钻石工人工会以保护其利益的呼声越来越高。首个矿工组织的 "钻石切割者协会"（Diamantslijpers Vereeniging）最终于 1866 年成立。[208] 它成立得正是时候，因为该行业再次进入了衰退期。特别是 1870 年普法战争（Franco-Prussian war）爆发

后，钻石消费下降，工人们大批失业。[209] 而开普敦发现了钻石、战争的结束、美国和俄罗斯对钻石的需求增加，这些都是半个世纪以来阿姆斯特丹钻石业二次复兴的有利因素。这次复兴被称为"开普时期"（Kaapse Tijd），从 1870 年持续到 1876 年。犹太人口从 1815 年的 18000 人增加到 1879 年的 40000 人，其中许多人从事钻石行业，他们此时雇佣的工人已非数百人的规模，而是多达数千人，这些人往往是在新建的工厂大楼里工作（参见图 55）。[210] 安特卫普也受益于这次复兴，而 1865 年引进蒸汽机来驱动钻石工厂则使该城市更具竞争力。1870 年后，安特卫普吸引了来自东欧的新犹太移民，许多人在切割行业做事，但这座城市的切割行业仍然落后于阿姆斯特丹。[211]

图 55　阿姆斯特尔河（Amstel river）沿岸的钻石工厂，
阿姆斯特丹，1860—1875 年

在采矿和切割方面出现变化的同时，消费方面也发生了变化。传统的贵族消费时代已经结束，为工业化让路。19 世纪末，这一因素加上供应量的增加（此时质量较差的钻石也包括在内了），人们将钻石作为一种相对常见的商品进行欣赏。琼·埃文斯于 1870 年结束了她对珠宝的历史研究，她说："脱离了实物的美可以在文字中继续存在，在 19 世纪最后 1/3 的时间里，珠宝也是如此。"[212]

这种伤感的维多利亚式俭朴风格和黑暗工业化的图景也可以在切割工厂中找到。虽然在这次行业复兴中，许多厂主和商人发了财，并为众多新犹太移民提供了就业机会，钻石工厂的劳动仍然很辛苦，而且相对来说回报很低。一位到过阿姆斯特丹的美国人于 1872 年在《哈珀新月刊》（*Harper's New Monthly Magazine*）上发表了一篇文章，描述了该市以犹太人为主的切割业，他观察到了巨大的社会经济差距："阿姆斯特丹钻石厂的老板几乎都很富有；工人们的工资尽管在荷兰算得上不错，实际上却相当贫穷。"[213] 的确，南非发现钻石后带来的经济繁荣并不意味着钻石工人的社会经济地位会骤然提高。阿姆斯特丹的犹太人尽管在 1796 年获得了完全的公民权，但他们中下层阶级的人数确实相当多。[214] 不过，犹太人解放后，政治环境的不断变化，再加上经济增长，这些确实创造了机会，而且随着劳动力的扩张，一些家庭能够离开这座城市的犹太人区，搬到更为高档的社区。[215] 但许多工人继续过着艰苦的生活，1872 年刊登在《哈珀新月刊》的文章中对此有详细描绘：

"在我看来，钻石切割业是一个最差劲的行业。研磨机上劳作的数百人都苍白憔悴、神情忧郁，这实属难免，因为他们长期从事单调乏味的劳作。对他们来说，今天和明天没有什么区别。春夏秋冬，循环往复，岁月流逝变换，但没有给他们带来任何机会或变化。他们的世界只有一个旋转的圆盘；眼睛疲劳不堪，神经高度紧张，手因按压小钻石而痛苦不堪，而钻石却在亮闪闪地嘲笑着他们，蔑视着他们，因为他们不可能拥有它。就这样，在一个无休无止、重复伤感的工作中，他们的生活处于黑暗中、重压下，只有劳作结束时，他们才开始休息。"[216]

1872 年对阿姆斯特丹钻石研磨机的这一评论，同样可适用于整个时代各地的大量工厂环境。痛苦的重复劳作已经成为欧洲 19 世纪工业体系的主要内容。对世界各地、古往今来的工人和矿工来说，钻石加工的特殊环境之所以令人如此痛苦，是因为这样一个事实：他们参与创造了一种奢侈品，但它们专属于少数精英。矿工们无论自由与否，钻石都给他们带来了希望：如果可以找到一颗非比寻常的钻石，他可以得到奖励，因此可摆脱自己不得不忍受的恶劣的工作环境。但这希冀向来与工人们无关——奴隶可以获得自由，投机冒险者可以赢得好运，拿工钱的劳动者可以获得回报，但钻石工人们几乎没有改善的希望。[217] 1866 年，在阿姆斯特丹成立了第一个钻石工人组织后，接下来的数年里又有几个较小的工会组建成立，但在几十年后才出现一个新组织成功地将工人们团结起来，使之能够对工厂老板施压。1894 年，在社会民主主义者亨利·波拉克（Henri Polak，1868—1943）和社会主义者钻石切割师扬·范·祖特芬（Jan van Zutphen，1863—1958）的努力下，"荷兰钻石工人总工会"（Algemene Nederlandse Diamantbewerkersbond，简称 ANDB）成立了。[218] 一年后，类似工会在安特卫普成立了，即"比利时钻石工人总协会"

（Algemene Diamantbewerkersbond，简称 ADB）。虽然这两大城市是竞争对手，工人之间还是团结的，他们共同致力于改善劳动条件，最终于 1905 年成立"全球钻石工人联盟"（Wereldverbond van Diamantbewerkers），工人权益达到了顶峰。[219]

当时，这个世界性的组织将更多偏远的、小型的切割业与主要的切割中心联系起来，而彼时，该中心仍位于阿姆斯特丹。19 世纪末，美国和法国也有小型切割业，这是由来自低地国家的移民工人推进的。美国第一家成功的钻石切割厂是由亨利·莫尔斯（Henry Morse，1826—1888）在波士顿建立的。[220] 移民虽然已在巴黎建立了小型切割业，但在离法国首都更远的地方，即汝拉（Jura）地区，位于第戎（Dijon）和贝桑松（Besançon）以南区域，与瑞士接壤，在那里将出现完全成熟的钻石经济。1870 年后，钻石切割业在该地萌芽，特别是在圣克·劳德（Saint-Claude）及其周边地区。第一次世界大战前夕，该行业雇佣了约 1500 名工人。[221] 成立于上述各地点的工会代表团在 19 世纪最后 10 年和 20 世纪头 10 年定期举行的国际大会上会面，并依照相似的条件努力使这些地点的劳动力正规化。它们最大的成果也许是在 1910 年引入了 8 小时工作制。[222] 为改善钻石工人的生活，大家共同奋斗，全球钻石行业内取得了暂时的一致，但这也对阿姆斯特丹产生了消极影响。有了强大的工会，工人们得以改善自己的生活，但他们在安特卫普和纽约的同行们（哪怕工资更低），却无法实现这一点。雇主们开始离开阿姆斯特丹，转而选择其他城市，这便不足为奇了。[223] 与此同时，南非的矿区正爆发着一场激烈的斗争。这场斗争是为了联合起来，但其动机并不是为了响应改善社会环境的需求。矿工们和各矿业公司正在为控制矿场和劳工而斗争，这场斗争将产生世界上有史以来最大的开采垄断者——戴比尔斯公司。

第四章

打造一个全球帝国：
戴比尔斯的世纪

1884—1990 年

"据称，从 1890 年开始，戴比尔斯公司通过以下方式协调钻石在全球范围的销售情况：与竞争对手签订买卖协议、调节并设定产量上下限、限制在某些地区转售钻石、指导市场营销和广告宣传等。"[1]

这段话摘自 2011 年一桩针对戴比尔斯公司的诉讼，它充分解释了该公司在金伯利大洞和戴比尔斯矿场合并后数十年里设法获得的垄断权。该公司奉行的策略是尽可能多地购买在非洲新发现的钻石，以便控制产量并在伦敦建立一个销售机构，通过该机构转售钻石。20 世纪，戴比尔斯公司已经成为钻石原石开采网络中那只万能的蜘蛛。它涉足钻石商品链的方方面面，无处不在。构建这个钻石帝国的主要设计师是欧内斯特·奥本海默（1880—1957）（参见图 56）。奥本海默出生在德国，17 岁时，他被送到伦敦在安东·邓克尔斯布勒（Anton Dunkelsbühler）的钻石公司工作。1902 年第二次布尔战争（译注：Second Boer War，为了巩固金本位制，1899 年秋英国对德兰士瓦共和国和奥兰治自由邦发动了侵略战争，强行将上述两国吞并）结束后，邓克尔斯布勒在金伯利需要一个新的代理商，他选择了年轻的欧内斯特。此时，欧内斯特已入籍归化为英国公民，他的哥哥们已经成为活跃在伦敦和金伯利的钻石商人。欧内斯特于1906年结婚，1912年成为金伯利市市长，此后不久便加入了一个公司董事会，该公司经营着贾格斯方丹（Jagersfontein）。[2] 这是奥本海默家族参与戴比尔斯公司的开端，该家族一直是该公司的掌舵人，直到2011年才将其股份出售给英美资源集团（Anglo American）。

图 56　欧内斯特·奥本海默正在参观阿姆斯特丹的一家钻石工厂，
1945 年 12 月 3 日

　　本章重点介绍了戴比尔斯帝国的创立，戴比尔斯公司首先合并那些19世纪80年代活跃在金伯利的各家矿业公司，其次引入地下采矿和非洲矿工院劳动力，最后建立商业基础结构，从而不仅控制了钻石的开采业，还控制了钻石原石的贸易。本章讨论了新出现的竞争，该企业帝国对大部分对手的兼并行为，该公司和整个钻石行业对两次世界大战以及南非残暴政治制度的应对之举，从而可见戴比尔斯在 20 世纪极具韧性足以应对这些挑战，该公司甚至设法利用这些考验来发挥其优势。

矿工院：钻石开采中种族隔离的产物

"黑旗起义"遭到镇压后，其他问题依然存在。土地所有权仍然是殖民政府的一大烦恼。当然，索西的决策之一是以 10 万英镑的价格购买沃鲁齐希特农场，他在努力结束开采者和所有者之间的分歧，但杜托伊斯潘和布尔特方丹农场仍然由伦敦 & 南非勘探公司私营。[3] 其他主要问题如下：19 世纪 70 年代上半叶，工资上涨后黑人劳动力也变得高价，限制外国资本导致缺乏投资。但最大的问题可能是欧洲市场中钻石原石价格下降，这是由于个人开采几乎不受限制增长，从而造成了供应过剩。一个人可以拥有的矿地数量仍然不能超过 10 个，这意味着很难控制产量。再者，官方还欠奥兰治自由邦 10 万英镑，作为主张拥有钻石区领地的补偿。一场危机随之而来，新的行政长官决定取消矿地数额上限的限制，并将权力移交给重新上任的采矿委员会，它们代表了矿地持有者们。[4] 这为迎接更大型的公司铺平了道路，而这样的局面是人们多年来一直忧惧的演变：

> "挖矿者最恐惧的就是'公司'这个词，但尽管这样，小型所有者们也开始在矿地大面积聚合的过程中进行合并。采矿作业下一个阶段无疑必须属于几个大型的、相互竞争的公司，或者可能属于控制住整个矿区的单个公司。而后，个人搜寻钻石的冒险故事将会结束。"[5]

　　这些言论发表于 1877 年，结果证明它们是预言性的。它们印刷出版后不久，就有数人开始在金伯利全面收购矿地，有的是为了自己，有的是为了位于欧洲的公司以及位于开普殖民地伊丽莎白港的公司。到 1879 年年底，12 家公司拥有金伯利矿的 75%，戴比尔斯、布尔特方丹和杜托伊斯潘的矿场也出现了类似所有权集中的情况。同时，1876 年至 1881 年期间，金伯利矿的价值增加了 3 倍，戴比尔斯矿的价值增加了 5 倍，布尔特方丹矿的价值增加了 50 倍，杜托伊斯潘矿的价值增加了 60 倍。[6] 许多白人开采者和合作制矿工成为这些公司的监工和经理，对那日益增长的黑人劳动力进行监督。产量虽然增加了，但还需要进一步投资，以解决不断上升的矿脉移除成本和工人工资。[7] 1879 年后，继伊丽莎白港的马丁·利林费尔德公司（Martin Lilienfeld & Co.）之后，大多数采矿公司决定上市；到 1881 年 4 月，共有 66 家公司成为股份公司，形成了"股票热"（share mania）。[8]

　　两组矿地持有者成为主导者。第一组是法国钻石矿业公司（Compagnie Française des Mines de Diamants du Cap），总部设在巴黎，成立于 1880 年，乃儒勒·波吉斯（Jules Porges）公司和刘易斯 & 马克斯（Lewis & Marks）公司合并而成。其中前者的创办人是来自布拉格的犹太移民，他是当时伦敦最大的开普钻石进口商；后者是两位从立陶宛（Lithuania）移民到开普的进口商。他们在金伯利最重要的代理商是阿尔弗雷德·贝特（Alfred Beit）和朱利叶斯·维尔纳（Julius Wernher），戴比尔斯公司的成立与这两个人不无关联。第二组企业家以查尔斯·J. 波斯诺（Charles J. Posno）为中心，其家族与阿姆斯特丹的钻石切割业有渊源。[9]

　　总部位于欧洲的大多数相关公司都关注着杜托伊斯潘和布尔

特方丹，这两个地方仍然位于伦敦 & 南非勘探公司的范围内，活跃在这些矿区的公司都建立在当地商人和欧洲投资者间的关联之上。例如，波斯诺加入了活跃在那里的 9 家公司。哈利·莫森塔尔（Harry Mosenthal）是伊丽莎白港商人阿道夫·莫森塔尔（Adolph Mosenthal）的儿子，他担任了 5 家公司的董事。[10] 阿道夫与利林费尔德兄弟是亲戚，从南非港口向伦敦出口钻石，并将自己的几个儿子（包括哈利）送到英国首都，这样更方便做生意。[11] 所有这些人中，金伯利当地三大巨头在庞大野心的刺激下，正在群雄逐鹿。其中两位曾是矿工：塞西尔·罗兹（1853—1902），于 1870 年搬到了钻石矿场；坏脾气的 J.B. 罗宾逊（J. B. Robinson，1840—1929）。第三位则是古怪的巴尼·巴纳托（Barney Barnato），他是一名来自伦敦东区的犹太人，长期为生计而挣扎，甚至当过演员，但他最终在金伯利镇成为一名钻石掮客（kopje-walloper）。[12]

3 名竞争者在钻石矿方面的情况并非一样好。罗宾逊是法国钻石矿业公司的一名董事，他于 1886 年破产，而后决定在威特沃特斯兰德（**译注：Witwatersrand，南非东北部山脊，世界上最大的金矿区**）发现黄金时用钻石矿区去换兰德矿区。另外两个人在南非钻石垄断的进一步发展中发挥了至关重要的作用。[13] 罗兹很快决定将采矿作业集中在戴比尔斯矿上，他在那里成立了戴比尔斯钻石开采公司（De Beers dmc），并很快成为那里的控制实体。[14] 巴纳托的公司，即巴纳托兄弟公司（Barnato Bros.），在金伯利矿区拥有极具价值的矿地。1887 年，巴纳托的公司与 6 年前便已在大洞中心地带成立的金伯利中央钻石矿业公司（Kimberley Central Diamond Mining Company）（参见图 57）合并，他也变得极具影响力。巴纳托在新企业中拥有控股权，控制着金伯利的第一矿场。[15]

　　矿业公司的合并、采矿资本主义在钻石地区的进一步发展，这些都对黑人劳动力产生了残酷的后果。白人固执己见，他们认定肤色和钻石盗窃之间存在联系，还完全认同殖民者尽可能规范、塑造和限制黑人劳动力迁移模式的期望，而且他们早就开始考虑通过住房来控制黑人劳动力。19世纪70年代初，查尔斯·佩顿写道：

　　"关于卡菲尔人如何睡觉的问题，一些慷慨的开采者为他们提供了一个简陋的帐篷。但如果'小伙子们'聪明好动，他们很快就会用树枝、灌木等为自己做个舒适的小木屋，他们可在星期六下午或星期天前往乡下住进去。"[16]

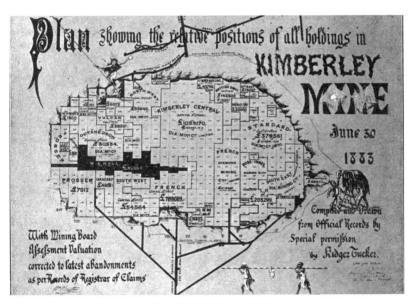

图57　金伯利大洞的矿场持有者地图，1883年

最初，矿工们和开采者们自行负责自己及其雇工的住所。但在 1876 年，西格里夸兰殖民当局开始考虑引入黑人居住区制度，这是早期的一种种族隔离形式，非洲黑人被迫居住在专门分配的区域——那些地区"土壤几乎不肥沃或根本不肥沃"。[17] 该制度存在于开普殖民地，但在历经 19 世纪 70 年代末的动荡时期之后，才在西格里夸兰开始大行其道。[18] 1879 年，通过《原住地法》（*Native Locations Act*），采矿点已存在的非正式隔离制度被正式的殖民居住区制度取代。殖民地管理者们认为这样会更便于控制盗窃行为和劳工行动，同时该制度也确保了工人们的稳定流动。分配给有色人种使用的土地不太肥沃，面积也不够大，无法自给自足，黑人们被迫前往矿场做事。换言之，这是一项巧妙的制度，它不仅能更好地控制工人，而且也能迫使他们从事采矿劳作。[19]

T. C. 基托（T. C. Kitto）是一名康沃尔采矿工程师，他于 1879 年编写了几份关于开普殖民地和西格里夸兰采矿状况的报告，属于最早提出具体该采取何种实际方法进一步推动殖民主义隔离和剥削制度的那批人。他对比了巴西的情况，在那里，钻石矿场的苦役仍由奴隶们完成，而奴隶劳动直到 1888 年才被废除。他描述了英国公司用来安置非洲奴隶的棚屋，还认为如果在南非引入类似制度会卓有成效："我认为，在欧洲人的监督下，南非的当地人能够被改造得几乎——如果不是完全的——和巴西黑人一样好，只要以同样的方式对待他们。"[20] 安排的首批矿工院是开放式的，也就是说，住在那里的工人们仍然可以自由行动。但后来，依照巴西的奴隶棚屋模式，矿工院被关闭了，这一变化并非全然无人抗议。卖酒的白人抗议说，黑人顾客无法再去买酒了；黑人矿工们则时不时罢工，抱怨这种封闭的生活状况，尽管这些罢工以失败告终。[21]

首个听从了基托的建议并采取了行动的公司是法国钻石矿业公司，它于1885年1月为来自纳塔尔的110名非洲工人建造了一个矿工院。几个月后，金伯利中央钻石矿业公司也建造了一个能容纳400名黑人矿工的矿工院，而戴比尔斯钻石开采公司则在7月为1500名非洲工人建造了封闭式矿工院。[22] 这些首批封闭式矿工院的建筑将黑人矿工们完全与外界隔离，将他们与其家人分开，还将他们当作罪犯来处罚，这种做法在南非的其他工业区也沿用开来，后来在战时被采用以建造集中营（参见图58、图59、图60）。到1889年，在金伯利、戴比尔斯、杜托伊斯潘和布尔特方丹工作的1万名有色人种劳动力都住在封闭的矿工院里，其中最大的矿工院——西区（West End），住着多达3000名工人。[23] 有位英国少将的贵族妻子名叫泽莉·科尔维尔（Zélie Colvile），她到了金伯利后，将这些矿工院称为"卡菲尔人的宿舍"。[24] 在她的笔下，这些矿工院"环绕着一个大广场（而建），有沥青地面，周围有约3米高的波状铁栅栏"（参见图58）。[25] 里面的黑人矿工

图58　泽莉·科尔维尔笔下的矿工院，金伯利，1893年

"被雇 3 个月，在此期间他们不能离开此地。3 个月到期时，如果他们想延长雇佣期，还是可以的；有人向我们指出，自两年前启用这一矿工院以来，他们中有些人就从未离开过这个地方"。[26] 科尔维尔参观此地的同一时间或不久之后，有人拍摄了数张照片，这些照片展示出与她的描述相类似的场景（参见图 59、图 60）。

图 59　矿工院，金伯利，1890 年

图 60　矿工们在矿工院里休息，金伯利，1901 年

1887年，罗兹请来美国矿业工程师加德纳·F.威廉姆斯（Gardner F. Williams）在戴比尔斯公司担任经理，加德纳这样说：

> "矿地持有者们组成公司时，他们的工人经常被关在人称矿工院的围墙内，在里面吃住，费用从付给他们的报酬中扣除。这一分隔措施和部分设限的行为无疑是有益的，不仅减少了矿工盗窃钻石并将其变卖的机会，而且遏制了黑人劳工们的酗酒之举，也阻止了食堂和街上的暴乱行动。"[27]

矿工院制度终止了临时移民劳工的做法，并将其调整为更适合矿业公司需求的半强迫性雇佣形式。[28]人员伤亡数量巨大，数以万计的黑人死在这些营地和矿工院里。[29]这也令根据种族进行劳力分工的做法变得非常切实。黑人矿工被关在矿工院和地下矿井中（参见图61），而白人可在金伯利镇及其周边地区自由行动，并在戴比尔斯等公司的办公室工作，这些地方需要技术更为娴熟的劳动力（参见图62）。

图61 矿工们在戴比尔斯地下矿井劳作，1896年

图 62　戴比尔斯公司的员工正在清点钻石，金伯利，1896 年

　　需要对非洲劳动力进行更大规模的控制，这与地下采矿的发展直接相关。含钻金伯利岩的开采远远超出了露天开采的技术极限，深度约在 120 米（参见图 1）。[30] 为了防止矿脉坍塌，人们建造了小型竖井和隧道，但这既昂贵又危险，而且并非结构性的解决方案。排水也成为一个严重的问题，特别是在金伯利大洞。加德纳·威廉姆斯评论道："在 1878 年，超过 1/4 的矿场覆盖着倒塌的矿脉；1879 年和 1880 年，排水和矿脉运输每年花费 15 万英镑；1881 年，这些花费超过 20 万英镑。耗资这般巨大，金伯利矿业委员会因而于 1883 年破产，当时金伯利的露天矿已经达到了极限。"[31] 大洞已经变得很深，老式的空中索道此时也被用来将矿工运输到坑底（参见图 63、图 64）。

图 63　"过山车"，金伯利，1886 年

图 64　金伯利大洞，1888 年

　　采矿业只集中在少数几家公司手中，这有助于应对不断上升的成本，1883 年至 1885 年期间，金伯利矿区转入地下。戴比尔斯钻石开采公司很早就进行了调整，在竞争中比竞争对手更具优势。[32] 地下采矿依赖非技术矿工，但也需要技术型矿工，他们从坎伯兰（Cumberland）和康沃尔等英国传统矿区招募这些矿工。致命的事故增多了，其中虽然有几起事故归咎于地下采矿，如 1884 年炸药库的爆炸，或 1888 年戴比尔斯钻石开采公司采矿井的火灾，但大多数死亡事件仍与矿脉坍塌有关。只有自 1889 年普遍实施地下采矿后，致命的事故才明显减少。[33] 矿工院里有医院用于照顾那些在劳作中受伤的人。泽莉·科尔维尔参观了一家医院，看到“40 名伤者，他们大多躺在床上，胳膊和腿都断了——这是已发生在矿区的伤亡”。[34] 历史学家罗伯特·特瑞尔（Robert Turrell）断言，威特沃特斯兰德的地下金矿中，死亡率约为 4%。而在金伯利，死亡率更高，特别是在向地下采矿进行过渡的期间。但在 19 世纪的最后 10 年，金伯利的矿工死亡率稳定在 6% 左右，这高出了当时英国认为可接受的限值的 1 倍。[35]研究者对 19 世纪末死于金伯利的矿工骨骼进行了研究，研究结果表明这些人生前所处的环境对身体有害，在矿井中，他们遭受了脊柱损伤和骨折；在矿工院中，因食物有限再加上不太卫生，人们患了坏血病和肺结核，而且颅骨骨折情况高发，这表明有人因种族歧视对他们过度使用了暴力。[36]

由于黑人矿工现在大多在地下采矿，白人以前在矿场进行监督，此时变为在封闭式矿工院体系中进行安保；在矿工院，矿工们也要定期接受"脱衣搜查"，这特别羞辱人（参见图 28、图 29）。[37]因为不再需要非技术型白人矿工，再加上合作式开采方式几乎消失了，一个贫困潦倒、无所事事的白人阶层出现了。[38]这一新情况迅速成为引燃爆炸性局势的一大因素。工资下降了，再加上引入了新的搜查防盗制度，这两件事令下层阶级白人所获待遇接近于黑人矿工所获待遇，因而抗议行动开始了，白人矿工们在 1883 年举行了罢工。这场动乱是由于上述举措而引发的，但它也与白人矿工们丧失其地位有关。许多白人自己曾是开采者和矿地持有者，现在却受雇于人，而且在某些方面的待遇与黑人矿工们的一样差，这对众多白人而言是难以接受的，因为殖民主义和种族主义思想在社会中仍然根深蒂固。[39]各大矿业公司很快达成了协议，部分原因是担心非洲矿工们会返回家乡，它们在一周内同意调整搜查制度。但是，天花疫情的暴发、薪水的进一步下降、严格的搜查制度再次生效，这些因素引发了 1884 年的第二次罢工。[40]

1884 年的罢工事件并未给劳动大军带来任何正面的影响，却引出了黑人矿工和白人矿工之间的关系问题。白人罢工领袖们明确表示，他们对于同时代表黑人矿工这件事情并不感兴趣，并拒绝站在"大量黑鬼的头上，那些人打算砸毁雇主的财产"。[41] 尽管如此，塞西尔·罗兹还是预见到了劳动者们团结一致的局面，这可能损害其帝国计划，他在好望角议会（Parliament of the Cape of Good Hope）上发言，这次罢工他"希望在这个殖民地是最后一次罢工，这是白人在土著人的支持下反对白人的一场斗争"。[42] 黑人矿工群体的人数远大于白人矿工，约占总人数的85%。因此，当矿业公司暴力结束罢工后，集中精力控制黑人矿工，从而在1885年建立封闭式矿工院制度便不足为奇了。两年后，即1887年，戴比尔斯钻石开采公司和金伯利中央钻石矿业公司主张为白人矿工建立矿工院，尽管并未付诸实践。[43] 除了黑人矿工和一小部分白人矿工及监工被迫住在矿工院里，戴比尔斯公司还与政府达成协议，使用囚犯进行采矿。金伯利的监狱是该殖民地人口最多的监狱，在19世纪80年代，平均每天有658名囚犯。监狱变成了戴比尔斯公司分监狱（De Beers Company Branch Convict Station），该公司按矿区雇佣的囚犯数量向殖民地政府支付费用，这些囚犯于是被人从其他地方转移到金伯利。这是又一支劳动大军，他们的一举一动应该屈从戴比尔斯公司的意志。加德纳·威廉姆斯说，囚犯劳工总是唾手可得的，而且这些人的盗窃和逃跑行为更好管理，因为这些罪犯可被随意射杀。[44]

戴比尔斯联合矿业公司（De Beers Consolidated Mines）在国际上的掌控情况

1885年，殖民地的钻石开采业务处于危机中。许多公司陷入财务困境，各大公司相互之间的竞争日趋激烈。产量虽然在扩大，但成本也在增加，而1884年开普省的议会选举中，代表矿业资本家的候选人失败了。塞西尔·罗兹属于少数没有败北的人员之列，他设法保住了自己在议会的席位，他的戴比尔斯钻石开采公司是少数几个生意上达到了收支平衡的公司之一。这与罗兹有能力维持自己的劳动力成本低于其他竞争对手的结果是分不开的。戴比尔斯钻石开采公司并不像其他公司开采得那般深，而且罗兹经常忽视安全方面的限制。1888年7月11日，戴比尔斯矿场的一个竖井起火，尽管有500多人获救，在地下作业的24名白人矿工和178名黑人矿工却全部遇难。[45]《每日电讯报》(*Daily Telegraph*)报道称："恐怕有500人丧生，包括经理林赛先生(Mr. Lindsay)等一些白人。"[46] 该文章哀叹道，在这场"全世界都参与的、可怕的财富竞赛中，我们的一些同伴丢了命"。[47] 不过，对于在同一事件中丧生的178名黑人矿工的命运，该文章却只字未提。

诸如此类的事故并未危及罗兹，他在生意和政治两大方面都做得不错，他在政治上取得的胜利使之得以与自己在矿区的竞争对手相抗衡。罗兹最终成为成功将各矿业公司合并为一个企业的人，但将4个矿区——金伯利、戴比尔斯、杜托伊斯潘和布尔特方丹——合并起来以解决劳动力问题和资本问题的想法并非新点子。内森·罗斯柴尔德已于1883年在杜托伊斯潘调查过该方案，而1885年查尔斯·J.波斯诺的统一钻石矿业公司(Unified Diamond Mines Company)失败了。[48] 戴比尔斯钻石开采公司开始谋划合并行动时，它正控制着戴比尔斯矿，而金伯利中央钻石矿业公司几乎拥有金伯利全部的矿场。1887年，罗兹大展拳脚，收购了法国钻石矿业公司，这是巴尼·巴纳托兄弟控制的金伯利中央钻石矿业公司在金伯利矿区仅存的竞争对手。罗兹的戴比尔斯公司和巴纳托兄弟的金伯利中央公司之间开始了一场斗争。最终，罗兹被迫将法国钻石矿业公司卖给中央公司，换得 30 万英镑和价值 35.6 万英镑的中央公司股份，罗兹自此进入金伯利中央公司。这开启了双方相互收购对方股份的过程，最后在巴纳托同意出售其股份后，罗兹获得中央公司的主要控股权，他因而获得新公司终身董事的头衔。

1888 年 3 月，名为戴比尔斯联合矿业有限公司的新公司在金伯利成立了，旨在控制金伯利和戴比尔斯，董事会设在伦敦和金伯利。包括董事长在内的几位中央公司人士反对并试图通过诉讼阻止这次合并，但没有成功。到 1888 年 10 月，阻力不再存在，戴比尔斯联合矿业有限公司买下了金伯利矿。[49] 人们普遍认为巴纳托在与罗兹的斗争中败下阵来，但在经济方面，巴纳托和中央公司的股东们获得了优厚的待遇。1897 年，巴纳托神秘地死在海上，在此之前他还继续参与戴比尔斯联合矿业有限公司的事务，赚取了丰厚的利润。[50] 不过，罗兹确实得到了其想要的控制权，他梦想着基于钻石垄断制订一个帝国主义计划，以扩大英国对非洲大陆的政治和经济控制。在他看来，该计划将靠罗斯柴尔德资本和南非钻石的收益来筹措经费。当然，罗兹本人将是重要的政治人物，他在 1890 年至 1896 年间成为开普省殖民地的总理。[51]

金伯利和戴比尔斯的合并取得了成功，但戴比尔斯拥有几块矿地的杜托伊斯潘和布尔特方丹仍位于伦敦 & 南非勘探公司所拥有的土地上。河流开采工作仍在继续，但成果不丰。同样地，价格下降令现为总理的罗兹仍然试图完全控制南非的钻石矿藏。戴比尔斯联合矿业公司通过巴纳托兄弟公司在奥兰治自由邦采矿公司中所持利益，在奥兰治自由邦的亚赫斯方丹矿和咖啡方丹矿的矿区具有一些影响力。[52] 这些公司不属于金伯利出现的合并企业，但能够买下亚赫斯方丹矿开采者矿场的 2 家矿业公司于 1889 年合并成了新亚赫斯方丹矿矿业勘探公司（New Jagersfontein Mining and Exploration Company）。[53] 1890 年，威塞尔顿矿（Wesselton）来势汹汹的钻石新发现很快引起了罗兹的注意，他迅速采取行动，于 1891 年将该矿纳入其商业帝国。[54] 1898 年，多亏了大量借款，如从伦敦罗斯柴尔德银行借来的 100 万英镑，戴比尔斯最终买下了伦敦 & 南非勘探公司的土地所有权。[55]

　　1887 年，罗兹雇佣加德纳·威廉姆斯并任命他为戴比尔斯的总经理，后者曾在罗斯柴尔德资助的勘探公司（一家从事开采金矿的企业）工作。[56] 在威廉姆斯的监督下，金伯利的基础设施有了极大改善，戴比尔斯的 4 个矿场通过铁路连接了起来。金伯利周边整个地区变成了一个工业城市，这里到处是相互连接的矿坑和采矿井，这里土地上的含钻蓝地暴露在各种天气下长达 6 个月之久，还有与世隔绝的矿工院。[57] 1905 年，该市达到 20000 人口，当时金伯利矿区的深度达到 914 米。威廉姆斯监督几项技术改造，如粉碎硬地的新工厂、方便自动分拣的"涂油台"（greasing table），可以处理的负荷有了极大的增加，但这种机械化并未令劳动力数量减少，1890 年至 1914 年间，劳动力人数增加了 2 倍。这一年，平均每天有 11377 名矿工参与了戴比尔斯公司的地下和地面开采作业，其中 80% 是黑人。

　　最困难的差事仍然是 30 人一组展开地下钻探，但总体而言，死亡率随着时间推移而有所下降。劳动力仍然以签订短期合同为主，替代率很高，他们还随着季节进行迁移。这令之非常适合钻石业的需求，因为世界钻石市场存在价格波动，有时需要临时停工，就像 1890 年杜托伊特斯潘和布尔特方丹的情况一样。[58] 封闭矿工院里无情的生活环境、任意的惩罚之举和黑人矿工们所领取的微薄工资，这些因素激起了罢工行动，但这些行动常常被暴力瓦解。[59] 矿工院制度并未终止从距离金伯利较远的人群中抽取劳动力的这一倾向。对 1897 年至 1900 年间死于金伯利的劳工遗体进行考古研究证实，黑人劳动力大量依赖来自南非更远地区的移民，而彼时当地的格里夸人、科拉人（Kora）和特拉平人则通过向采矿城镇出售木材和食物来获得收入，设法不去采矿。[60] 总部设在邓迪（Dundee）的《晚间电讯报》（*Evening Telegraph*）在 1900 年发表了一篇关于金伯利钻石矿的长篇大论，并以一段极能反映真相的内容结尾，这段话描写了"当地人"的参与情况：

> "在矿区劳作的黑人来自南部和东部非洲的众多部落，他们受到监视，还受到犹如父亲般的照顾……当他们前来找活干的时候，他们必须签订合同，至少做 6 个月。在此期间，他们绝不能走出围墙。他们被关在所谓的矿工院里，在里面他们可以买到自己所需要的一切，或者至少是对他们而言有用的一切。戴比尔斯负责此事，戴比尔斯是经销商。矿工院是一个充满争议的话题，所以我就不多说了。"[61]

事实上，在世纪之交的英国报纸上不难找到为矿工院制度辩护的文章。如《每日电讯报》上刊登了一位目击者的报道，他说："金伯利制定的矿工院制度将所有的自由特权——除了酗酒——与责任感的缺失联系起来，这是对奴隶的补偿。"[62] 该文选择"奴隶"一词特别能说明问题，因为当时奴隶制已遭废除，即便矿工院制度的捍卫者们也意识到，他们拥护的是一种奴隶制形式——但他们认为这没有坏处。当时该文作者决定撰写反对"某一伦敦劳工联盟"所发行的小册子，该小册子谴责了矿工院制度，因为黑人矿工在矿工院内被人鞭打、工资过低、遭受监禁。《泰晤士报》上有篇文章指出，当时好几个活跃的组织团结起来反对矿工院制度。[63]

尽管存在一些反对矿工院制度的声音，几乎所有报道该制度的报纸却都在为殖民主义、虐待行为和种族主义制度辩护，认为这是好事。[64]金伯利的矿工院制度成为英属非洲殖民地其他地方采矿公司效仿的榜样，这些公司向戴比尔斯公司派出观察员，也在自己的矿区实施该制度。以戴比尔斯为榜样，威特沃特斯兰德和罗兹的矿业公司也设置了自己的矿工院制度。1904年，6万名签了契约的中国劳工被安置在兰德的封闭矿工院里。6年后，中国劳工再次离开后，兰德的封闭矿工院容纳了20万名黑人劳工。[65]1923年，一项新的《原住民法》(Natives Act)规定：行政当局有义务在特定区域安置黑人移民劳工，最好是安置在被称为"宿区"(hostel)的独立建筑中。[66]当时，戴比尔斯公司还采取了各种措施，以确保没有人能够神不知鬼不觉地进入矿区：夜间探照灯照亮矿坑，矿坑周围修建了带刺的铁丝网，铁丝网上开了口子以运走含钻蓝土（参见图65）。[67]各矿场通过隧道和地下通道与一些矿工院直接相连，这意味着矿工们被人从一个封闭的环境送至另一个封闭的环境（译注：根据描绘，图66展示了其中一个相连的矿工院）。

矿工院制度出现时没遇到什么批评的声音，这种情况一直持续到20世纪。1932年2月出版的《伦敦新闻画报》(London Illustrated News)上有两页照片，在那些关于安全措施的照片旁，展示着多张矿工的照片，这些人很开心（根据补充的评论）。照片中，他们在跳舞、散步、种植玫瑰花。有一张照片特别能说明所见和所描述的内容之间存在着差异："尽管存在人身限制，

图 65　某钻石矿周边的铁丝网，金伯利，1932 年

图 66　矿工院，金伯利，19 世纪末至 20 世纪初

（他们的）生活无忧无虑，因为本地矿工们在其居所里便很满足了，他们清楚自己将赚到足够的钱来买牛，继而买老婆。"[68]（参见图67）这段评论将供英国国内以白人为主的读者进行阅读，它对于当时人们对黑人矿工的看法留足了想象的空间，似乎轻而易举便掩盖了矿工们被迫陷入了可怕境地这一事实。

图67　一个矿工院内，金伯利，1932 年

到 19 世纪末，戴比尔斯联合矿业公司已成功地在南非垄断了非冲积矿的钻石开采，该公司控制了全球 90% 的钻石产量，这为确立矿工院制度提供了便利。[69]随着金伯利工业化开采机构就位，罗兹和戴比尔斯公司将注意力转移到如何将钻石投放到市场上。自近代早期以来，钻石交易商们已经意识到，新的生产方式

会极大地改变价格，而控制供应是维持价格上涨的重要方面：印欧和巴西的钻石贸易在不同的历史阶段都处于垄断状态。19世纪70年代，金伯利的钻石原石贸易已经形成了等级结构。处于金字塔顶端的是参与国际交易的商人，他们将钻石出口到欧洲，并将资本带回开普殖民地。这些人中有几个是更大型矿业公司的合伙人。比他们低一级的是在欧洲或开普殖民地代表大型企业的代理商。第三层则是钻石经纪商，他们在买方和卖方之间充当中间人。对这第三层级的群体虽然有规定，比如，要求正式进行登记；但也有所谓的钻石掮客，这类人拒绝服从这些规定，而是选择了秘密开展其业务。[70]

19世纪80年代，矿业公司数量的增长是以牺牲当地贸易商和经纪商为代价的，它们同伦敦的贸易落入少数公司手中，其中最重要的是儒勒·波吉斯公司、A. 莫森塔尔父子公司（A. Mosenthal & Sons）、安东·邓克尔斯比勒公司（Anton Dunkelsbühler）、巴纳托兄弟公司、约瑟夫兄弟公司（Joseph Bros.）、刘易斯 & 马克斯公司、奥克斯兄弟公司（Ochs Bros.）和朱利叶斯·帕姆公司（Julius Pam & Co.）。这八大公司中，有一半在南非发现钻石之前就已活跃在钻石贸易领域。莫森塔尔和邓克尔斯比勒企业都与萨洛蒙斯家族有关，萨洛蒙斯家族是阿什肯纳兹犹太人，其家族成员在阿姆斯特丹和伦敦都有住所，他们自18世纪就开始从事钻石贸易。[71] 既然戴比尔斯联合矿业公司牢牢垄断了钻石生产——该公司在金伯利和伦敦的部分商人投入资金后得到了发展——主张达成某类协议的声音越来越响，这类协议可以令那些正在购买戴比尔斯公司产品的人统一行动步伐，以保护钻石原石的价格。戴比尔斯公司虽然也直接向金伯利的小型贸易商出售南非钻石，但南非钻石的贸易已经掌握在相对精选数量的公司之手。[72] 从戴比尔斯公司购买钻石原石的大多数伦敦公司都持有戴比尔斯联合矿业公司的股份，并自股票狂热时期就与金伯利绑在了一起。1889 年年底，该公司 60% 的资本掌握在 18 个商人手中，其中一些人此前因投资在罗兹的合并计划中发挥了作用。[73]

关于商业垄断的想法促成了 1889 年的一项交易，该交易中规定戴比尔斯钻石矿生产的所有钻石，将通过一个由 4 家公司组成的钻石辛迪加集团进行出售，这些公司都位于伦敦，属于八大公司的一部分：维尔纳 & 贝特公司（Wernher，Beit & Co.）、安东·邓克尔斯比勒公司、莫森塔尔父子公司、巴纳托兄弟公司。[74] 维尔纳 & 贝特公司的前身是儒勒·波吉斯公司，而阿尔弗雷德·贝特在合并期间是罗兹最亲密的合伙人，该公司曾借给戴比尔斯联合矿业公司大量资金。[75] 安东·邓克尔斯比勒曾被派往金伯利担任莫森塔尔父子公司的代理商，但在 1875 年他在伦敦成立了自己的公司。接下来数年里，这个辛迪加的构成发生了变化，又有 6 家公司加入其中，包括马丁·利林费尔德公司和约瑟夫兄弟公司。[76] 这些企业大部分在次年又从辛迪加集团的荟萃群星中消失了。1892 年至 1906 年间，该集团由最初的 4 家公司和约瑟夫兄弟公司组成。1909 年，中央矿业投资公司（Central Mining & Investment Corporation）加入该集团，这家公司由维尔纳和贝特共同成立。1914 年，在第一次世界大战爆发前，该集团的结构又恢复为 4 家最初的成员公司加上中央矿业投资公司。[77]

戴比尔斯联合矿业公司矿区的大部分产品都出售给了该集团，不过仍有少部分产品卖给了外部的贸易商，有时这是为了处理罗兹秘密积累的钻石储备。[78] 尽管该集团的构成在它成立后数年里发生了变化，也尽管该集团位于伦敦的合伙商与戴比尔斯联合矿业公司的金伯利钻石委员会（译注：Kimberley Diamond Committee，公司的商业部门）之间所签署的商业协议具有临时性，该集团的成立意味着建立了一个统一的销售过程，即所谓的单渠道销售。虽然该方法在接下来半个世纪里将被继续完善，但其本质是不变的，而单一渠道销售体系是钻石矿业垄断的商业组成部分，这两点令戴比尔斯公司在 20 世纪结束之前几乎完全控制了钻石业。[79] 单渠道销售体系要求将钻石原石从南非顺利地运到英国。在金伯利，出矿的钻石根据重量和质量进行分类，然后进行估价。估价后，钻石原石要么储备起来，要么被送往伦敦，在那里再由辛迪加的成员公司转卖给经销商。参与其中的公司拿到了折扣，但必须根据有时具有争议的估值批量购买钻石。然后，辛迪加集团各公司将它们所购买的商品再重新分类，再在每周的"看货展"上将其提供给经销商，这些经销商可将宝石抛光并镶嵌在珠宝上，或者继续转售。[80]

渐渐地，金伯利的其他买家被淘汰出局，而与该集团无关的买家有时获准从戴比尔斯购买钻石原石——尽管价格较高——特别是有时集团为了减少存货，便会出售给它们。最初的年月里，集团中各成员企业并不总能就如何开展业务完全达成一致，生产商和买家就钻石估值争吵不休，特别是老矿区的生产情况变得糟糕而钻石的品质随之下降时。罗兹和集团在利润分配、存货进入市场以及如何为威塞尔顿矿生产的低质钻石定价等问题上也产生了分歧。此外，戴比尔斯公司的董事（其中一些董事也代表集团成员企业）在如下方面也意见不一：利润的几成再次投入集团？罗兹和戴比尔斯公司对开普殖民地经济、基础设施和财政的参与度如何？[81] 1901 年一项协议达成了，这份新合同是与一个时有 7 家成员企业的辛迪加集团签订的。[82] 该合同保证了戴比尔斯在转售中的利润份额，并提出以 6 个月为期去核对批量钻石的估价。[83] 1890 年至 1907 年期间，销售总价值增长了 140%。1901 年至 1909 年期间，该集团的销售利润高达 330 万英镑，戴比尔斯公司分走了 150 万英镑。该集团每年的钻石销量约 500 万克拉，几乎囊括了当时全球市场上的所有钻石。[84]

那些岁月里，戴比尔斯公司的扩张行为与美国消费市场的发展息息相关。1890 年至 1910 年数十年间，美国经济发展良好，民众消费水平提高了，如奢侈品的消费。在欧洲，消费市场也经历了重要变化。人们更容易获取奢侈品，而广告方面的进展对于点燃形成中的产业资产阶级消费者之兴趣发挥了重要作用。[85]

戴比尔斯公司的优势地位日益提升，大众纸媒出现了进一步发展，美国经济大获成功，这些都推动了美国珠宝市场的成形。佩戴珠宝的举动倾向成为一种女性专属行为，这早在 17 世纪的欧洲就已开始了，最终演变为男性向未婚妻赠送订婚戒指的惯例。钻石订婚戒指的概念在传统的西方资产阶级文化中如此根深蒂固，因而几乎很难想象它的起源，这可追溯到 1900 年前后的伯明翰。[86] 当时正值世纪之交，美国报纸上刊登的广告清晰地展示了美国钻石市场的增长情况，以及已构建起来的女性形象在其中起到了怎样的作用。1898 年 12 月 15 日，华盛顿特区的《晚星报》（*Evening Star*）刊登了一则珠宝商 R. 哈里斯公司（R. Harris and Company）的广告，它能说明一切（参见图 68）。首先，该公司称自己为"民众的珠宝商"。[87] 其次，它清晰地解释了男性买家和女性消费者的概念，称钻石是"最精致的宝石，它们危险而朦胧的光泽，令人难以抗拒，使得女人们沉醉其间、神魂颠倒"。[88] 该广告试图诱惑男性购买钻石首饰，因为它"适合送给你的美国女王——你的爱人，你的妻子，你的女儿"。[89]

图 68 "民众的珠宝商"的广告，1898 年

1909 年 3 月 21 日的《旧金山星期日电话报》（*San Francisco Sunday Call*）上，某篇文章对美国和南非之间钻石方面的经济关系发展进行了更明确的阐述。文章一开始就指出，"人们似乎很

难意识到，1907 年秋天在美国发生的商业萧条，令大量半开化的当地人丢掉了他们在南非的工作"。[90] 作者坚称，1907 年的事件令劳工的人数从 36000 人下降到不足 3000 人。美国的消费市场已然变得如此重要，南非 75% 的钻石原石都销往美国，这主要是因为"在美国，每年可能有 100 万名女孩订婚。她们每个人都要求男方向自己奉上一枚钻石订婚戒指，这是她们不容置疑的权利"。[91] 当然，戴比尔斯公司非常清楚消费者兴趣的增加，当时该公司控制着全球 80% 的产量。例如，1904 年，《纽约论坛报》（*New York Tribune*）的一篇文章写道，该公司将钻石的价格提高了 5%，因此，"谁打算购买钻石作为圣诞礼物的话，现在必须多掏些钱出来了"。[92] 该文章接着写道，价格的上涨不仅取悦了戴比尔斯的董事们，也取悦着"大量欧洲贵族"。该文章引用了伦敦处女巷（**译注：Maiden Lane，20 世纪初，它是伦敦红灯区的中心**）某位珠宝商的言论，他说明了拆解贫穷贵族身上珠宝的做法，并确定"人们在任何一个歌剧之夜都可发现，纽约的女士们多多少少都在脖子和手臂上戴着那些曾经装饰过国王皇宫的珠宝，光彩夺目"。[93] 如图 69 所示，相较于南非矿坑中全面控制黑人劳工身体这一日益残酷的做法，白人消费者们穿得光鲜亮丽，二者形成了鲜明的对比。这张图片出自 20 世纪头 10 年所出版的一本书，从该图可见，矿工们在难得的休息时间里双手都是被禁锢起来的，这样做是为了防止他们盗窃。

　　20 世纪的来临意味着欧洲和亚洲消费市场发生了明确的转变：该市场此前一直由精英阶层主导，先是贵族，后来资产阶级也加入进来，而后发展为一个开始面向美国中产阶级的消费市场。这是一种相对突然却足够深刻的变化。《纽约论坛报》的一篇文章指出，40 年前，就在发现南非钻石之前，美国消费者在钻

图 69　黑人矿工的双手在休息时遭到禁锢，开普殖民地，1910 年

石上的花费是 1904 年的 1/20。[94] 对于那些旨在创设更为有效的采矿环境而采取的残暴方法，该文章只字未提，并未怎么考虑黑人矿工，而这些黑人矿工却是支持这一巨大的消费增长所必需的人力资源。

非洲的威胁：对垄断行为的首次挑战

戴比尔斯及其辛迪加集团此时控制着全球钻石的供应，但他们无法预料到的是，非洲尚未展露出它所有的钻石宝藏。1903 年，在距离比勒陀利亚（Pretoria）约 40 千米的德兰士瓦发现了一个新的钻石矿藏（参见图 41）；一年前，英国在第二次布尔战争中获胜，德兰士瓦因而沦为殖民地，失去了其独立地位。[95]就在这场战争结束前，塞西尔·罗兹去世了，年仅48岁。他平时一般都待在开普敦，但为了敦促英国殖民部队击溃布尔人对钻石城的围攻，他来到了金伯利。罗兹的观念在他所处的时代就已经引起了争论，他在殖民扩张行为和帝国主义计划中的遗留问题至今仍存在很大争议，即他参与了南非种族隔离并采用矿工院制度虐待非洲劳工。[96]马克·吐温（Mark Twain）在1898年写道："我钦佩他，我坦率地承认这一点；若来到他的时代，我一定要买条绳子留着。"[97]

　　1903年发现的矿藏被命名为普雷米尔矿，并证实了它乃截至彼时所发现的最大的金伯利岩管（参见图70）。然而，它的所有者，即出生在开普的托马斯·库利南（Thomas Cullinan），拒绝加入戴比尔斯公司及其辛迪加集团。相反，库利南与德兰士瓦的殖民当局达成了一项协议，后者的法律规定：产权所有者只保留1/8的面积，其余部分则允许该国将其作为公共的特许矿场进行管理。[98]这类协议只在有冲积矿场的情况下才对国家有利，因为这类矿场的分布面积较大。而在矿坑开采的情况下，这类协议中，产权所有者往往保留了最好的区域，几乎未给国家留下任何东西。最后，德兰士瓦当局为了减轻因布尔战争而造成的金矿债务，接受了以下形式：政府获得60%的利润，但没有所有权。该协议诞生了普雷米尔钻石矿业公司（Premier DMC）。1905年1月，该公司的一名黑人矿工在那里发现了世界上最大的钻石原石。这颗钻石重达3106.75克拉，被命名为"库利南"钻石。路易斯·博塔（Louis Botha）是第二次对英战争期间布尔军队的指挥官，1907年被任命为德兰士瓦殖民地自治政府的首位总理，为了表达他对英国王室的感激和忠诚，他安排将"库利南"钻石送给国王爱德华七世，该决定在伦敦引起了一些争议。那里有人认为，送出如此奢华的礼物之前，应该先满足开普殖民地大英子民的需求。[99]

图 70　托马斯·库利南的普雷米尔矿，2011 年

"库利南"钻石送达伦敦时，仍然需要对它进行切割。而人们心中，阿姆斯特丹的切割业优于伦敦的切割业，因此相关人员决定将这颗钻石送到荷兰首都。这招致了伦敦切割师的不满，因为他们认为自己也有能力完成这一任务。一位伦敦珠宝商在接受采访时认为，伦敦的切割业还行，只不过重心放在了抛光工艺以及小钻石的珠宝镶嵌方法上，很少真正地切割钻石。例如，受雇切割"光之山"钻石的伦敦杰拉德（Garrard）公司就曾从阿姆斯特丹获得帮助。[100]最后，"库利南"钻石被送至阿姆斯特丹，在那里，举世闻名的阿舍尔（Asscher）公司派出一群切割师将这颗巨大的钻石切割成了小点的钻石。"库利南"一号钻石和二号钻石现在仍属英国王室珠宝，保存在伦敦塔（Tower of London）中（参

见图 71)。[101] "库利南"钻石是特例，因为一般来说普雷米尔矿区出产的钻石比戴比尔斯公司出售的钻石要小，品质要差。1907年秋，美国经济出现萧条，但是由于品质方面的这一差异，普雷米尔钻石矿业公司比戴比尔斯公司更有能力应对经济萧条。[102]

图 71　"库利南"钻石，1908—1911 年

　　普雷米尔钻石矿业公司运营得非常好，1908 年，其产量比戴比尔斯的矿场多出 40%（参见表 1）。普雷米尔钻石矿业公司并未通过总部设在伦敦的上述辛迪加集团销售自己的产品，而是选择直接卖给阿姆斯特丹和安特卫普的商人和珠宝商，这对罗兹所设计的垄断制度构成了严重威胁。戴比尔斯公司和辛迪加集团无法说服库利南以及普雷米尔钻石矿业公司达成协议，因此在巴纳托兄弟公司的带领下，多个关联公司开始购买普雷米尔矿的股份，它们逮着机会就买。1917 年，欧内斯特·奥本海默成为戴比尔斯

的负责人，此时戴比尔斯联合矿业公司设法获得了普雷米尔钻石矿业公司的控股权。而余下的股份在 1977 年被全部买走。1995 年，就产量而言，普雷米尔矿仍属世界十大钻石矿之列（参见 70）。[103]

普雷米尔矿并非戴比尔斯公司垄断地位的唯一威胁。那些受雇于戴比尔斯公司的勘探者、那些为自己开采的冒险家，都在奥兰治河流域寻找新的钻石矿区。早在 1900 年，报纸上就出现在吉贝恩（Gibeon）附近发现了含钻蓝地的相关报道，吉贝恩处于奥兰治河流域内，但属于德属西南非洲（German South West Africa）。[104]《泰晤士报》报道说，以英国股东为主的西南非洲公司（South West Africa Company，简称 SWAC）和戴比尔斯公司之间已经达成了一项交易。[105] 罗兹和戴比尔斯参与其中这一情况在德国遭到了反对，特别是来自德国殖民协会（Deutsche Kolonialgesellschaft，简称 DKG）的异议。[106] 1906 年，多份报告提到在卡普里维地带（Caprivi Strip）发现了蓝地，该地区也属于德国西南非洲，其北边是安哥拉和北罗得西亚（现在的赞比亚），南边是贝川纳兰（现在的博茨瓦纳）。[107]

最后，1908 年，一位名叫扎卡里亚斯·勒瓦拉（Zacharius Lewala）的黑人矿工在德属西南非洲发现了大量的钻石矿藏，他从开普前往德属西南非洲为一位名叫奥古斯特·斯托赫（August Stauch）的德国铁路创始人做事（参见图 41）。[108] 最初的发现地点被人拍摄了下来，并于次年在伦敦发表，那篇文章间接提及了印度的财富："德国镶满钻石的沙地——沙漠中的戈尔康达。"（参见图 72）[109] 斯托赫从德国殖民协会获得了勘探许可证，该组织的总部设在柏林，成立于 1885 年，适逢俾斯麦（Bismarck）在柏林召开刚果会议（Congo Conference），刚刚发动了德国的帝国计划。[110] 钻石是在德国殖民协会这一殖民机构所拥有的领土上发

表 1　1902—1913 年全球钻石官方产量 [111]　　　　单位：克拉

年份	戴比尔斯	普雷米尔	德属西南非洲	全球	戴比尔斯占比（%）	世界生产年增长率（%）
1902	2025132			2025132	100	0
1903	2205652	99208		2304860	95.7	14
1904	2060017	749635		2809652	73	22
1905	1953255	845652		2798907	69.8	0
1906	1936788	899746		2836534	68.3	1
1907	2061973	1899986		3961959	52	40
1908	1473272	2078825	2083	3554180	41.5	-10
1909			495536	495536		
1910			891307	891307		
1911	2514688	1774206	816296	5105190	49.3	
1912	2432027	1992474	1003265	5427766	44.8	6
1913	2656866	2107983	1284727	6049576	43.9	11

现的。发现了钻石之后，斯托赫及其两个合伙人迅速向南出发，前往一个名为波莫纳（Pomona）（参见图 41）的地区，这掀起了一场淘钻热，很快就引起了戴比尔斯公司的极大关注。[112] 1908 年11 月，据报道，售与南非商人的钻石销售总金额高达 7500 英镑。据《金融时报》（*Financial Times*）报道，钻石区不对公众开放，开采活动无许可证不得进行，许可证已出售给数家公司，期限为50 年。这些幸运的采矿者包括了奥古斯特·斯托赫、科尔曼斯科普夫钻石勘探和采矿公司（Colmanskopf Diamond Prospecting and Mines Company）和 2 个居住在吕德里茨（Lüderitz）的德国人（参见图 41）。[113] 此外，德国殖民办公室指示德属西南非洲的总督对钻石实行登记契约和出口关税。钻石贸易将是一项需要获得许可方可开展的业务，勘探者若在殖民地发现新的钻石矿场，他们都有义务向温得和克（Windhoek）当局报告其发

图 72　在德属西南非洲发现了钻石，1909 年

现。同时，政府正在与相关方面，如柏林商业银行（Berliner Handelsgesellschaft）和达姆斯塔特银行（Darmstadter Bank）等各方进行谈判，以便成立一个矿业公司负责管理。[114]

最后，德国人将其在沙漠"戈尔康达"的管理权交给了西南非洲保护区的钻石管理处（Diamanten-Regie des Südwestafrikanischen Schutzgebietes），这是一个由德国殖民协会和德国政府所推举代表组成的机构。[115] 国家专卖管理局（Regie）将负责销售由特许权持有者、国家专卖管理局或德国殖民协会自身所开采的德国钻石。就采矿而言，其问题在于，德国殖民地内数块地区已让给部分公司，其中一些是外国公司。它们签订的协议条款通常包括了采矿权，某一地区正被勘探但并未真的找到任何钻石之前，便很容易获取它的采矿权。此外，像斯托赫这样的人和像科尔曼斯科普夫公司（Colmanskopf Company）这样的企业，在发现钻石后也获得了边境地区的采矿权。殖民当局虽然遵守这些协议，但德国殖民协会得到了一个采矿禁区（Sperrgebiet），即该组织是唯一获准在这一区域进行开采的公司，其公司名称为德国钻石协会（Deutsche Diamanten Gesellschaft）（参见图 73）。[116] 主要的问题来了，钻石矿藏最为丰富的地点位于一个叫作波莫纳的地区，它属于这个采矿禁区。开普敦的德帕斯 & 斯宾塞公司（De Pass，Spence & Co.）在与德国殖民当局达成协议后获得了波莫纳的特许权，于 1886 年获得了该地的永久开采权。[117] 德帕斯公司于 1909 年决定将钻石开采权出售给波莫纳矿业公司（Pomona Mining Company，简称 PMC），二者达成了一项协议：波莫纳矿业公司获得它们所挖钻石经济价值的 42%，国家专卖管理局获得 16%（以税费的形式），德帕斯公司获得 9%。[118]

图 73　沙漠中的钻石，一张来自德属西南非洲的明信片，1910 年

　　该管理局希望获得德帕斯公司的采矿权，随后打起了官司，管理局的论据之一是德帕斯公司只拥有银和铅的开采权，而没有钻石的开采权。它向后者施压想要达成一份协议，而这家位于开普敦的公司则强烈要求英国政府出面替其斡旋。1910 年，一份协议即将达成时，个体勘探者们担忧自己是否能将其所开采的钻石原石从管理局那里换得 15% 的价值。1912 年，双方终于签署了一项协议，德帕斯公司获得了波莫纳生产总值的 8%，现在通过波莫纳矿业公司，这一矿区牢牢掌握在德国人手中。勘探者们接受了管理局规定给予他们的百分比，后者控制着这一地区的所有钻石开采业。德国殖民地的钻石对英国公司和投资者而言仍然具有吸引力，但他们通常只是作为德国投资者们的合作伙伴积极参与到这门生意中。[119]

　　钻石产量迅速攀升，这引发了戴比尔斯的兴趣。1909 年，新当选的戴比尔斯公司董事会主席弗朗西斯·欧茨（Francis Oats）

在柏林会见了德国殖民秘书，讨论在采矿过程中进行合作的可能性。《金融时报》报道说，有传言欧茨旨在建立一个"钻石信托基金"，该基金会将使德国的钻石生产与戴比尔斯的单一销售渠道接轨，这类传言纯属误会，尽管英国人心中是怀有这种可能性的。[120] 1911年，戴比尔斯公司控制的钻石产量不到全球产量的一半（参见表1）。德属西南非洲的产量正在稳步上升，1911年开采了816296克拉的冲积矿钻石，约占戴比尔斯公司当年产量的1/3。2年后，其产量上升到1284727克拉，几乎相当于戴比尔斯公司在南非产量的一半。[121] 德国无钻石切割业，这令控制了德国钻石销售的上述管理局不得不寻找具有相关经验的国际合作伙伴。如果不尝试筹划一个能与戴比尔斯公司及其辛迪加集团比肩的有效销售机制，那么德国积聚大量的钻石原石库存就无用武之地了。而伦敦以外的钻石商人认为这是挑战单一渠道销售机制的绝佳机会，管理局没花太多时间便与安特卫普一家重要的贸易商公司达成了协议，即安特卫普钻石集团（Syndicat Anversois des Diamants，即 Antwerp Diamond Syndicate），该集团是由该市最重要的两名钻石贸易商路易斯·库特曼斯（Louis Coetermans）和雅克·克里金（Jacques Krijn）所有。[122]

当时，安特卫普是欧洲第二个钻石切割中心，仅次于阿姆斯特丹。大部分适用于19世纪阿姆斯特丹的情形对安特卫普也同样有效，尽管后者的切割业及犹太人群体规模都小得多。为了维护钻石工人的利益，2个城市都在1894年成立了钻石工人工会。在那一年，安特卫普的钻石行业拥有2500个抛光台，大约是阿姆斯特丹行业规模的1/3。[123] 至世纪之交，这座比利时城市开始追赶阿姆斯特丹。安特卫普再现辉煌的部分原因是犹太人为了逃离东欧大屠杀而来到此地。这带来了劳动力大军，他们能够处理因德属非洲殖民地钻石的开采而增加的钻石进口数量。1897 年，安特卫普的切割业依仗着 400 名犹太工人，1914 年犹太工人增长到 1000 人，占其钻石业劳动力总人数的 15%。[124] 从德属西南非洲进口的钻石数量如此之大，安特卫普和阿姆斯特丹的已有工厂都无法完全消化这些钻石，结果令肯彭（译注：Kempen，安特卫普附近的天主教农村地区）的外围产业也发展起来了（参见图 74）。[125] 1913 年，共有 6700 名钻石工人在 170 家工厂工作，这些工厂通常规模较小、凌乱无序、工资较低。[126] 到 1914 年战争爆发时，安特卫普在贸易额和钻石工人数量方面已超过了阿姆斯特丹。[127]

尽管德国殖民时期获取的钻石为安特卫普成为钻石中心提供了巨大的推动力，但其与安特卫普钻石集团的商业协议并未持续太久，因为戴比尔斯仍在筹谋控制德属西南非洲所开采的钻石的销售。此外，德国人正在法兰克福附近的伊达尔奥伯施泰因（Idar-Oberstein）和哈瑙（Hanau）发展自己的切割业。由欧内斯特·奥本海默、加德纳·威廉姆斯的儿子及继任者阿尔菲斯（Alpheus）率领一行人，亲自前往波莫纳观察那里的情势。回来后，他们编写了一份关于德属西南非洲钻石矿的报告，这份报告仅供戴比尔斯公司董事查阅。[128] 威廉姆斯和奥本海默的结论是，活跃在德属西南非洲冲积矿区的各公司很难接受限制它们产量的做法。冲积矿的开采行为更难控制，德国殖民地给予了冲积矿开采相对的自由，这加剧了戴比尔斯公司在南非所面临的类似问题：在瓦尔河附近的河床上，人们在无限制地开采冲积矿，他们雇佣了多达 7000 名至 8000 名黑人矿工。[129]

1914 年，为了解决这些问题，相关方面举行了两次会议。在约翰内斯堡（Johannesburg），戴比尔斯的董事会成员与管理着普雷米尔矿、亚赫斯方丹矿和咖啡方丹矿的独立企业的董事们进行

图 74　查尔斯·罗文思 & 米特·尼卡西（Charel Roevens and Mit Nicasi）钻石厂，奈伦（Nijlen），1938 年

了商议。他们虽然未能完全统一战略，但他们确实在当年晚些时候又在伦敦会面，同管理局和辛迪加集团进行谈判。谈判各方同意对投放到市场上的钻石进行限额，每个生产者分配了特定的市场份额。[130] 钻石的销售本身则是按照戴比尔斯公司和老辛迪加集团所完善的单一销售渠道这一思路进行的，这意味着要给有意购买钻石原石的钻石商组织"看货"。所有相关方虽然都接受这一点，但该协议从未付诸实践，因为该协议签订后不久，第一次世界大战就爆发了。然而，战后它仍然是钻石业发展的蓝图。[131] 这一协议并不包括金伯利大洞出产的钻石，金伯利大洞是世界上首个金伯利岩管矿，它于 1914 年被关闭。今天，它仍然是一个备受欢迎的地点，不少游客前往此地参观。

两次世界大战之间承受的考验

战争令一些在南非工作的德国钻石商人与其他德国钻石商

人疏远了，其中最突出的是金伯利的市长欧内斯特·奥本海默。1915 年 5 月，一切都改变了：一艘德国 U 型潜艇击沉了卢西塔尼亚号（RMS Lusitania），杀死了近 1200 名乘客和船员。许多地方爆发了反德暴乱，如约翰内斯堡和金伯利。欧内斯特·奥本海默别无选择，只能辞职离开，但他与金伯利并非后会无期。

他回到了伦敦，在那里他对非洲的黄金颇感兴趣。1917 年，他在 J.P. 摩根的资金支持下成立了英美资源集团（Anglo-American）。该公司是一家金矿开采企业，总部设在约翰内斯堡，靠近东兰德的金矿。该企业运行得十分成功，但奥本海默并没有忘记钻石，而随着那场将他赶出金伯利的战争画上休止符，新机会就来了。德属西南非洲已经落入英属南非的监管之下，英属南非对该领土的控制一直持续到 1990 年纳米比亚（Namibia）宣布独立。在英国的控制下，因担忧前途未卜，德国的矿业公司非常愿意出售。然而，戴比尔斯公司似乎确信德国人不想出售，于是奥本海默的英美资源集团在 1919 年以 350 万英镑的价格抢走了这个大奖，这令戴比尔斯公司恐慌不已。一个新公司，即西南非洲联合钻石矿业公司（Consolidated Diamond Mines of South West Africa）将负责采矿，而奥本海默通过邓克尔斯布勒与前述的辛迪加集团取得直接联系，该集团同意购买西南非洲联合钻石矿业公司的产品。奥本海默又开始做钻石生意了。[132] 那场战争导致钻石价格上涨，战争期间由伦敦全面分销钻石的策略十分成功，这极大地促进了戴比尔斯公司和辛迪加集团的合并，该集团在 1919 年有五大成员：路德维希·布雷特迈尔公司（Ludwig Breitmeyer &Co.）、巴纳托兄弟公司、邓克尔斯比勒公司、莫森塔尔父子公司以及中央矿业投资公司（前维尔纳＆贝特公司）。[133] 美国是世界上最重要的钻石消费市场，对美国的钻石出口在第一次世界大战的头几年呈现上升态势，于1916年达到高点，但在随后两年里有所下降。然而，在1919年，美国的钻石进口金额达到了8400万美元，此后直到1955年才再次达到该数值（大萧条和第二次世界大战都产生了巨大的影响）。然而，第一次世界大战后的这段时期，结果却是确保市场稳定和价格高企的好时机，也是在1919年，南非生产商、辛迪加集团和南非联邦（Union of South Africa）达成了一项协议，被称为《比勒陀利亚公约》（Convention of Pretoria）。受1914年会议所达成协议的启发，非冲积矿生产者们同意了相关配额。该集团同意每年购买价值约1300万英镑的钻石原石，戴比尔斯将供应其中51%的量。其他生产商的份额分别为21%（奥本海默的西南非洲联合钻石矿业公司）、18%（普雷米尔钻石矿业公司）、10%（新亚赫斯方丹矿矿业勘探公司）。[134]该公约得到了南非联邦及其矿业部（Department of Mines）的批准，南非的垄断权使其赢得一切，因为联邦关于钻石的政策是基于1899年的《贵重宝石法》（Precious Stones Act），规定该法律生效后所发现钻石矿藏的60%利润归国家。[135]尽管生产商、辛迪加和南非联邦之间通过签订协议开创了和谐局面，情况却很快就变糟了。

1919年，一位来自安特卫普的犹太—波兰血统年轻人出版了一本关于钻石切割的重要著作，这是工业革命背景下一系列技术革新的尾声，工业革命使切割过程现代化。19世纪末发明的机械粗磨机，利用蒸汽动力运转，令钻石达到完美的圆形。粗磨是将钻石边缘磨圆的过程。在此之前，这一过程是通过将两颗钻石相互摩擦完成的，那样磨出的形状不尽如人意。[136]第二次创新发生于1900年前后，当时锯切实现机械化。锯切是一个极费力气的重要步骤，而改用机器后，切割钻石所需的准备时间大大减少了。[137]

钻石加工方面的第三个（也是最明显的）变化是改变了明亮式切割样式本身。粗磨使钻石的形状更加圆润，从而形成了现代的圆形明亮式切割法。一位名叫马塞尔·托尔科夫斯基（Marcel Tolkowsky）的年轻工程师对这类切割方式进行了重要的研究，他希望能基于科学标准建立完美的切割方式，令这类宝石内部的光线得到最大限度的反射。托尔科夫斯基 1899 年出生于犹太家庭，其先辈于 19 世纪初从波兰移民到比利时，那个时候他们活跃在比利时的钻石业。托尔科夫斯基去了伦敦大学（University of London），在那里他撰写了一篇关于钻石研磨和抛光的博士论文。虽然他的工程博士学位是 1920 年正式授予的，他的论文却早于这个时间完成，而且在 1919 年他就获得了一项新专利，是用于钻石或其他宝石的某种切割装置（DOP），该装置可托住需研磨或抛光的宝石。[138] 同年，他出版了一本有关钻石设计的著作，这是其博士研究的延续，他利用代数、三角学、几何学和光学来研究完美的明亮式切割，以得到理想的形状。[139] 托尔科夫斯基现在被视作现代或圆形明亮式切割之父，这种切割包含 57 个刻面，如果再加上宝石的底尖则是 58 个刻面（参见图 3）。[140]

现代明亮式切割仍然是当今最流行的切割方式，但这并不妨碍发明家们提出具有更多切面的新设计。例如，在 2004 年，美国专利局批准了一种具有 116 个或 122 个切面的切割方式专利。[141] 人们对明亮式切割的研究仍在继续，托尔科夫斯基家族也在继续涉足钻石业。[142] 托尔科夫斯基的侄子加布里埃尔（Gabriel）生于 1939 年，是世界上著名的钻石切割师之一。1988 年，戴比尔斯公司要求他切割在普雷米尔矿区发现的世纪钻石（Centenary Diamond）。他最后切出了一颗心形钻石，有 247 个切面，重 273.85 克拉，至今仍是世界上最大的现代式切割无色钻石。[143] 早在这之前，1940年德国入侵比利时这一事件刚发生不久，托尔科夫斯基便移居纽约，并于1991年在这里与世长辞。[144]新的切割方式很快就被称为美国标准切割（American Standard）或美国理想式切割（American Ideal Cut），这表明抛光钻石的消费市场已经明确转移到美国，美国市场的波动在很大程度上影响了全球钻石价格。美国钻石消费市场的顶级地位吸引了走私者，其中有个人网络也有组织网络。据一家荷兰报纸报道，20世纪20年代，纽约港已成为走私者的天堂，来自秘密渠道的、价值超过1亿美元的钻石汇聚于此。该报纸报道说，1929年有400多名走私者在那里被捕，其中包括186名女性，据该文章所说，她们"比男性更为狡猾"。[145]

很难评估该类报纸文章有多低估走私钻石的真实数量和价值，但对美国政府来说，走私是个大问题，因为这会导致海关税收的流失。而对戴比尔斯来说也是大问题，特别是考虑到1920年后带来的变化。从这一年开始，钻石的价格开始下降。大萧条对钻石需求产生了巨大的影响，钻石市场正在适应第一次世界大战结束后刚刚迎来的和平局面，再加上来自俄罗斯和德国的已有钻石库存涌向市场。[146]之所以还能获得德国钻石，这是由于南非联邦在战争期间夺取了德属西南非洲，之后南非联邦作为大英帝国的自治领将德属西南非洲当作一块委任统治地（**译注：Mandate，是指由国际联盟委任有关国家统治的第一次世界大战战败国的海外殖民地和属地。根据国际联盟规定，委任统治地受委任统治国无权兼并或转让，并须受国联机构的监督，它们实际上所进行的统治仍然是殖民统治**）。

俄罗斯钻石则来自布尔什维克从沙皇等掌权者手中缴获的金银和宝石。这些革命者缺乏经验，再加上迫切需要资金，他们仅以实际价值1/3的价格抛售了钻石，但人们仍认为这些俄罗斯钻石对前述卡特尔联合企业造成了严重威胁，于是这一辛迪加集团尽可能多地购买俄罗斯钻石。[147] 1920 年，一家荷兰报纸就此事发表了一篇长文，其依据是该报从斯德哥尔摩收到的一封信，苏联钻石代理商将自己的总部设在了该地。这封信中说："布尔什维克已将皇室珠宝、珠宝商和个人珠宝社会主义化，只要那些珠宝没有藏起来。列宁 & 托洛茨基 & 加米涅夫公司（Lenin，Trotsky，Kamenev and Co.）现在成为世界上最大的珠宝商了。"[148]

战后的形势确立了辛迪加集团在未来数年中所扮演的关键角色：系统地收购那些矿山不在戴比尔斯帝国范围内生产商所开采的所有钻石。这种做法给该集团和生产商都带来了负担，特别是考虑到南非、英属圭亚那（British Guiana）以及刚果和安哥拉新发现矿藏中冲积矿开采正在扩大。其中大部分扩张行动难以控制，尽管在南非，外来者们减少了他们的钻石产量，从 1920 年的 390 万克拉下降到 1922 年的 140 万克拉。[149] 1924 年，用于管理南非所有工业生产的《比勒陀利亚公约》准备更新，各大钻石生产商如戴比尔斯与辛迪加集团之间开始进行谈判，英美资源集团彼时在该集团中拥有 8% 的股份。[150] 但没有一份协议签署成功，南非联邦视其为法律改革的契机，它希望在国内建立切割业，也期冀新成立的政府机构在钻石贸易中发挥更大的作用，借此为失业的白人阶层提供一条出路。

即便在比勒陀利亚的多次会谈成功了，它们也不能为南非和戴比尔斯公司以外的钻石矿生产提供结构性答案。奥本海默发现西南非洲政府和安特卫普的部分钻石商人正在进行交易谈判时，英美资源集团迅速采取行动，提出购买西南非洲的钻石配额，并在辛迪加集团外部进行出售。奥本海默还与其他矿业公司达成了共识：1922 年至 1924 年期间与安哥拉的安哥拉钻石公司（Diamang），1925 年与西非的卡斯特公司（CAST），1926 年与比属刚果（Belgian Congo）的国际森林和矿业公司（Forminière）。[151] 同年，它还与南非联邦主要的非冲积矿独立生产商进行了规模较小的交易。一个新的辛迪加诞生了，由英美资源公司、邓克尔斯布勒公司、巴纳托兄弟公司以及奥本海默的约翰内斯堡综合投资公司（Johannesburg Consolidate Investment Company）组成。而以伦敦为大本营的单一销售渠道体系保持不变，尽管旧的辛迪加集团只剩下两大成员（参见表 2）。[152] 最大的区别在于，这一新的辛迪加集团牢牢掌握在奥本海默手中，《金融时报》在 1926 年 1 月报道称："其他人还在谈论时，欧内斯特·奥本海默已在行动。我们认为，主要由于他的努力，新的钻石集团直接加间接地控制着全球钻石大约 90% 产量的销售。"[153] 6 个月后，奥本海默当选为戴比尔斯公司的董事。

1925 年于约翰内斯堡以东约 190 千米的利赫滕堡（Lichtenburg）新发现了冲积矿藏，新的辛迪加集团很快就不得不处理相关事宜。矿业部（Department of Mines）被淘钻热吓了一跳，1927 年，有 5 万名白人和 9 万名黑人矿工在 309 个不同地点的河岸进行开采。[154] 1927 年 3 月，有 19937 名挖矿者活跃在利赫滕堡矿场，矿地持有者雇佣了 590 名白人和 35575 名黑人矿工。[155] 冲积矿场的生活很艰苦。黑人矿工们受到剥削并大受歧视；相当一部分白人矿工则来自贫穷的失业阶层，希望能扭转命运。从许多方面来说，这都是一场人类的灾难，冲积矿开采营地人满为患、疾病蔓延、设施匮乏。主要区分就是那些可获得资本的人和那些没有资本的人，后者被迫使用镐和铲子来挖掘含钻沙砾。1927 年，南非联邦颁布了《贵重宝石法》，旨在处理冲积矿矿区的相关问题。政府这样做出于两大动机。首先，政府希望为普通人保留在河岸进行开采挖掘的机会，为农村贫困阶层提供机会，这些人是选民，需要救济，而钻石至少从理论层面可以施以援手。[156] 为此，各矿业公司在矿场的存在受到了限制。其次，生产过剩对于钻石世界是一大长期的威胁，政府在法案中加入了禁止进一步探矿的禁令，对开采行为进行限制。虽然政治家们确保突出了社会救济这一信息，但该法案并未得到所有人的好评。白人矿地持有者削减黑人矿工的工资时，黑人矿工们举行了罢工，而满腹牢骚的开采者们也在报纸上抱怨连连：

表 2　1889—1930 年钻石辛迪加集团和钻石公司（Dicorp）的构成 [157]

旧辛迪加 （1889 年）	旧辛迪加 （1914 年）	旧辛迪加 （1924 年）	新辛迪加 （1926 年）	钻石公司 （1930 年）
维尔纳 & 贝特公司	维尔纳 & 贝特公司	L. 布雷特迈尔公司	英美资源集团	英美资源集团
巴纳托兄弟公司	巴纳托兄弟公司	巴纳托兄弟公司	巴纳托兄弟公司	巴纳托兄弟公司
安东·邓克尔斯比勒公司	安东·邓克尔斯比勒公司	安东·邓克尔斯比勒公司	安东·邓克尔斯比勒公司	安东·邓克尔斯比勒公司
A. 莫森塔尔父子公司	A. 莫森塔尔父子公司	英美资源集团	约翰内斯堡综合投资公司	约翰内斯堡综合投资公司
		伯恩海姆公司（Bemheim）		戴比尔斯联合矿业公司
		德雷福斯公司（Dreyfus）		西南非洲联合矿业公司
		中央矿业投资公司		新亚赫斯方丹矿矿业勘探公司

　　"倒霉的人、无知的人和受到压迫的人只有一个结论，那就是他们再次遭受打击，并陷入疲惫不堪之中了。

　　"……贫穷的开采者……因其无法组成小集团，无法从小公司获得岗位，无法从几乎每天都在现场的买主那里获得经济支持，最后（但同样重要的是），因为他无法进入世界上已知矿藏最为丰富的冲积矿区——纳马夸兰（Namaqualand）。理由是，那里若涌入大量贫穷的开采者，条件将比以前更糟，就会造成比现在更为严重的饥荒。"[158]

　　1926 年，在纳马夸兰省克莱因泽（Kleinzee）附近的奥兰治河口发现了大型冲积矿，1928 年，政府决定将这些矿区定为国有矿区，由国家雇佣劳动力。[159] 冲积矿的产量迅速增加：1927 年，联邦通过金伯利岩矿生产了 240 万克拉钻石，冲积矿生产了 230 万克拉钻石。1928 年，相关数据则分别为 230 万克拉、210 万克拉（其中 90.6 万克拉来自纳马夸兰）。1929 年，二者差距再次扩大，金伯利岩钻石为 230 万克拉，冲积矿钻石为 140 万克拉。[160] 到了这一年，通过新的立法，那些独立的开采挖掘行为已被控制住，尽管冲积矿仍然是重要的钻石产量来源。[161] 1932 年至 1935 年期间，从冲积矿中开采的钻石重量比从金伯利岩中提取的钻石重量要多。[162]

　　金伯利岩开采的钻石产量所占份额下降了，这部分源于南非联邦中非冲积矿生产商的产量减少了。但是，因为不断拼命购买外部产品，特别是购买安哥拉和刚果的钻石产品，不仅令辛迪加集团的财务状况变得紧张起来，而且它在 1929 年钻石原石储备价值仅为 1000 万英镑。[163] 钻石原石的价格在很大程度上与美国市场有关，而美国市场却深受经济大萧条的影响。美国进口钻石原石的价值从 1929 年的 990 万美元下降到 1930 年的 560 万美元。[164] 很明显，如果辛迪加集团继续吸收外部生产的产品（即便处于危机时期），那么它需要改变自己的财务结构。奥本海默希望生产商自己参与到销售结构中，从而于 1930 年成立了钻石公司，这一年，欧内斯特·奥本海默成为戴比尔斯公司的董事长（参见表 3 的前两栏）。钻石公司取代了前辛迪加集团成为单一渠道销售组织，其一半资本由三家最大的生产商提供（最初，普雷米尔钻石矿业公司没有加入），而另一半资金则由位于伦敦的奥本海默集团中的四大成员提供（参见表 2）。南非和外部生产商之间达成了协议，按照 5 : 3 的比率进行销售。[165]

这一新组织可以获得更多的资本，而且由于生产者和销售者更为紧密地联系在一起，它也能够更加团结地开展行动。1930 年 12 月举行的戴比尔斯董事大会对之进一步加以巩固，该大会决定采取行动，从英美资源集团和巴纳托兄弟公司那里获得新亚赫斯方丹矿矿业勘探公司、西南非洲联合钻石矿业公司和开普勘探公司（Cape Coast Exploration）带来的大量商业利益。[166] 但是，并非所有生产商都加入了新组织。普雷米尔钻石矿业公司便没有加入其中。而南非联邦仍然梦想着拥有自己的切割业，它本身就是一个生产商，控制着纳马夸兰的冲积矿矿床。现有的配额协议不足以令戴比尔斯公司控制南非联邦的行动。[167] 同时，钻石公司也无法对抗经济大萧条的影响，1932 年，美国的钻石原石进口量触及历史最低点，降至 150 万美元。[168] 这一年，新亚赫斯方丹矿矿业勘探公司和普雷米尔钻石矿业公司都停产了。戴比尔斯公司随后关闭了部分工厂，那些工厂采取了机械化手段压碎、清洗金伯利岩以挑选钻石原石。[169]

1933 年，对于如何应对危机、如何缓和其与南非联邦的复杂关系等问题，答案是在钻石公司之外再成立第二家机构：钻石生产商协会（Diamond Producers' Association）（参见表 3 第 3、4 栏）。[170]

表 3 1930—1955 年钻石公司和钻石生产商协会的构成

钻石公司（1930 年）	份额（%）	钻石生产商协会（1933 年）	配额（%）	钻石公司（1939 年）	份额（%）	钻石生产商协会（1950 年）	配额（%）	钻石公司（1955 年）	配额（%）
戴比尔斯联合矿业公司（生产商）	32.5	戴比尔斯	30	戴比尔斯	60	戴比尔斯	53.5	戴比尔斯	25
巴纳托兄弟公司	22.5	钻石公司，用于购买外部生产的钻石	16	西南非洲联合钻石矿业公司	23.1	西南非洲联合钻石矿业公司	23.5	钻石公司	35
英美资源集团	12.5	钻石公司，用于库存	15	英美资源集团	16.9	南非	16	南非	10
西南非洲联合钻石矿业公司（生产商）	12.5	西南非洲联合钻石矿业公司	14			普雷米尔钻石矿业公司	7	普雷米尔钻石矿业公司	4
安东·邓克尔斯比勒公司	12.5	南非联邦	10					西南非洲委托管理	26
约翰内斯堡综合投资公司	2.5	普雷米尔钻石矿业公司	6						
新亚赫斯方丹（生产商）	5.0	新亚赫斯方丹	2						
		咖啡方丹矿业有限公司	1						

它取代了戴比尔斯公司与外部生产商之间此前已有的配额协议，其主要任务是监管那些有利于生产商的政策，并向协会内的每个成员分配配额。简而言之，就是控制钻石原石流入市场，从而达到控制价格水平的目的。联邦是钻石生产商协会的正式成员，纳马夸兰国家矿场（State Diggings of Namaqualand）拥有 10% 的配额。有 2% 的配额给了开普勘探公司，该公司名下有土地疑似含冲积矿藏，而戴比尔斯公司是其最重要的利益相关者。[171] 钻石公司的配额中有 16% 用于向刚果、安哥拉、塞拉利昂和黄金海岸（Gold Coast）的外部生产商进行采购。[172]

钻石生产商协会集中控制生产环节，而钻石公司集中控制营销和销售环节，这两大组织在法律上具有重合的部分。钻石生产商协会规模更大，其范围可扩大到涵盖任何主要的钻石生产商，而钻石公司作为营销机构，负责卖光外部生产的产品，还负责销售所有钻石原石。1934 年，它决定将营销环节转移到一个新的实体，即钻石贸易公司（Diamond Trading Company），其股份由钻石公司持有。钻石公司现在唯一的责任是采购外部生产的产品。1935 年，美国的钻石原石进口量再次上升到 430 万美元。[173] 从旧辛迪加集团时代起就已存在的销售体系，即直接销售给精选的买家群体，现在出现了细微改变。由金伯利的中央分拣办公室（Central Sorting Office）所汇集的特定混合批量商品，以固定的价格提供给买家，买家可以选择"接受或不接受"。参与"看货"是一种特权，在 1938 年，只有 175 名"看货商"。[174] 要成为一名"看货商"，候选人需要具备经验、拥有充裕的资金（因为至少要采购 5000 英镑的商品）、进一步转售钻石的商业关系，以及在需要时进行囤货的能力。每三个月会组织一次看货会，而最好的宝石则留给了美国市场。1921 年至 1939 年期间，机构还为专攻工业钻石的商人组织了单独的看货会，尽管这一市场在第二次世界大战后才开始起飞。[175]

　　在公众眼中，钻石贸易公司、钻石公司和钻石生产商协会都成了戴比尔斯公司的代名词，戴比尔斯公司是这些公司的最大股东，而戴比尔斯公司则成了钻石的代名词。戴比尔斯通过收购小股东的股份进一步加深了这一形象，从而使钻石公司的架构更加简单（参见表 3 第 5、6 栏），因而世界钻石供应的控制权现在牢牢地掌握在欧内斯特·奥本海默的手中，他掌管着一个利维坦（译注：《圣经》里记载的海中巨兽）式的庞然大物。

冲积矿场的枯竭及机械化失利

　　20 世纪 30 年代初，冲积矿所占的比例出奇地大，这主要源于西非和中非采矿业的发展，但也与亚洲和南美部分老钻石矿场未能采用机械化有关。20 世纪上半叶，印度几乎没有任何有关钻石开采活动的记录。[176]婆罗洲当时仍然是荷兰殖民帝国的一部分，某位荷兰大使将该地的手工钻石开采行为比拟为"在干草堆中寻找针头"。[177]第一次世界大战结束后，人们对钻石的需求增加了，特别是在美国市场，阿姆斯特丹的珠宝商因而于 1918 年和 1919 年开始向婆罗洲派出人手，以采购品质更好、供货更独立的商品。[178]议员亨利·波拉克是阿姆斯特丹知名的钻石切割商之一，他还十分卖力地呼吁重新振兴荷兰在婆罗洲的采矿活动（参见图 35）。波拉克充分意识到，与伦敦和安特卫普相比，钻石业在全球范围的发展已削弱了阿姆斯特丹的地位。他试图在政府中获取支持力量，建立一个采矿公司，以确保能撇开伦敦的戴比尔斯销售巨头，为阿姆斯特丹提供钻石原石。波拉克认为这可以挽救这座城市的地位，特别是当时北海对岸方面正计划在伦敦建立一个更为重要的切割业。[179]

荷兰人向该岛送出新机械，地质学家仍然希望能发现该岛的原生矿藏——尽管人们对这种可能性表示怀疑，鉴于缺乏有关此类矿藏的科学知识。[180] 然而，很快就有人指责波拉克为了个人利益开采婆罗洲的矿场，指责他以低微待遇雇佣那些无特殊技能的土著劳工，这甚至为他赢得了"苦力波拉克"（Coolie Polak）的外号。其他人认为，波拉克的行为是为了挽回此前的失误。之前他在担任荷兰钻石工人总工会主席的时候，曾拒绝购买南非的一块土地，结果后来人们发现这块土地上的钻石储量非常丰富。波拉克为自己辩护说，他只是想把钻石切割者们从"长期失业和永久痛苦"的状况中解救出来。[181] 无论波拉克所抱动机如何，婆罗洲的钻石开采工业化进程再次失败了。在面对马达布拉切割业的发展时，这种失落感更甚（参见图75）。各工厂在极大程度上依赖经新加坡进口的南非钻石原石，尽管这些钻石的质量并非最上佳的。马达布拉的钻石工厂通常为穆斯林所有，在鼎盛时期，他们将多达1100个加工场地出租给个体切割者。但第一次世界大战开始时，钻石原石进口被按下了停止键，一些工厂在第一次世界大战结束之前就被迫关门大吉了。[182]

20世纪30年代，只有500名钻石切割师在马达布拉进行了登记，但在他人眼中，这些人手艺高超。[183] 尽管他们享有盛名，马达布拉切割师的工资却低于那些身处欧洲成熟切割中心的同行们所获得的待遇，某位穆斯林老板经常前往巴黎购买钻石原石，在马达布拉进行切割，之后再出口到欧洲或在亚洲进行销售。[184] 同年7月，只剩下两项采矿特许权，一项由波拉克持有，另一项则属于某位人称克里斯托弗尔先生（Mr. Christoffel）的退役军

图 75　钻石厂，马达布拉，1948 年

官。余下的钻石矿藏是在荷兰殖民政府的直接管理下进行开采的，黄金、白金和汞矿的情况也是如此。开采业务受到影响的并非只有荷兰。岛上最后一家英国钻石开采公司于 1921 年结束了业务，据传它还得到过戴比尔斯的支持。[185]

再次经历失败后，荷兰政府又恢复了许可证制度。它接受了这一事实，即在其殖民地领土上的钻石开采永远不可能发展成为一个现代工业，它决定将冲积矿的手工开采作为当地居民的一种谋生手段。[186] 外国的采矿公司尽管仍然受到欢迎，但有法律规定，它们在任何时候都必须至少雇佣 20 名当地人。[187] 该制度也是政府对当地居民进行管理的一种手段。贫困时期会降低许可费，而有时，为了避免社会动荡，政府会将部分收入分给原住民群体。[188] 此时，这已成为养活当地人的一种手段，而不是外国人的商业机

233

会。官方产量在不断下降：1925 年，亨利·波拉克说，钻石产量太低了，因而过去 20 年里没有将相关数据列入官方的殖民报告。[189] 相对于非洲的钻石产量，它们微乎其微。1929 年至 1937 年期间，婆罗洲的钻石原石在全球钻石产量中所占比例仅为 0.01%。1913 年至 1939 年期间，其开采总量为 29375 克拉，价值 150 万荷兰盾，这与 19 世纪末该岛生产的钻石价值相比乃天壤之别。[190] 这里发现的钻石相当小，在 0.5 克拉至 1.5 克拉之间，通常晶莹剔透，带点淡黄色。[191] 尽管结果不尽如人意，荷兰仍未放弃钻石勘探。20 世纪 30 年代，各大报纸在不同时期报道了新的发现，但多数结果令人失望。一位记者参观了马达布拉附近的挖掘现场，那里的开采者每半小时就能发现一两颗钻石，但这些钻石都很小，从未超过 1/10 克拉。[192]

1932 年，数家报纸写道，根据南非金伯利岩管中含有钻石的现有研究，荷兰研究人员成功地找到了婆罗洲钻石的主要矿藏。遗憾的是，结果发现地表太过坚硬，难以进行开采。[193] 然而，这些发现确实促使马达布拉附近的哲恩巴卡（Cempaka）发掘出新的冲积矿场，1935 年是个开采高峰年，仅兰查·西朗（Rantjah Sirang）的一个新矿就生产了 3273 克拉。该矿由乔治·麦克贝恩（George McBain）在上海创办的一家企业进行开采，他是苏格兰人，大家眼中他是该城市最富有的人，人称"上海的克罗伊斯"（译注：Croesus，里底亚最后一代国王，富可敌国）。[194] 尽管麦克贝恩拥有这么一个充满希望的绰号，麦克贝恩公司的结局却与众多外国公司类似，该企业最终也未能变成盈利的资产。荷兰报刊继续希望政府能给予一家现代采矿公司特许权："除了控制整个事件的少数哈吉（Hajjis）外，现在这种被人当作钻石开采活动的修修补补，不会令任何人变得更为富有。"[195] 荷兰报刊通常将穆斯林商人和切割厂主称为"哈吉"，这是对完成麦加朝圣之人的尊称。[196]

在巴西，冲积矿场变得更难开采，这令人们对现代技术的投资之路充满风险。19世纪末，巴西的钻石生产机械化举措全部失败，采矿业继续一如既往地采用传统方式。而且，1888年巴西尽管已经正式废除了奴隶制，但有照片为证，上面清楚地显示出种族分工的存在：黑人采矿，白人监督（参见图76、图77）。

图76 维迪加尔（Mr Vidigal）在热基蒂尼奥尼亚河的钻石矿，
1868年，奥古斯托·里德尔摄

在20世纪初的数十年里，人们在非洲各地发现了新的钻石矿藏，部分开展一系列国际投资的矿业公司试图在旧钻石区进行新投资。例如，与戴比尔斯公司具有业务联系的英国索帕钻石公

图 77　巴西的钻石开采，1910 年

司（British Sopa Diamond Company）在西非、南非、安哥拉和
刚果开采钻石，他们决定在距离迪亚曼蒂纳约 15 千米的矿区施
展拳脚。然而，时至 1922 年，依然没有什么进展。最终，该公
司被售予巴西人，这也是大多数外国企业的命运。[197] 在那些年份
里，人们努力在巴西建立切割业。从历史上看，巴西肯定有一些
小作坊，它们的痕迹已经完全消失，但它们从未能与欧洲的作坊
一较高下。比利时记者 S. 哈特维尔德（S. Hartveld）于 1920 年
访问伦索伊斯（Lençóis）时，目睹了部分切割作坊的存在，这些
作坊的钻石磨机是在比利时制造的，由附近瀑布的水力驱动。[198]
据哈特维尔德称，"成品钻石切割得相对较好"，但切割者们过
于注重重量，从而将钻石切割得有些不对称，因而无法在欧洲出
售。[199] 尽管采矿公司在巴西不太成功，在欧洲，巴西还是被宣传
为著名的钻石生产国。1923 年，安特卫普市组织了一次珠宝盛

会，代表巴西的是一辆游行彩车，上面坐着个女人，一手拿一颗钻石。该花车由身穿工作服的矿工们抬着。[200]

给矿工们穿上特殊的采矿服，这一行为似乎过于乐观了，因为机械化的失败意味着巴西的钻石区被控制在那些个体财富追寻者、露天矿勘探者和冒险分子之手，这些人发现了 20 世纪巴西的多枚著名钻石，如 1938 年发现热图里奥·巴尔加斯（Getúlio Vargas）钻石[201]，巴尔加斯钻石原石重约 727 克拉。人们在米纳斯吉拉斯州的帕特罗奇尼奥（Patrocinio）发现了它，距离戈亚斯州东南端约 120 千米，而后它被送到省会贝洛奥里藏特市（Belo Horizonte）。在该市，它落入荷兰某集团手中。该集团将这颗钻石卖给了纽约珠宝商哈利·温斯顿，后者在其工场里将其切割成多颗较小的宝石。[202]巴尔加斯钻石经过贝洛奥里藏特市时，一个巴西人也参与了其销售，他的兄弟与一名法国犹太裔战争难民相遇。朱尔斯·绍尔（Jules Sauer）于 1940 年 5 月逃离安特卫普，他在里斯本待了一段时间后，到巴西当了一名语言教师。他的语言技能令他在那个巴西人处找到了一份工作。这个巴西人曾短暂地拥有巴尔加斯钻石，在贝洛奥里藏特市有一个工场，雇佣了 75 名钻石切割师。[203]绍尔开始担任秘书，但后来成为一名珠宝专家，并学会了钻石切割技能。20 世纪 60 年代，他在巴西发现了第一个祖母绿矿，撰写了几本关于钻石和祖母绿的著作，并向其他人传授有关宝石刻面的技艺。他于 2017 年去世，时年 95 岁，人们称他为"宝石猎人"，里约热内卢的博物馆收藏了他的宝石收藏，这是巴西最大的同类博物馆。[204]

战略性钻石与大屠杀悲剧

正当欧内斯特·奥本海默的行动再次巩固了戴比尔斯公司在钻石行业的垄断地位时，更大的事件介入了其中。战争再次冲击着钻石业，而这一次比以往任何时候都要严重。纳粹的反犹计划是要杀光欧洲所有的犹太人，因而这场战争对许多活跃在钻石行业内的贸易商、批发商、切割商或珠宝商的家庭而言，就成了与个人命运息息相关的事。[205] 第二次世界大战的爆发严重扰乱了钻石市场。人们对珠宝的需求减少了，但工业钻石在武器和飞机工业中的使用范围扩大了，于是轴心国和同盟国同时将其贴上了"战略性矿物"的标签。纳粹于1940年5月入侵低地国家时，他们不仅希望将自己没收的钻石库存用于军工，而且希望为战争进一步提供资金。他们禁止钻石的出口，并成立了一个特别小组，系统地低价收购钻石。后来，钻石被强制存放、没收。珠宝商试图将自己的存货走私到中立国或同盟国领土。但据估计，在比利时，德国人得到了13000克拉的抛光钻石，以及79000克拉的毛坯和工业宝石。而在荷兰，据估计被盗钻石的重量为60000克拉，其中36700克拉钻石在战后被收回。[206] 这些数值似乎相对较低。

1942年，美国经济战争委员会（U.S. Board of Economic Warfare）向荷兰大使馆提供了一份情报，内容是德国扣押了一艘停泊在波尔多（Bordeaux）附近吉伦特河口（Gironde estuary）的船只，这艘船上有荷兰钻石切割师此前获取的100万克拉工业钻石，"一举拿下……这保证了德国军工厂在整场战争中的所有需求"。[207] 这一事件无法得到荷兰官员的证实，但人们知道，一些比利时钻石商在吉伦特河口的海滨度假胜地鲁瓦扬

（Royan）组建了钻石市场。[208]

这些人逃离了纳粹的占领区，他们出现在那里是试图将安特卫普的部分钻石业迁移过来。出生于克拉科夫（Kraków）的犹太商人罗米·戈德蒙兹（Romi Goldmuntz）成为安特卫普著名的钻石商之一，他前往伦敦为安特卫普的犹太钻石从业人员洽谈一项协议，而英国政府对他的回应是邀请安特卫普的工匠前往英国首都。然而，在比利时，人们对这一提议并不怎么热情，因为他们担心钻石切割业在战后永远不会再迁回安特卫普。这座比利时的城市仍然是世界上重要的钻石中心，但在临近战争前的数年里，竞争愈加激烈，特别是来自德国钻石业的竞争。1939年，即德国入侵比利时和荷兰的前一年，安特卫普雇佣了25000名钻石工人。而其在荷兰的对手所雇人数已经减少到8000人，与德国在伊达尔-奥伯斯坦和哈瑙的钻石厂中雇佣工人的总数相当，但德国方面的雇佣规模一直在扩大。[209] 德国切割业的兴起，加上德国人获得工业钻石矿藏的能力日趋增强，这些给比利时在世界钻石领域的地位带来了威胁，但为了令安特卫普这一钻石中心避开可能衰落的趋势，比利时政府的手段仍然强硬。比利时的非洲殖民地刚果拥有世界上已知最大的工业钻石矿藏，这些矿藏仍由国际森林和矿业公司控制，该公司通过政治筹谋，设法采用半独立的立场来对抗戴比尔斯公司。英国等同盟国和纳粹德国一样，对刚果的矿藏非常感兴趣。他们拒绝了英国的招徕，决定转至波尔多北部的干邑区（译注：Cognac，又译"科涅克"），他们认为德国人不会前往那么远的地方。[210] 1940年5月，大约3000名钻石商人和2000名钻石工人（大部分是犹太人，另外一些是比利时人）前往干邑区，他们被告知应该继续前往鲁瓦扬，因为法国政府已决定将这个海滨城市作为法国钻石贸易的中心。[211]

鲁瓦扬镇长明确表示不希望有这么大一群人待在他的镇上，这时此事的三大参与者——戴比尔斯公司、比利时和英国政府就一个新计划进行了谈判。一些钻石商和矿工们去了英国，一些回到了安特卫普，而另一批人则决定留在吉伦特地区。随着德国军队的推进，留在法国的钻石家族试图将自己的商品送往维希法国（Vichy France）或瑞士。办理出国签证的需求因而增加了。然而，前往刚果的签证基本上办不下来，尽管国际森林和矿业公司已准备好在比利时非洲殖民地耐心等待战争的结束。[212] 安特卫普的几位钻石商人试图横渡大西洋，希望能到达纽约，因为那里自1890年以来已经建立了钻石业。1931年，一个钻石经销商专属俱乐部成立了，几个来自安特卫普的犹太钻石难民希望能在那里找到一个安全的避难所。[213] 对来自安特卫普的犹太钻石难民而言，将纽约作为目的地是合理的，但他们中的其他人也在古巴、巴西、阿根廷、南非，甚至印度、巴勒斯坦和锡兰落脚。[214] 所有这些地方，也有来自阿姆斯特丹的钻石业业界和非业界犹太人。[215]

阿姆斯特丹面临的麻烦与安特卫普类似，但这个城市受到了特别的关注。[216] 纳粹希望在荷兰建立一个由德国控制的钻石切割行业，也许这是因为阿姆斯特丹的切割业规模较小，比起在安特卫普的切割业而言更加容易控制。1940年，荷兰城市约有1000名钻石工人，其中70%属于荷兰钻石工人总工会。[217] 起初，阿姆斯特丹的钻石业内的犹太人士可获得盖章的证明，以防止自己被驱逐到集中营。[218] 然而，他们的状况逐渐恶化了。1941年冬天，荷兰钻石工人总工会遭到解散。1942年夏天，大规模的驱逐行动开始了。从1943年起，一半此前获得特许的钻石从业者被驱逐出境；到1944年的年中，阿姆斯特丹只剩下44名犹太钻石工人。[219] 看来，在荷兰建立纳粹钻石工业的计划流产了，因为该计划打算利用荷兰钻石从业者在贝尔根·贝尔森集中营（Bergen-Belsen）建造一个钻石切割工厂。

　　1944 年 5 月，党卫军官员之间寄出了一封信件，确认取消荷兰菲赫特（Vught）集中营中的某项已有约定，海因里希·希姆莱（Heinrich Himmler）将加工钻石所需的设备送到了该地，以便为贝尔根·贝尔森集中营的计划铺平道路。纳粹想建立一个"欧洲钻石切割业垄断企业"，并认为"1944 年 5 月 18 日，阿姆斯特丹的钻石业因犹太人被驱逐而几乎停滞不前，基于此，这个决定（贝尔根·贝尔森集中营项目）极为紧迫"。[220] 党卫军官员认为，应该在贝尔根·贝尔森建造一座有 150 名至 200 名技术工人的工厂。[221] 为了实现这些计划，尚未死于集中营的那些荷兰"犹太钻石从业者"被运往贝尔根·贝尔森，他们在那里一直待到 1944 年年底，该计划终止之时。此后，他们中很多人被送往其他的集中营惨遭杀害。[222]

　　德国占领者们没有驱逐阿姆斯特丹的"犹太钻石从业者"，至少在一段时间内没有那样做。但后者的生活仍然很艰苦，其未来也变幻莫测。一些人留了下来，但另外的人则决定离开，在英国的荷兰流亡政府不得不处理大量钻石工人的签证申请，这些钻石工人的目的地为伦敦、美国、加拿大、委内瑞拉、巴西或苏里南（Suriname）。英国人拒绝了部分申请，声称无须更多的人员；荷兰人也拒签了部分申请，因为他们担心这会令其他地方建成永久性的切割中心。然而，还有几个国家乐于欢迎技术型难民。1941 年，荷兰外交部在伦敦收到了一封来自加拉加斯（译注：Caracas，委内瑞拉首都）的信，其中有这样一条消息："委内瑞拉政府鼓励钻石行业的专家移民，因为政府希望开发委内瑞拉的钻石矿。因此，请求委内瑞拉驻马赛领事签发护照。"[223] 虽然有些活跃在钻石行业的犹太家庭设法通过其中某条途径幸免于难，大量该行业的犹太人（特别是在荷兰的犹太人）还是在大屠杀中丧命了。

同盟国的军队不仅关注针对钻石矿工及钻石商人的大屠杀[224]，他们还对钻石本身特别感兴趣，这既是为了不让它们落入德国人之手，也是为了将它们用于自己国家的军工业。[225] 由于钻石公司在伦敦控制着全球 97% 的钻石销售，英国和美国不得不与奥本海默打交道，奥本海默最初考虑将戴比尔斯公司的主要活动中心从伦敦转移到南非，再在那里与美国建立直接的贸易联系。但无论是英国政府还是英国的钻石商，都对奥本海默将贸易中心转移到南非的倾向不满，英国人破坏了奥本海默在南非和美国之间建立直接贸易联系的初步计划。[226] 此外，因为无法保证在中立国家中是否存在不怀好意的钻石商，无法保证他们会不会将钻石再出口给敌人，那些中立国家，包括葡萄牙（仍在接收安哥拉钻石）、瑞士，甚至美国，后来都遭到此类指控。[227] 有人声称，存在一条经由英国殖民地的走私路线，走私者将南非的钻石通过埃及运往德国，再运往已建立起小型钻石业的巴勒斯坦，继而运往黎巴嫩、叙利亚和土耳其。[228]

简而言之，这场战争威胁到了传统的钻石贸易中心和钻石切割中心，相关政府一边跟上战争进程，一边不惜一切代价阻止上述变动。但拒绝向北美出口工业钻石也不是办法。因为美国可借助中立国以及非戴比尔斯公司所控制的区域再出口钻石而满足部分需求。若直接拒绝与美国人合作，对生意并无好处。为了不破坏现有的贸易联系，戴比尔斯公司讨论了一个绕过纽约商人的计划。但美国制造商明确表示，只有当戴比尔斯公司按照特定的质量要求交货时，他们才会支持这个计划，因为他们不想要低档的刚果钻石。在这一要求下，现有的库存钻石便难以出售。[229] 而且美国想要的不仅仅是可直接满足己方需求的钻石供应：他们想要建立自己的钻石储备，远离任何来自德国的威胁，不受戴比尔斯公司商业决策的影响。

作为对奥本海默计划的回应，英国签发了对钻石的贸易禁运，但在处理向美国出口工业钻石的问题之时却遇到了困难，因为该出口破坏了单一渠道销售制度。国际森林和矿业公司是对刚果钻石进行开采的殖民公司，其工业钻石产量在 1944 年上升到 850 万克拉，它还有意与美国建立直接的贸易伙伴关系。[230] 即使各生产商之间能够达成协议，通过钻石公司向美国出口工业钻石，但从法律层面而言，该卡特尔联盟也无法在美国的管辖范围内经营。罗斯福总统向钻石公司订购 650 万克拉的工业钻石时，压力骤增，但奥本海默还是拒绝了这笔订单。[231] 1942 年年底，双方达成折中方案，同意在加拿大建立 1150 万克拉的工业钻石储备，英国和美国只能在紧急情况下使用这些钻石，伦敦的单一渠道销售制度继续保留。钻石供应不仅来自钻石公司，还来自刚果（国际森林和矿业公司）、安哥拉（安哥拉钻石公司）和黄金海岸（卡斯特公司和塞拉利昂选择信托公司）的生产商。[232] 而对于钻石品质的要求则是通过迫使钻石贸易公司放弃其部分近宝石级的钻石储备才满足的。[233]

在欧洲，这场战争对钻石业的影响是巨大的。首先，它削弱了安特卫普和阿姆斯特丹的犹太钻石从业群体，钻石业内的众多家庭惨遭杀害或遭到驱逐。其次，它迫使戴比尔斯公司和一些同盟国政府重新考虑贸易路线、切割中心和工业钻石库存。战争期间所做的某些决定在战争结束后很长一段时间内都影响着钻石业。比起以往任何时候，各国政府都愈加从战略、政治和经济的角度进行干预，并采取措施保护自己国家在钻石方面的利益。战争期间已有迹可循，鉴于工业钻石的重要性日益增加，刚果丰富的工业钻石矿藏将成为未来的重要资产，特别是在刚出现的冷战背景下。美国和苏联之间的地缘政治冲突在钻石资源丰富的各非洲国家中将有不同的表现。战争刚结束，比利时就能利用刚果的矿产资源作为其施加政治压力的重要手段。[234] 1942 年，所有的工业钻石要么存放在英国，要么存放在刚果，但加拿大协议令世界上 2/3 的工业钻石供应量都转移至大西洋彼岸。这使得经伦敦进行单一渠道销售的制度承受了更大的压力。

这场战争结束后，比利时政府需要援助以恢复其在安特卫普的切割工业，并将它的利益与英国人的利益保持一致，因为英国人希望继续在伦敦进行集中化销售。伦敦曾梦想建立自己的切割业，此时也已放弃，而这对安特卫普有利。[235] 从某种程度上说，正是刚果挽救了比利时在钻石方面的利益。荷兰人虽然拥有婆罗洲，但那里的钻石产量远不及比利时的这一非洲殖民地。这给阿姆斯特丹的钻石切割业带来了永久性的损失。相当一部分荷兰犹太人未能在战争中幸存下来：据报道，被驱逐到集中营的 1500 名至 2000 名犹太钻石切割师中，只有 60 人活着回来。[236]

尽管受到纳粹的迫害，部分犹太钻石企业家还是设法逃了出来，并在以下地点建立了重要的战时切割及贸易中心作为替代：纽约（那里工作着 6000 名工人）、巴勒斯坦（5000 人）、巴西（5000 人，那里的小型切割工业已经存在了一段时间）、古巴、南非和伦敦。[237] 并非所有的中心都挺过这场战争，但那些幸存下来的中心要么已经有了历史积淀（如纽约）；要么规模仍然不大、毫无威胁，只能满足本地的生产需求（如巴西）。[238] 巴勒斯坦是重要的例外。特别是在特拉维夫（Tel Aviv），那里的切割业正在

发展，对安特卫普造成了威胁。在巴勒斯坦开展钻石活动的计划
并非源于战争。与犹太人的关系、当地商人的兴趣、身为英国委
任统治地的这一事实、外界对巴勒斯坦经济（建立在传统手工劳
作的基础上）的日益关注……这些因素令巴勒斯坦自然而然地成
为可供考虑的领土。[239] 战争期间，犹太人以及犹太复国主义政治
力量与犹太商人进行协商，他们认为，建立切割业是将巴勒斯坦
进行工业化的绝佳机会，于是他们设法说服戴比尔斯、英国人和
比利时人允许建立战时钻石工业，地点主要设在特拉维夫和内坦
亚（Netanya）。为了安抚比利时人，大家同意对巴勒斯坦的钻石
业进行限制，让它专攻小钻石加工。[240]

　　然而，战后，英国和戴比尔斯选择帮助安特卫普恢复其战前
的地位。这对巴勒斯坦等钻石中心产生了直接影响，特别是当时
美国的钻石消费还需要一段时间才能完全恢复。到 1947 年，巴
勒斯坦钻石业的就业人数减少到 1600 人，工资也减少了，而
一年前是 4592 人。[241] 纽约的相关就业也受到打击，1947 年只
有 800 名切割工人。在巴西，战争期间活跃的 5000 名切割工在
1947 年减少到 500 人。[242] 与此同时，安特卫普正在重新崛起，
1946 年雇佣了超过 10000 名钻石工人。[243] 时至 1948 年，巴勒斯
坦的钻石业几乎已完全消失，但它将在后来起死回生。同年，以
色列建国，保护钻石业成为其经济和政治议程的一部分，正如历
史学家大卫·德·弗里斯（David De Vries）所描述的：

　　"1948 年的阿拉伯—犹太（Arab-Jewish）战争令钻石制造
商、矿工们和商人们的犹太复国主义思潮日益不加掩饰、公然露
骨……他们在与其他钻石切割中心竞争时，表现出经济国家主义
（译注：economic nationalism，指经济为国民所有），他们禁止阿

拉伯人进入这个已获英国人大力扶持的行业，他们给出了继承德国钻石业的道德合理性，即这些同样都是其国民词汇中的重要组成部分。"[244]

与德国钻石业之间的较量，成为安抚安特卫普钻石业和比利时政府的理由之一。以色列的钻石业没有被视作竞争对手，而是被当作盟友；不是要取代安特卫普的地位，而是要取代德国的位置，因为德国在战后打算继续发展钻石切割业。以色列的施压行为和抵制行动不遗余力地对德国工厂发起了最后一击。[245] 戴比尔斯公司、以色列和比利时之间达成了协议，以色列的切割业从而得以长期存在，它现以特拉维夫为中心。全球经济环境的变化帮它站稳了脚跟。美国对珠宝的需求量再次上升，接近战前水平，而钻石产量也在增长。既然荷兰和德国这些对手已永远消失，那么就算在以色列多出一个钻石中心，安特卫普的钻石业还是可以生存下去。[246] 该行业继续增长，到 1971 年，以色列在国际钻石市场上的贸易份额达到 30%，主要靠抛光钻石的出口。[247] 时至今日，特拉维夫和拉马特甘仍然是重要的钻石中心，雇佣了大约20000 名男男女女。[248]

第二次世界大战的爆发对亚洲的钻石业并未产生如此巨大的影响，尽管第二次世界大战还是令婆罗洲的马达布拉钻石工厂暂时出现供应问题。这里还在继续开采，但占领了该岛的日本人将钻石没收了，并将其带回本国。战后，巴达维亚的战争损害赔偿局（Bureau for War Damages）收到了大量婆罗洲居民的信件，试图收回被人窃取的钻石。例如，1947 年，林康卓（Lim Kang Tjoean）写道，他在 1944 年被一个叫弘前（Hirosaki）的人逮捕，后者命令一名间谍闯入自己的房子，没收了屋内的贵重物品。林康卓索赔时，提及 37 颗重达 305.75 克拉价值 750000 荷兰盾的明亮式钻石从其藏身处被搜走。[249] 到 1948 年，马达布拉原来拥有的 6 家切割厂只有 2 家挺过来了，现在它们不仅打磨钻石，还生产抛光用圆盘，远供马六甲、缅甸以及中国上海和香港地区使用，这进一步巩固了马达布拉作为亚洲钻石中心的地位（参见图 75）。[250]主要的变化是政治变化。战后，荷兰在亚洲的殖民地不愿意继续被欧洲统治，那些岛屿打了一场独立战争，最终于 1949 年获胜，它们稍后组成了印度尼西亚。1949 年，荷兰接受了印度尼西亚的独立。[251] 婆罗洲的前荷兰殖民地被重新命名为加里曼丹，马达布拉周围的钻石区现在属于南加里曼丹省。但是，尽管印度尼西亚的独立开创了全新的政治局面，它却并未改变当地钻石开采的性质，也未能扭转荷兰参与其中的局面。[252] 对于产量下降的颓势，它也毫无作为。婆罗洲的钻石开采一直是冲积矿，就像其他许多具有长期冲积矿开采历史的地方一样，这里继续沿用传统的开采方法。

印度仍然是英国殖民地，它展开了长期斗争，反对英国殖民化，从而在战后几年里成功推翻了欧洲的统治，最终于 1947 年建立了独立的印度。可紧接着，巴基斯坦伊斯兰共和国和印度共和国分治，这令一些地区的领土冲突不断，最为人所知的是旁遮普和克什米尔（Kashmir）。[253] 随着印度的独立，新的钻石保护性政策也出台了。历史上，印度的精英们对采取欧洲方式切割的珠宝和钻石需求明显，这些钻石有一部分是在印度工厂进行切割的。印度的切割业一直规模不大，其国内的产量下降后，便依赖于从南非进口钻石。[254] 印度的工厂没有拿到质量最为上乘的钻石，因此当地切割业开始专门加工较小的钻石，待遇微薄。印度商人从孟买和加尔各答的安特卫普公司销售代理商那里购买钻石原石（参见图7）。在20世纪20年代，这变得越来越困难，印度商人开始亲自前往安特卫普，他们大多来自古吉拉特邦帕兰普尔（Palanpur）市中的耆那教家族，这些家族之间互通有无。这是安特卫普重要的耆那教钻石业流散族群（diaspora）之发端，现在依然存在。[255]

第二次世界大战期间，英国殖民者们禁止将任何钻石出口到印度，这是其为了控制钻石的流动而采取的一大常见做法。印度独立后，印度政府继续执行该禁令，试图推动商人投资当地企业，而不是从国外购买钻石。[256]该禁令于1952年取消，但任何单批进口的钻石中，钻石原石份额必须达到90%。政府希望通过这种方式来发展切割业。耆那教关系网络将印度钻石切割业与安特卫普的钻石业连接了起来，该网络迅速恢复，人们引进了新技术，印度的切割业蓬勃发展，部分原因是安特卫普将印度工厂视作低品质钻石的良好、廉价的处理途径。[257]1969年，由帕兰普利（Palanpuri）商人阿伦库马尔·梅塔（Arunkumar Mehta）于1960年在孟买成立的B.阿伦库马尔公司（B. Arunkumar & Co.）成为戴比尔斯公司的首个印度看货商。在20世纪70年代，该公司将其总部迁至安特卫普，并最终重新命名为蓝玫瑰（Rosy Blue）。今天，它还活跃在各行各业中，如房地产和金融业，并且仍是较大的钻石公司之一。梅塔家族在比利时前100名首富排行榜中占有一席之地。2016年，在比利时有史以来最大的一大相关审判中，蓝玫瑰公司被宣告钻石欺诈罪和走私罪不成立。[258]这个公司今天之所以能跻身全球最富有的钻石贸易公司之列，乃印度钻石行业增长的结果，该行业的增长始于印度政府于20世纪60年代所采取的措施。伴随着钻石贸易的崛起，印度的切割业也在不断壮大。战后印度政府采取的保护措施起了作用。到1979

年，印度出口货物中，价值12%的钻石来自其国内切割业，而1975年该比例仅为2%。[259] 另一规模更大的发展则源自1985年澳大利亚阿盖尔（Argyle）矿场的开张。[260] 阿盖尔矿生产极小的粉钻，这些钻石通常放在印度那些低工资的工厂里进行切割，这比到安特卫普距离更近。印度切割业的崛起是以牺牲安特卫普为代价的：1965年，安特卫普有15000名钻石工人，数量只有印度钻石工人的一半。而2004年，印度的切割工厂中活跃着超过100万名钻石工人。[261]

种族隔离制度下的繁荣

第二次世界大战也给各政府阻止钻石落入敌手的尝试带来了挑战，而战后数年里，新出现的竞争也带来了接连挑战。新形势对戴比尔斯公司精心打造的垄断地位而言，同样是一种考验。1969年，戴比尔斯邀请阿伦库马尔·梅塔的公司成为首个印度看货商，这并非出于施舍，而是因为印度钻石商们撇开戴比尔斯已有的渠道来销售货物。[262] 将竞争对手中最强的对手纳入自己单一销售渠道体系中，这一直是南非人的策略。第二次世界大战造成的直接后果不仅破坏了单一销售体系，而且暴露了该卡特尔的结构并不适合应对单独的工业钻石市场的事实。为了解决第二个问题，钻石贸易公司于1946年被拆分为两个公司：钻石采购和贸易有限公司（DPTC）成为一个营销分公司，专门负责处理宝石钻石；工业分销商（销售）有限公司（IDS）则负责在伦敦处理工业钻石贸易。[263] 从1946年至1951年，钻石贸易公司焕然一新，其抛光钻石销售量翻了一番。这表明，尽管1947年的危机对巴勒斯坦造成了巨大的打击，戴比尔斯公司还是迅速站稳了脚跟。[264]

这次改组是奥本海默战略的一部分，目的是转移其在南非的库存。奥本海默希望对钻石的供应加大控制，也乐于避开英国对于公司收取的重税。分拣和分级活动被转移到金伯利的中央分拣办公室，该办公室现在接收通过钻石公司从外部生产商获得的钻石（主要是刚果的工业钻石）。成批的工业钻石被送往约翰内斯堡的工业分销商（销售）有限公司，库存钻石在伦敦进行销售之前，由后者进行保管。1961 年，在合成钻石发明后，工业分销商（销售）有限公司的作用仅限于销售小金刚石（**译注：boart，该类别包括各种低质量、非宝石级钻石**）、合成钻石和钻头钻石；钻石公司和钻石贸易公司则负责销售所有其他的钻石，包括工业钻石。戴比尔斯的营销和生产公司（DTC、DICCORP 和 IDS）经组合整体被称为中央销售机构（CSO，Central Selling Organisation）。[265] 奥本海默的转移战略在战后 15 年里南非钻石进口量的飙升中发挥了显而易见的作用。1964 年，南非出口了约 2000 万克拉的钻石，其中只有 200 万克拉的钻石是在南非开采的。[266]

按照惯例，钻石生产商协会中的生产商之间所签协议每 5 年会更新一次，1950 年出现了某些重要变化。普雷米尔矿（参见图 70）重新开放，并被分配了配额；钻石公司则不再获得配额，但它在履行其对西非、刚果、安哥拉和英属坦噶尼喀（British Tanganyika，后来的坦桑尼亚）外部生产商以及部分南非冲积矿生产商的合同债务方面会获得担保。1955 年，钻石公司再次获得配额（参见表 3）。[267] 戴比尔斯公司仍然是这些组织中最为重要的公司。该公司此时已包含 9 家钻石开采和勘探公司、钻石公司和 3 家投资黄金、煤炭、化学品、纺织品和工程方面的企业。[268] 然而，钻石仍然是戴比尔斯公司的核心业务，在战后数年依旧欣欣向荣。由于消费者对抛光钻石和珠宝的需求变了，再加上业界对低档工业钻石的需求扩大了，钻石销量及产量都在上升。从1945 年至 20 世纪 60 年代，全球钻石原石的产量翻了一番，达到每年 2700 万克拉。由于刚果、安哥拉和西非拥有大量的工业钻石矿藏，其产量超过了南非。宝石级钻石此时在重量方面只占 1/4，但在售价方面却占 3/4。[269]戴比尔斯公司雇了一家广告公司在全球范围内推销其钻石，艾尔父子（N. W. Ayer & Son）广告公司的文案人员玛丽·弗朗西斯·杰瑞特（Mary Frances Gerety）于 1947 年提出了著名的口号："钻石恒久远，一颗永流传"，这并非巧合。[270] 产量扩大就需要一个不断增长的消费市场，而戴比尔斯公司的战后宣传活动经证实是成功的。它们向西方客户出售的钻石璀璨耀眼，但钻石行业从业人员所过的生活却日益艰难，二者形成了鲜明对比。尤其是戴比尔斯公司，在对待劳工方面创下了不良纪录；其他公司虽则试图为劳力创造更好的条件，但它们采取的是家长式作风，例如，坦桑尼亚的约翰·威廉姆森（John Williamson）。

非洲其他地方已有的外部产量已通过合同去获取，每一次新发现都被视作对戴比尔斯公司垄断行为的潜在威胁。1942 年，克莱因泽的冲积矿床处于戴比尔斯公司的直接控制之中。特别是1956 年采矿活动扩大化后，一个依靠移民雇工的采矿镇发展起来了。时至 20 世纪末，该镇 4000 名居民都是通过戴比尔斯公司获得生计的。[271] 战后不久，戴比尔斯公司眼前最为严峻的挑战是来自英属坦噶尼喀的一项发现。1940 年，加拿大地质学家约翰·威廉姆森在维多利亚湖附近姆万扎（Mwanza）以南约 160 千米处发现了姆瓦杜伊（Mwadui）金伯利岩管（参见图 78）。该岩管表面面积为 1.46 平方千米，至今仍是世界上最大的可开采钻石矿。事

Guinea：几内亚
Conakry：科纳克里
Banankoro：巴南科罗
Freetown：弗里敦
Seguela：塞盖拉
Sirra Leone：塞拉利昂
Monrovia：蒙罗维亚
Ghana：加纳
Koidu：科伊杜
Abidjan：阿比让
Accra：阿克拉
Akwatia：阿夸蒂亚
Liberia：利比里亚
Ivory Coast：象牙海岸

Central African Republic：中非共和国
Bangui：班吉
Congo River：刚果河
Zobia：佐比亚
Congo：刚果
D.R.Congo：刚果（金）
Kisangani：基桑加尼
Kasai River：开赛河
Brazzaville：布拉柴维尔
Kinshasa：金沙萨
Cuango：宽果
Tshikapa：奇卡帕
Mbuji-Mayi：姆布吉 - 马伊

Williamson Diamond Mine：威廉姆森钻石矿山
Dundo：敦多
Tanzania：坦桑尼亚
Cafunfo：卡丰佛
Luanda：罗安达
Andulo：安杜洛
Benguela：本吉拉
Angola：安哥拉
Chiume：丘姆

Alluvial Diamond Deposits：冲积型钻石矿藏
Kimberlite Pipe：金伯利岩管

图 78　西部非洲和中部非洲的钻石矿藏

实证明，该矿钻石资源非常丰富，戴比尔斯公司迅速采取行动买下了它。1947 年，威廉姆森钻石有限公司（Williamson Diamonds Ltd）决定加入戴比尔斯公司，它获得 9.17% 的生产商配额；1949 年，该产量上升到 19.5 万克拉。然而，不久之后，威廉姆森公司和钻石公司在价格上发生争执，威廉姆森公司退出了。20 世纪 50 年代，威廉姆森矿的产量比戴比尔斯公司在南非矿场的产量总和还要高，而且这些钻石都是宝石级的。这对戴比尔斯而言情势是很危险的，直到 1958 年威廉姆森去世后，该问题才得以解决。戴比尔斯通过与威廉姆森兄弟以及殖民当局之间进行交易购买了该矿。[272] 对戴比尔斯公司的扩张行为深感遗憾的人可能是劳工们。因为威廉姆森曾负责建造学校和医院，并设法为自己所雇佣的数千名黑人劳工创造一个可引为典范的工作环境。[273]

罗丝玛丽·姆瓦波波（Rosemarie Mwaipopo）对坦桑尼亚的钻石开采展开了全面的研究，根据她的说法，威廉姆森开发其矿区的故事极为了不起。他一开始是个勘探者，确认自己发现了一个丰富的矿藏后，他与当地的多位领导人（**译注：这一矿场最初就是以其中某个人的名字，即姆瓦杜伊进行命名的**）进行谈判，并在后者的许可下进行开采。后来，他依法购买了矿场所在的土地，而不是仅仅盗窃或侵占土地，后面这些是历史上更为常见的做法。[274]威廉姆森创办了一个采矿协会，协会内的退休工人前往附近村庄居住，这些村庄在 2005 年前后共有约 20000 名居民，包括一些仍在干活的传统手工采矿者。[275]虽然威廉姆森的公司肯定不同于南非的采矿矿工院，它也不是乌托邦式的工人天堂。1946 年，威廉姆森矿场的 6000 名工人住在一个带有围栏的营地里，由 200 人看守。[276]虽然建立一个戒备森严的营地仍然是矿主们防止盗窃和走私的典型解决方案，威廉姆森为工人们建造的设施以及他在创办其采矿企业时的谈判方式，都迥异于南非和西南非洲的情况。[277]

戴比尔斯公司自 19 世纪以来便一直粗暴地对待其黑人矿工们，除此之外，该公司和奥本海默本人此时都是南非工业和政治中不可或缺的组成部分，两者都充斥着种族主义思想。戴比尔斯公司作为该国最重要的一大经济力量，它不仅是一家大公司，而且是一家南非大公司。南非联邦自 1910 年以来在名义上独立，自 1931 年以来才完全独立，它在国家党（National Party）于 1948 年赢得选举后便实施官方的隔离政策（种族隔离）。少数白人将种族法以及暴力压迫作为手段以控制数量方面占绝对优势的黑人，在种族隔离的数十年里，南非的动荡历史以白人暴力、黑人反抗、国际抗议和抵制为特征。[278] 1960 年 3 月，在德兰士瓦的沙佩维尔（Sharpeville）镇发生了一场反对"通行证法"的大规模示威，通行证法是巩固种族隔离制度的内部许可证制度。警察杀害了 67 名示威者，这促使联合国亮明了官方立场。联合国于 1962 年 11 月通过第 1761 号决议，谴责种族隔离政策，呼吁人们对此自发地进行抵制。1963 年 8 月，联合国安理会签署了另一项旨在停止向南非出口武器的决议，该决议由包括苏联（USSR）在内的所有成员国签署，但法国和英国除外。[279] 苏联签字之举令一项秘密协议暂时中止了，本来根据该协议，戴比尔斯公司可能购买俄罗斯钻石。[280] 国际上的抵制活动范围在不断扩大，外国投资者们纷纷远离，南非经济受到影响。哈利·奥本海默于 1957 年接替其父亲成为英美资源集团和戴比尔斯公司的负责人，他采取了务实的立场。哈利的父亲在生命的最后阶段，已经意识到众多黑人矿工生活和劳作的恶劣条件，但他为改善工人命运所做的努力可以说是一种"理性利己主义"（译注：enlightened self-interest，是一种从个人利益出发，力求个人利益与社会利益相结合的资产阶级利己主义伦理学说）。[281] 奥本海默家族是白人精英阶层的一分子，他们生活奢侈，靠黑人劳工发家，这是不可否认的。奥本海默家族还与南非政府有着共同的经济利益，而政府在实际执行种族隔离制度时也是基于各矿业公司（包括戴比尔斯公司在内）所制定的规章制度。[282] 另外，哈利·奥本海默也意识到，种族隔离的这一政治制度不可能长期维持下去，有必要进行改革。他在 1961 年见到纳尔逊·曼德拉（Nelson Mandela），他被其"力量感"所震撼。[283] 哈利认为黑人中产阶级的发展将是一个突破口，并为此采取了一些举措。在他访问美国时，曾因其对黑人劳工的人道待遇而受到约翰逊总统的交口称赞，但他也听过这样的评价："光这样做还不够。"[284]

就戴比尔斯公司对黑人劳工的种族主义歧视，美国总统可以自由地表达自己的看法。但在南非，对于长期存在的矿工院、歧视和收入不平等等压迫性制度，相关看法则要负面得多。一个受雇于戴比尔斯公司的黑人矿工平均每月挣97.5美元，而一个白人矿工的工资是480美元。在奥本海默担任校长的开普敦大学中，学生们抗议他言行不一。作为对这些抗议的回应，他提高了工资，但黑人和白人工人之间的待遇还是高低不平。1973年9月，金矿工人的罢工遭到当局暴力驱散，12人死亡，这表明种族隔离制度以及对黑人劳工的压迫和暴力行为仍在继续。[285] 20世纪70年代，戴比尔斯公司最终决定废除此前采用的封闭矿工院制度。不过，按照南非对黑人移民劳工采取的普遍做法，"宿舍制度"继续存在，即在原本只有白人的地区设计特定建筑来安置黑人劳动力。[286]乌干达学者马哈茂德·马姆达尼（Mahmood Mamdani）1996年首次出版了有关非洲殖民主义遗产的专著，其中提到了某项研究的结论：劳工宿舍提供了529784张床位，其中几乎60%位于兰德的金矿区。同时，马姆达尼断言，该数字并不代表住在宿舍里的劳工总数，因为有床位的人被视作特权人士。[287]这里的环境往往很恶劣：床位很小，小贩们出售香烟、毒品和酒精，而1986年取消了控制人员入内的机制后，大量失业工人涌入，于是这里人满为患、难以维系。[288]

在钻石矿区，矿工院制度因为方便控制黑人劳工并防止钻石被窃而受到捍卫。其中一种标准的手段是使用X射线，工人们被关在封闭的矿工院里，为时7周，这是个人接受连续X射线检查所需的安全期（参见图79，该图显示，在一个男子的胸腔里面，有一颗被他吞下的钻石）。[289]

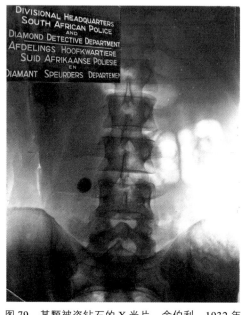

图 79 某颗被盗钻石的 X 光片，金伯利，1932 年

1976 年 2 月 的《星期日泰晤士报》（*Sunday Times*）上有篇关于钻石矿劳工的文章证实，官方实行封闭矿工院制度的动机一直是为了防止盗窃，该制度通过与"来自部落的矿工签约，后者将过 7 个月的监禁生活，换来的是宿舍内的一张床和生活的基本需求（不包括酒和女人）"。[290] 这一历史证据（尤其是插图）清楚地表明，防盗措施主要是试图完全控制黑人劳动力，以方便其白人雇主们想怎么用工就怎么用工、想怎么处置就怎么处置、想怎么约束就怎么约束。这篇文章继续说，非法的钻石买卖虽然减少了，但该制度"因其道德和社会影响而频繁受到批评"。[291] 各宗教组织在 20 世纪 70 年代似乎一直在抗议该制度，荷兰改革教会（Dutch Reformed Church）将其称为"肆虐在非洲人生活中的毒瘤"。[292] 该教会并不关心种族隔离背景下政府的不当行为，而是抱怨矿工院对家庭生活的破坏性影响，认为这滋生了卖淫行为和性病。戴比尔斯公司已经开始替换其住房形式，它在金伯利附近的盖尔施瓦（Galeshewe）镇上建造了 250 套住房。同时还希望通过提高工资来吸引更多当地的劳动力来取代移民劳动大军。

不过，该文章最后总结说，尽管越来越多的人抗议矿工院制度，戴比尔斯公司准备逐步取消"封闭式宿舍"（closed hostels），但真正原因是已提高了安全性，再加上引入了"诚信奖金"（honesty bonus）。这篇文章开篇介绍了黑人矿工阿贝尔·马雷特拉（Abel Maretela）的故事，这个矿工因为发掘了"有史以来第十大钻石"而获得了5680英镑现金的奖励，还获得了其"故土部落"的一栋房子。[293]马雷特拉的月薪为78英镑，之前因为"发现了从传送带上掉下来的钻石"而分别获得了340英镑、470英镑和11英镑的"诚实奖金"。[294]这些经济激励措施经证明可减少盗窃行为，文章作者对矿工院逐渐消失后黑人矿工可能的发展感到乐观。但他也指出，白人矿工的工会仍然存在一个主要问题。就像1883年和1884年，白人罢工者不愿意与黑人同行们团结起来一样，白人工会也拒绝接受黑人工人获取更高的待遇和技能含量更高的工作。[295]这些地方以及全国性白人抵抗活动反对解放黑人劳工。与之不同的是，国际方面的抗议在不断扩大。美国通过1986年的《反种族隔离法》（Anti-Apartheid Act），该法限制从南非进口商品，而且可以预见的是，如果种族隔离政策继续实施下去的话，南非将面临更多的制裁。[296]1987年，奥本海默试图退出钻石生产商协会，以削弱戴比尔斯公司和南非之间的联系，但这不过是表面文章，因为戴比尔斯公司在全球钻石生产中的份额已经下降到11%，而戴比尔斯公司占据了最重要地位的中央销售机构（CSO）负责全球80%的销售。[297]

人们准备推翻南非的政治制度，而矿工们发挥了极大作用。1982年，黑人矿工全国工会（National Union of Mineworkers，简称NUM）成立。该工会发展迅猛，它组织罢工，援助非洲人国民大会（African National Congress，简称ANC），成功地将各类工会统一起来，最终在结束种族隔离制度方面发挥了重要作用。[298] 他们的行动在西南非洲得到了响应，该地区于 1990 年独立为纳米比亚。西南非洲人民组织（SWAPO）曾为独立而战，最终成为纳米比亚执政党，它将该国的矿山称为"剥削、侵占财富的关键场所"。[299] 官方与戴比尔斯公司虽然就后者在纳米比亚的部分矿山进行了国有化谈判，但矿山国有化并未成功，不过这确实为黑人劳动力创造了更好的劳动条件，最终也令其南非同行们受益，这些人为改善自己的命运已经奋斗了几十年。[300] 1994 年，纳尔逊·曼德拉当选为南非总统，他结束了种族隔离这一政治制度。戴比尔斯公司是钻石和南非的代名词，它的声誉因该公司依赖于剥削劳工和推进种族隔离制度而受损，但它仍然是世界钻石行业的首要经销公司。尽管历史上戴比尔斯公司作恶多端，比起非洲其他地区的许多殖民采矿公司而言它更为幸运，因为那些公司在 20 世纪 50 年代末和 60 年代的独立运动后大多不复存在了。

第五章

冲积矿开采的持久引力

1884—2018 年

"塞拉利昂到处都是钻石，一般都出现在河道……数百英里的溪流和沼泽。即便有数以千计的警察、直升机以及……老天才晓得的东西，对于该地区的非法开采，你也无能为力……如果你乘坐小型飞机盘旋四周，或者如果你在灌木丛中伐木开道，你便可以看到河岸上每天早上都有坑坑洼洼的新的开采点。"[1]

随着南非金伯利岩管的发现以及地下开采作业的发展，钻石世界被完全颠覆了。日落西山的采矿业再次死灰复燃，钻石原石的产量剧增。这反过来又令人们重新做起了通过垄断钻石生产及贸易来控制钻石价格的美梦。戴比尔斯联合矿业公司发展了南非钻石开采，而总部设在伦敦的辛迪加集团则建立了层层关系，这样便确保大部分钻石原石可以通过严格控制的单一销售渠道到达消费者手中。除了完全控制生产和销售外，戴比尔斯公司还完善了长达一个世纪之久的奴役劳工制度，用在了自己的矿区。官方层面，各地都已废除了奴隶制。但在南非，封闭矿工院制度和种族隔离政策依然存在，并且是戴比尔斯公司得以对黑人矿工进行近乎全面控制的基础。

南非形成的工业化采矿模式为钻石业奠定了基调并沿用至

今，但在南非，古老的冲积矿开采作业并未终止。冒险家们从未停止过寻找钻石的脚步，在巴西、印度和婆罗洲等古老的含钻区河床上，在非洲的中心地带，开采热潮继续涌动。在戴比尔斯公司发展成为世界性商业帝国的同时，探矿者们在西非和中非发现了重要的冲积矿藏（参见图78）。殖民时期，大型欧洲公司在刚果、安哥拉、西非和坦桑尼亚纷纷建立了垄断权，但随着大量国家的国内开采业获得独立并国有化之后，非洲政府愈发难以控制偏远和分散的钻石矿区内寻宝者的活动，这些人成千上万。"血腥钻石"（或称"血钻"）一词就是在这些矿区诞生的，该词是指利用钻石来资助激烈的内战。非洲的冲积矿钻石通常是工业钻石，它们被人大量走私，这给当地经济和民众带来巨大负担。许多人要么被迫为有权有势的人干活，要么为了摆脱贫困而劳作，他们非常痛苦。而这一切都始于已知最为残暴的一大非洲殖民政权，即比利时国王利奥波德二世（King Leopold II）的政权。

在20世纪，非洲与钻石密不可分，无论是工业开采还是手工开采，但不应忘记，在印度、婆罗洲和巴西的老矿区，小规模的手工开采活动依然存在。本章聚焦非洲以及其他地区冲积层开采活动的历史进展情况。本章与前一章描述的时期差不多，但前一章是关于戴比尔斯公司的工业运营状况，本章则关于冲积矿之间的竞争。

婆罗洲传统方法的沿用

工业化采矿的发展带来了钻石的开采、销售和劳动力控制方面的新技术，这对现代钻石世界产生了重要影响。然而，新方法从未完全取代冲积矿钻石开采的老做法，这两种不同的开采方式并非互不相容的关系，只是需要采用不同的开采管理形式。工业化的地下采矿活动控制起来要容易得多，因为它是在一个较小区域内进行的（不是在河床而是在地下矿井）。20世纪活跃在非洲河床上的矿工们所依靠的技术，与全世界历代矿工们在钻石矿藏开采中使用过的技术没什么两样。

1786年，一篇关于班贾尔马辛（参见图35）附近摩鹿可（Molucco）河上钻石矿的报道，描述了山区的当地住户是如何协助钻石矿工的，因为他们更擅长通过某些小石头的颜色和存在来发现含钻泥土。他们似乎没有意识到从那种泥土中所发现的石头的商业价值。这位评论者注意到，当地人愿意找个地方挖个洞，再用铁盆取土，所有这些都是免费的。然后，他们再运送、筛分和清洗土壤，租赁者将发现的钻石收上来并向矿工支付很低廉的费用。重量超过5克拉的钻石必须交给当地的统治者，其余的则进入市场。这位匿名的作者评论说，这是一种"哑巴规则"（译注：rule for the dumb，即"经验之谈"，在这里表示不完全准确或可靠的规则，不会严格地进行遵守），因为超过5克拉的钻石还是很容易被人隐匿下来的。洞口可深达17米，采用木质结构进行支撑以防止洞口坍塌。[2]这种传统的冲积层采矿方式与南半球其他地方的采矿方式非常相似，哪怕时移世易也几乎没有改变。

19世纪，有人在巴达维亚撰写了一篇报道，其中描述了兰达克主要定居点的土著人是如何挖洞去寻找钻石的。这里有250所房子，容纳了4000名穆斯林，他们主要靠物物交换和钻石开采为生。兰达克是婆罗洲的一个地区。它的名字来源于当地的一个词，意为"豪猪"（porcupine），这是欧洲人给它起的名字，他们认为这个名字可以形容出凹坑遍布的地形，而这正是婆罗洲钻石开采的特点。[3] 开采孔洞的相关描述也见于 1824 年一位政府官员的旅行报告。他描述了在班贾尔马辛的松吉 – 伦蒂（Soengi-Roentie）的 3 个矿场，它们直接挖到地下，0.5 米见方，4 米深。脚手架则被搭在深度刚过 1 米的地方，有人在脚手架处将一桶一桶的水从下面的矿工那里拉上来，下面的那些矿工则在齐肩深的水里做事。他们正在寻找含钻泥土，这类泥土的特点是含有一种颜色类似于铅的石头，名为"钻石的兄弟"（soedara intan）。在地面，他们用竹篮子将其筛选出来。余下的细沙放在圆形的木制容器中，留待进一步清洗，直到可以用手挑出钻石为止。[4]

班贾尔马辛苏丹的脖子上挂着一颗重达 77 克拉的钻石，是在松吉 – 伦蒂发现的。1859 年，荷兰人控制了该苏丹国，这颗钻石随之被运往阿姆斯特丹，在那里被切割成一颗 36 克拉重的钻石，目前被保存在荷兰国立博物馆（Rijksmuseum）中。[5] 这一尺寸的钻石在该岛很少见，尽管有时在那里也发现过重达 24~40 克拉的钻石。1858 年，一名中国矿工将一颗 40 克拉的钻石交给了兰达克的统治者。[6] 10 年后，在一个钻石矿中发现了一颗 25 克拉的钻石，它被切割成 18.5 克拉。[7] 时间流逝，但是这些方法几乎一成不变。1919 年的一份报告描述了矿工是如何确定矿井中含钻泥土的深度的：他们将铁杆插入地面，当它接触到石英时会发出摩擦声，这就提示矿工已到达了含钻地层。通过不同的篮子筛选含钻泥土，其中一个规格的筛子可用于收集所有重达 3 克拉（及以上）的钻石，这种做法是"苏丹时代遗留下来的方法，当时所有超过这一重量的钻石都必须上交给苏丹"。[8]

蒂瓦达尔·波塞维茨开展了某项有关婆罗洲矿产资源的调查，他认为，那些寻找钻石的人"非常娴熟"，甚至能够找到重量微小的钻石，而未经训练的人看过去则难以有任何发现。[9] 他还写道，迷信活动在钻石开采中占据极为重要的地位，某些人可以"借助对钻石光泽的神秘感知力，确定钻石的掩埋地点……尽管巫师说了某地有钻石，但是如果他们未能成功找到设想中的宝石，他们也会安慰自己，认为这些宝石已被邪灵偷偷转移了"。[10]

冲积层采矿不仅仅是挖洞取土、冲洗土壤。一些矿工还潜入水中取土，他们没有呼吸辅助设备，而是使用一个木笼子，这种笼子一般3平方米大小，可容纳3名至4名矿工。它们的作用是保护潜水员们免受鳄鱼的伤害，但有了笼子也并不意味着万事大吉：1927年7月至1928年7月期间，有80人在马达布拉河中丧生。[11] 今天，主要分布在西加里曼丹（West Kalimantan）的土著人仍在潜水寻找钻石，而在这一过程中，他们是冒着生命危险的。[12] 20世纪初，潜水员大多是马来人，由中国人或当地商人出资。虽然当地人在采矿中总是发挥着巨大的作用，他们从来都不缺同伴。1932年，一位工程师提到了中国人、马来人、达雅克人（Dayaks）、日本人和欧洲人都开采过的含钻河流区域。丛林中可见早先开采的痕迹，这些痕迹通常出现在山坡上，当地人声称它们主要是由中国人开采的。[13] 这些痕迹可能是经人重新填补的矿洞（开采结束后通常会这么做）。不过，若是某矿洞仍在开采中，人们会在洞口插上一面小旗子以告知其他人这一信息，这也是允许的。但这种做法产生了误会，特别是倘若另一名矿工在某个旧矿洞再次进行开采并发现了钻石的话，便会出现钻石归属的争议。[14] 华人当时也在开采黄金和钻石，但达雅克人比他们更容易"接受寻宝无功而返的结果，尽管他们有时费尽力气在地里挖了好些天，却白费力气"。[15] 到19世纪中叶，婆罗洲的大部分黄金、钻石和珠宝都出口到了中国，估计每年有几百万盾的收入。[16]

矿工们通过公司（译注：kongsi，在现代的马来文中，该词本义为"合伙的商业机构"。18世纪、19世纪时，该词通过船运、贸易和移民等方式传入婆罗洲，指的是华人社团或者合作兄弟会之类的团体）的形式组织了起来，这是一种基于群体内宗族纽带的商业合作关系，是一种起源于中国的社会结构。[17] 旱季开始时，钻石矿场中形成了公司，马达布拉的商人们为它们提供资金。其中一些是以亲属血缘关系为基础的，特别是在马来人中，因为钻石开采已经成为一种家族传统世代相传。某位投资者向矿工们预付报酬，每月约15盾，作为回报，他将获得利润的10%~20%。[18]

慈善家、药剂师兼企业家亨德里克·蒂勒玛（Hendrik Tillema）于1928年和1929年先后前往婆罗洲内陆地区，并于1931年和1932年再次走访当地的达雅族人。他在一本带插图的著作和一部在荷兰上映的电影中记录了自己的旅行。[19] 蒂勒玛关注欧洲人与当地人相互接触带来的影响，并希望用这部电影对达雅克的文化和生活方式进行记录。达雅克人长期参与钻石开采，这一主题也出现在该影片中。达雅克人开采前要先举行祈福宴（译注：Selamatan，类似于祈祷会之类的爪哇民间信仰，如在亲人逝世后的第3天、第7天、第14天、第100天和第1000天举办祭奠仪式，向亡灵供奉食物），庆祝活动包括献上猪、狗或鸡作为供品。[20] 而后，取出首份土壤样本，放进小油桶或类似的容器中仔细清洗。如果发现了一颗钻石，乃为吉兆，他们便将其献给荷兰殖民官员，接下来便开始认真开采。[21] 同其他大量历史背景中的情形一样，女性们从事艰苦体力劳动的现象也很常见，如搬运含钻泥土（参见图12，也可与图20相比较）。近点的年份，虽然引入了一些现代设备来协助清洗钻石并进行分类，在冲积矿区的钻石挖掘仍然是手工作业。20世纪80年代，只有不到500名矿工活跃在哲恩巴卡，因为那里的矿层逐渐枯竭了。[22] 其中许多人是穆斯林农民，他们从事钻石挖掘，希望能幸运地发现钻石，这样就可以有钱前往麦加朝圣了。[23]

非洲心脏地带的钻石

蒂勒玛婆罗洲之行的 20 年前，1884—1885 年的柏林会议决定对该地区进行考察，随之在非洲的中心地带发现了重要的冲积钻石矿藏，这令该地区成为殖民国家争夺的对象。[24] 钻石大亨们在南非出现的同时，也有人代表欧洲列强对非洲大陆内部广阔的领土进行勘探。著名记者亨利·莫顿·斯坦利爵士（Henry Morton Stanley）为希望在非洲中部建立殖民地的比利时国王利奥波德二世探索了刚果盆地，而彼得罗·布拉扎（Pietro Brazzà）也为法国人进行过勘探。德国对西南非洲产生了兴趣，而当时的英国人则希望在整个非洲大陆扩大影响力。[25] 虽然历史学家仍在仔细研究这场"争夺非洲"的帝国主义野心及其背后的政治经济动机，但在 19 世纪末，欧洲强国在撒哈拉以南非洲的扩张行为无疑产生了破坏性的影响。欧洲殖民者之间的敌对关系在柏林会议期间得到缓解，该会议令利奥波德国王想要拥有一个非洲私人殖民地的梦想成真了，即刚果自由邦（Congo Free State）。[26] 利奥波德将其殖民地的大部分地区包给橡胶公司，并通过名为"公共军队"（The force publique）的殖民部队对橡胶种植园实施残酷的统治。当地人受到了如此暴力的剥削，历史学家现在还将利奥波德对刚果的统治称为"种族灭绝"，因为他在 1880 年至 1910 年期间造成了多达 1000 万人死亡。[27]

世纪之交，在比利时，人们对于刚果人所受到的残暴待遇愈发反感，英国的报纸上也出现了反对的声音。[28] 文学也做出了贡献，其中最为著名的是约瑟夫·康拉德（Joseph Conrad）的《黑暗之心》（*Heart of Darkness*），该书于 1899 年首次以连载形式出版。康拉德的长篇小说虽然也会进一步加深人们对非洲大陆及其居民的刻板成见，但该作品确实对欧洲人剥削非洲的恐怖行为提出了一些深刻理解："他们想要把这片土地内的宝藏掠夺走，其背后动机毫无道德可言，就像宵小之徒撬开他人保险箱一样。"这句话几乎可直接用来描述各地的钻石开采活动。[29] 1907年，一家荷兰语报纸报道，比利时政府正在考虑吞并刚果，特别是它此时作为一个"金矿"已名声在外，英国也开始对之感兴趣了。还有报纸将英国人质疑利奥波德殖民统治的手段与他们获得德兰士瓦及其钻石矿场的策略相提并论。[30] 随着国际方面对刚果境内发生的惨况的了解愈加深刻，公众也愈加紧迫地催促比利时政府接管该殖民地的开采，比利时政府于 1908 年 11 月接管了刚果。[31] 就在官方努力减少橡胶在刚果殖民经济中的分量并积极关注矿产开采之时，规则出现了改变。1906 年，比利时成立了 3 家矿业公司，分别是上加丹加矿业联盟（Union Minière du Haut-Katanga）、加丹加铁路公司（Compagnie du Chemin de Fer du Bas-Congo au Katanga）和国际森林和矿业公司，它们都接受了巨量的土地开采特许区。[32] 比利时后来又控制了刚果主要经济命脉的比利时兴业银行（Société Générale de Belgique）中上述所有公司的股东，但也有美国人参与其中，特别是国际森林和矿业公司，其重要股东之一是瑞安 & 古根海姆公司（Ryan & Guggenheim）。[33]

国际森林和矿业公司于 1907 年开始采矿作业。探矿者们希望找到金矿，但他们却在殖民地西南部的开赛河（Kasaï）中发现了一颗钻石。身处布鲁塞尔的专家们确认这颗钻石是真的之后，几个探矿队冒险前去搜寻更多的钻石，于是在 1911 年，更多的钻石被发掘出来了。[34] 所有新发现的钻石都是在开赛河及其支流找到的。在奇卡帕河（Tshikapa）和开赛河的汇合处，国际森林和矿业公司建立了奇卡帕镇作为其行政总部（参见图 78）。最初，该公司获得了超过 1 万平方千米的土地用于采矿和农业，但比利时在吞并这一自由邦时，它重新考虑了利奥波德的特许权政策，该政策主张将采矿权交到了极少数的公司手中。1912 年，国际森林和矿业公司的特许开采区遭削减，降至 1500 平方千米，但作为补偿，该公司获得了其他公司钻石矿藏的管理权。[35]

尽管土地面积缩小了，但新的协议令其钻石原石的产量增加了；1916 年，加丹加铁路公司的勘探者们在卢比拉什河（Lubilash）和巴宽加镇（Bakwanga）附近发现了新的钻石矿场，这进一步提高了钻石产量（参见图 78）。1920 年，加丹加铁路公司的子公司贝西卡矿业公司（Société Minière du Bécéka）将这些矿藏的实际管理权交给了国际森林和矿业公司。[36]

刚果的钻石开采工作在初期充满了困难，在第一次世界大战结束后才真正拉开序幕。1911 年共挖出 240 颗钻石，但经过对这些冲积矿床的勘探，开采量很快就扩大到 1913 年的 1.5 万克拉、1917 年的 10.4 万克拉和 1922 年的 25 万克拉，当时西南非洲的产量估计为 20 万克拉，但南非的钻石总产量为 66.9 万克拉。[37]金伯利岩管的发现改变了人们对钻石开采的看法，企业家们不再满足于勘探冲积矿藏。1919 年，国际森林和矿业公司的股东丹尼尔·古根海姆（Daniel Guggenheim）在巴黎与让·雅多（Jean Jadot）会面，后者是比利时兴业银行的董事，也是 1906 年所成立那 3 家矿业公司的主要创办者之一。古根海姆向他展示了智利丘基卡马塔矿（Chuquicamata）的比例模型，该矿由其家族公司拥有，是世界上最大的露天铜矿。他希望这一技术能用于在刚果发展工业采矿，但由于无法找到合适的金伯利岩管，因而很快就证明这一做法不切实际。[38]

起初，冲积矿开采并不需要在机械方面进行大量投资，而国际森林和矿业公司的首要关注点是如何获得廉价劳动力。该公司向其黑人矿工发放的工资很微薄，但它们试图提供廉价的衣服鞋子以及类似地方建筑风格的住房进行补偿：

"显然，刚果唯一采用临时用工制度的大公司是国际森林和矿业公司——美国—比利时钻石特许开采区。劳工们愿意在这家公司工作，因为它向矿工们提供的栖身之地类似于这些矿工在故土拥有的住所，而且给予了其他极富吸引力的劳动条件。"[39]

1919 年，开赛地区的钻石开采场雇佣了 7000 名刚果劳工，但到 1925 年，国际森林和矿业公司已建立了一个里程长达 1000多千米的路网，连接起了 16 个村庄。该公司雇佣了 155 名白人和 18000 名黑人工人，它们的"仓库"（entrepôt）在查尔斯维尔（Charlesville），总部设在奇卡帕。[40]大多数工人来自当地的巴卢巴人（Baluba），该民族说的是班图语（Bantu）。国际森林和矿业公司的雇佣形式是以临时用工为基础的，即根据季节性用工合同招募临时工。这种就业形式是不是自由的？这一问题很值得商榷，因为当地的经济面向采矿业进行了重组，工人们可选的余地不多。[41]减少地方居民的工作选项以迫使他们从事采矿业，这一策略并不新鲜，在南非甚至执行得更为严苛。在刚果，虽然封闭矿工院和移民劳工从未成为定则，但当地经济被完全重塑，成为矿业利益集团的附庸。

采矿点的食品供应尤其重要。国际森林和矿业公司成立之初，该公司就采取了购买本地农产品的政策。但当劳动力扩大时，本地的农产品就不够用了，于是该公司的部分土地就被用于农业生产。额外的食物补给则来自政府，官方开始强迫当地人从事农业生产，国家低价购买出产食品再出售给矿业公司。[42] 开赛的几个地区被纳入该殖民产业。路伊莎（Luiza）是安哥拉的边境地区，位于奇卡帕和姆布吉－马伊之间，自 1909 年以来就一直有人在此地发现钻石，该地区在 1915 年被划为限制开采区，成为采矿城镇的粮食供应区（参见图 78）。而在采矿业兴起之前，该地区一直涉足远途贸易：出口象牙、酒椰织物、棕榈油、铁刀、非洲奴隶、小米、高粱和橡胶，进口牲畜、珍珠和铜项链等。所有这些已有的贸易活动此时都遭到禁止，当地的经济不断调整，以适应国际森林和矿业公司的需要。该公司也从当地招募工人。[43] 这一公司还在该国提供的土地上自己种植作物，1925 年共有 10 个农场投入使用，种植棕榈油、木薯、玉米、豆子和红薯，以供其工人食用。[44]

国际森林和矿业公司为创造一个相对具有吸引力的劳动环境而采取了家长式的行事作风，这与激烈的竞争有关。活跃在加丹加的矿业公司对劳动力的需求很大。仅矿业联盟公司就在其金矿、铜矿和锡矿中雇佣了 80000 余人。[45] 此外，一些殖民企业依赖国家干预的方式进行强制劳动，这种做法于 20 世纪 20 年代末被弃用。[46] 为了更好地规范招聘，各公司提出了"劳工介绍所"（Bourses du Travail）体系，即用于招聘潜在劳动力的机构。它们设在殖民地的不同地区，第一家是由矿业联盟公司于 1910 年在加丹加建立的。[47] 虽然这些劳工机构是私企，但它们得到了比利时殖民国家的支持。该体系成功地促进了黑人在殖民企业中的就业，黑人工人的数量从 1916 年的 45702 人增加到 1922 年的 157000 人，再到 1930 年达到 409665 人。[48] 1921 年，开赛成立了一家介绍所：40% 的股份由国际森林和矿业公司拥有，36% 由贝西卡矿业公司拥有。招工代理者们投机取巧，通过承诺支付佣金或威胁暴力而从村庄首领那里获得帮助，他们在几百千米以外的地方寻找劳动力。[49] 1921 年至 1924 年期间，国际森林和矿业公司的劳动力从 10000 人增加到 20000 人，从而成为比属刚果的最大雇主。[50] 1928 年，政府给予了该公司在奇卡帕地区的雇佣垄断权，这进一步减少了劳动者们其他的选择余地。[51] 还是这一部法律，将奇卡帕地区划分为若干区域，通过通行证制度限制进出，专门成立矿业警察部门，并赋予其相当大的权力以打击钻石盗窃行为。该公司因而更为强硬地对待工人。[52]

20 世纪 20 年代，旨在改善工人条件的立法不断完善，因而劳动力垄断虽然令国际森林和矿业公司对待其员工时有所变化，但这些变化受到了制约。法律规定，强迫劳动和使用暴力都是非法的，每个工人都可签订合同。[53] 该公司的劳工营地必须遵守有关供水、通风、卫生和建筑质量的相关标准。[54] 公共卫生和医疗保健得到了改善，每个矿区都建有一个收容传染病患者的隔离医院。比如，由于住在营地的劳动力增加，结核病暴发了，奇卡帕因而建了一家医院。该公司雇佣了 10 名医生，负责治疗肺结核等，特别是昏睡病。[55] 毕竟，健康的工人才方便创造利润："每生病一天，生产就会出现损失……此外，招聘到健康的劳动力才是最好的聘人之道。"[56] 劳动条件有所改善，这令雇主国际森林和矿业公司相对大量其他公司而言显得更为宽容，但绝不能忘记它仍然是个殖民体系，其中非洲劳工和非洲矿物正在为一个欧洲政权所剥削。巴卢巴人和刚果人自己对矿区管理并无发言权。

与在南非的情形一样，带有种族主义色彩的殖民结构令黑人
劳工的劳作仍然毫无技能可言。开赛地表附近发现的冲积层中，
不需要太多的专业知识或机械化便可开采。采矿方法是传统的手
工作业，工人们使用铲子铲土、运送砾石、清洗筛分，而后在其
中寻找钻石。这些钻石在其他地方由专门的人员进行分类。只有
完全确定了姆布吉－马伊附近含有丰富的矿藏时，技术投资才变
得必要。姆布吉－马伊的钻石矿藏丰富，其中大部分是工业钻
石，位于地底深处，这使得机械化开采十分必要。20 世纪 30 年
代，随着对工业钻石需求的增加，国际森林和矿业公司进行了相
应的投资。

1924 年，从刚果出口的钻石价值为 2550 万比利时法郎，铜
的价值为 2.235 亿比利时法郎，黄金的价值为 4350 万比利时法
郎，锡的价值为 2300 万比利时法郎。[57] 刚果蕴含着丰富的矿藏，
这就不难理解美国人在早期为何会对该地的采矿业产生兴趣，而
这种兴趣随着工业钻石在战争中的作用以及铀矿的发现而增长。[58]
在奇卡帕的勘探者和工程师中，美国人的存在是如此醒目，以至
于 20 世纪 20 年代，美国独立日（每年的 7 月 4 日）成为开赛地
区最重要的节日。[59] 1942 年，刚果的钻石产量为 7205000 克拉，
其中 6401332 克拉或 89% 的钻石为工业钻石，占全球工业钻石
产量的 61.5%。[60] 其产量从 1917 年的 106000 克拉上升到 1938
年 的 7205000 克 拉、1950 年 的 10147000 克 拉 以 及 1959 年 的
14855000 克拉。[61] 1948 年，国际森林和矿业公司的股东仍与当初
大体相同：55.5% 的股份属于刚果殖民国家，25% 属于瑞安 & 古
根海姆公司的继承人，4.1% 属于比利时兴业银行，15.4% 分给小
投资者们。然而，比利时兴业银行在公司管理层中所占的比例过
高，这是利奥波德时代的遗产。奥本海默公司和英美资源集团并

没有直接持有上述公司的股份，但持有刚果另一家殖民地钻石公司加丹加铁路公司 23% 的股份。加丹加铁路公司则成为比利时兴业银行的工具，其特许开采区由国际森林和矿业公司负责开采。[62]当时戴比尔斯公司已经成功地谈妥了钻石销售，即通过其在伦敦的单一销售体系销售刚果的钻石。

从刚果到安哥拉的越界

钻石矿藏的出现并不受政治边境的限制，不久之后，那些活跃在刚果的欧洲公司雇了探矿者冒险进入葡萄牙殖民地——安哥拉。那里的殖民经济以橡胶种植园为主，与刚果的经济情况类似，但国际森林和矿业公司派出的探矿者们穿越河流进入隆达（Lunda）时，情况很快发生了变化。1912 年，他们在那里的河床上发现了钻石（参见图 78）。一家主要依靠外国投资的勘探公司，即安哥拉矿业勘探公司（Pesquisas Mineiras de Angola）在里斯本成立，但隆达钻石矿藏的潜力非常大，需要一家更具规模的采矿公司，那就是 1917 年成立的安哥拉钻石公司（Diamang）。许多安哥拉矿业勘探公司的投资者成为安哥拉钻石公司的股东，如葡萄牙的大西洋银行（Banco Nacional Ultramarino）和亨利·伯内公司（Henry Burnay & Co.），新的投资者包括比利时兴业银行、英美资源集团和欧内斯特·奥本海默，以及瑞安 & 古根海姆公司。外国投资者持有 80% 的股份，而葡萄牙这个国家拥有 20% 的股份。国际森林和矿业公司被人引入进来，负责对矿藏本身进行技术管理。到 1918 年，安哥拉矿业勘探公司在隆达钻石区的任何权益都转移到了安哥拉钻石公司，彼时安哥拉钻石公司已拥有了安哥拉钻石的垄断权。[63] 70 年来，安哥拉钻石公司一直是安哥拉唯一拥有钻石开采权的公司（参见图 80）。1988 年，该公司最后残余的部分被纳入了接替它的安哥拉国家钻石公司。

图 80　在安哥拉钻石公司的特许开采区开采钻石，安哥拉，1946 年

1921 年，安哥拉钻石公司与殖民当局达成了一项重要协议，在 1975 年安哥拉独立之前，该协议一直是安哥拉钻石公司与政府之间关系的基础。安哥拉钻石公司在隆达获得了一大片特许开采区，在安哥拉获得了垄断地位和免税权，而政府也保证在招聘劳工和维护矿区安全方面提供帮助。作为交换，该公司将其 40% 的利润上缴给政府（后来接近 50%），政府还持有该公司 5% 的股份。[64] 该公司还向政府承诺提供硬通货的贷款。[65] 有了资金支持，殖民地高级专员诺顿·德·马托斯（Norton de Matos）制订了计划，打算在基础设施方面投资 1300 万英镑，两年后他被迫辞职，但在辞职前他已成功地将安哥拉道路总长度增加了 1 倍。[66] 1921 年的协议令该公司在很大程度上独立于殖民当局。例如，该公司

形成了自己的医疗卫生服务，同时它还可依靠政府的帮助完成一些任务。[67] 对双方而言，业务都进展顺利。1917 年至 1929 年期间，公司共售出 312000 克拉的钻石，葡萄牙政府因此获得了近 10 亿英镑的利润和贷款。[68] 在隆达的其他地区，主要位于宽果（Cuango）河谷，沿着边境两侧延伸出去的区域，也发现了新的矿藏，尽管刚果的矿藏自 2005 年才会启动开采。[69] 安哥拉钻石公司不仅仅依靠政府，特别是在其成立初期，它还得到了国际森林和矿业公司的技术支持，后者恰好活跃在边境。公司大多数管理职位由比利时人或美国人担任，据一位曾在 20 世纪二三十年代为两家公司工作的美国工程师说，这是国际森林和矿业公司人员派驻安哥拉时的最常见做法。[70] 在刚果，为"劳工介绍所"体系工作的代理人在当地人的帮助下到处招工。在安哥拉，殖民警察拜访了村长（sobas），要求他们提供一定数量的工人。这是一种强制劳动的形式。到底雇谁还是不雇谁，这一选择权转移到了当地人身上，但政府在其中负责执行。劳工在家人的陪同下由卡车运往矿区，妇女们经常在安哥拉钻石公司内找到活计。该公司还为工人提供住房和医疗，安哥拉钻石矿区内的劳作处于相对和平的环境，公司家长式的做法是成就这一局面的一大原因。学者们还断言，种族主义暴力或对妇女的性侵犯等现象的出现，更多是出于个人的不法行为，而非安哥拉钻石公司的结构性错误。该公司还得益于隆达矿区的与世隔绝，因为这就用不着过于严密监控的矿工院；它也得益于法律层面对于罢工以及组建工会等行为的禁令。[71]

托德·克利夫兰在分析安哥拉钻石公司的劳工制度时指出，相对和平的氛围并不仅仅是公司自上而下形成的。他表明，矿工们也发挥了积极的作用。大多数工人来自同一个民族，即乔奎族

（Chokwe），这避免了族群之间的紧张局面，而且他们有意识地采取策略，改善自己所处的社会和职业环境。他们不断提升的专业素养成为维持该地区稳定的支柱之一。[72] 尽管局面相对平静，安哥拉的采矿业仍然建立在殖民主义制度的基础上，它们强迫当地人提供劳动力，这一方式直到20世纪60年代才被废除。[73]

因为劳动力短缺，有时安哥拉钻石公司的卫生服务部门不得不将患病矿工说成健康的[74]，或者不得不在矿场或农业种植园使用童工，在那些地方受伤和遭受虐待的风险也一直存在。[75] 出于这些考量，安哥拉和刚果的采矿殖民主义到底比南非的采矿殖民主义好上多少呢？这个问题不好回答。虽然有大量证据表明，安哥拉和刚果的殖民采矿区的工人比南非的工人境况要好，因为南非的工人必须在更为严苛的隔离制度下工作，而且由于那里是地下矿井，工作环境更加危险。但在中非殖民采矿区，同样缺乏平等观念。关于葡属非洲的压迫要相对温和的论述，符合一个更大的、虚构的、关于葡萄牙例外主义的叙述，在这种描述下，葡萄牙殖民者没有其他欧洲人那么严酷。人们对此给出的主要解释是，葡萄牙人与受压迫群体之间进行通婚的这一倾向更为广泛，因而创造出一个没有种族主义和种族压迫的多种族葡语帝国。这一"错误看法"经某些历史学家解构后，在今天仍然相当流行。[76]

最初，国际森林和矿业公司与安哥拉钻石公司的运作独立于伦敦的钻石辛迪加集团，它们将钻石出口到里斯本和安特卫普。英美资源集团当时是戴比尔斯公司和辛迪加集团的竞争对手，持有贝西卡矿业公司和安哥拉钻石公司的股份，但并未入股国际森林和矿业公司。[77] 奥本海默意识到，中非的钻石生产正在扰乱钻石原石的市场，因此在20世纪20年代初，英美资源集团派出一名工程师前往中非的钻石矿区。此后不久，奥本海默亲自前往安哥拉，巴纳托兄弟公司购买了国际森林和矿业公司的股份。[78]
这一举措迅速将后者纳入了前述的卡特尔联盟，由于里斯本没有
什么值得注意的钻石业，再加上里斯本和伦敦之间的政治和经济
往来历来很密切，于是加速推动了该进程。1923 年，英国报纸
报道了这项交易，正如《金融时报》所言，国际森林和矿业公司
新董事会的组成非常国际化。葡萄牙方面的利益由以下人员代
理：总裁（他代表着大西洋银行）、副总裁（1 位陆军将军）和总
经理（1 位与亨利·伯内相关联的葡萄牙伯爵）。1 位董事代理英
方利益，另外 2 名董事则代理法方利益。有 3 名董事是美国人，
其中 2 名是由瑞安 & 古根海姆公司提名的。1 名董事代表巴纳
托兄弟公司。安哥拉钻石公司与国际森林和矿业公司关系密切，
让·雅多和菲尔明·范·布雷（Firmin van Brée）都是安哥拉
钻石公司的董事会成员，欧内斯特·奥本海默也是其中一员。[79]
安哥拉钻石公司显然已成为一家殖民公司，与其说它是由葡萄
牙控制的，不如说是由世界上最为重要的几家钻石开采公司控
制的。

　　比属刚果的情况则更为复杂：国际森林和矿业公司在安特卫
普销售钻石。1920 年，这个公司在该市设立了一个办事处，在
那里对钻石进行分类、估价和分级，然后再出售给商人和切割
商。戴比尔斯公司的股东之一克里金公司应要求组织国际森林和
矿业公司在安特卫普的销售形式，该销售模式开始越来越类似戴
比尔斯公司的单一渠道销售。[80] 刚果钻石主要是工业钻石，从比
利时殖民地出口的钻石原石中只有 10% 左右是宝石级钻石，适
合在安特卫普切割。其余大部分钻石在伦敦进行出售。欧内斯
特·奥本海默于 1922 年前往欧洲，希望"加强并巩固英美资源
集团与国际森林和矿业公司之间的关系，控制住刚果和葡萄牙的

钻石区"。[81] 其任务失败了，但大家知道，与钻石辛迪加集团达成正式协议对各方而言都是最佳选择，奥本海默、国际森林和矿业公司与比利时政府进行了谈判，并于 1926 年达成了协议。奥本海默为了说服国际森林和矿业公司加入并接受固定定价的形式，承诺优先供应安特卫普的切割业，因为仅靠刚果生产的钻石满足不了后者。位于安特卫普偏远地区肯彭的切割业对此反对得最为强烈，因为其供应路线被切断了。安特卫普的钻石工人工会信仰社会主义，而肯彭的切割者们信奉天主教，这一事实只会令冲突加剧。[82]

这些交易在当时是暗地里进行的，似乎没有报纸注意到奥本海默缔结的交易，这很能说明问题。20 世纪 30 年代，当这些交易重新进行谈判时，新闻界给予的关注远胜从前。1931 年和 1932 年，几家荷兰报纸报道了奥本海默的布鲁塞尔之行，在这里他试图食言，不想担负他必须买光刚果钻石的基本义务。1934 年，据报道，国际森林和矿业公司承受着来自安特卫普钻石业的压力，不愿屈服于奥本海默的要求。[83] 20 世纪二三十年代的谈判并不容易，但一旦达成，就确保了戴比尔斯公司能持续控制世界钻石原石的供应及其价格。由于这一协议，再加上刚果工业钻石的重要性，安特卫普作为切割中心的地位日益突出，而阿姆斯特丹的地位则有所下降。据报道，1917 年有 1069 家公司活跃在阿姆斯特丹的切割行业，但在 1926 年，这个数字已经缩减到 309 家。图 81 显示的是阿姆斯特丹某个前钻石工厂，切割台和用于驱动研磨机的机械装置仍然清晰可见，但在 1919 年，也就是拍摄这张照片的时候，这座建筑已被改为服装厂。

图 81　前钻石工厂，阿姆斯特丹，1919 年

由于南非切割业的发展，阿姆斯特丹的地位遭到进一步削弱，该市的钻石业自此再未恢复。[84] 阿姆斯特丹在全球钻石界的地位持续下降，除了某些博物馆与历史上重要的切割工厂还为人所知，阿姆斯特丹辉煌的钻石史基本上已被人抛诸脑后了。[85] 安特卫普，它从未从钻石世界中消失，它成为 20 世纪世界上重要的钻石中心之一，这一位置后来在 21 世纪初让位给其他的城市。

旧黄金海岸的新财富

1919 年，比属刚果发现钻石后约 10 年，也是《比勒陀利亚公约》确定南非钻石开采的同一年，在位于黄金海岸东部省（Eastern Province）阿基姆·阿布阿夸（Akim Abuakwa）地区

的阿布莫斯（Abomosu）附近，一家英国地质勘测机构也发现了
这类珍贵的宝石，该地区距离阿夸蒂亚（Akwatia）不远（参见
图 78）。[86] 黄金海岸于 1957 年独立为加纳，它自 1901 年以来一
直是英国人的殖民地，因为当时他们接管了早期荷兰和丹麦的殖
民地并击败了当地的阿散蒂人（Ashanti）。[87] 该地区之所以被称
为黄金海岸，是因为欧洲人到达此地时，该地区便已经以其黄金
矿藏而闻名，它早就被纳入古代的贸易路线。该贸易路线在 8 世
纪末之前曾延伸到阿拉伯世界。[88] 在英国人获得该地区的完全控
制权时，欧洲的多家公司已在该地区勘探了 10 多年的黄金。这
些活动在 1882 年至 1901 年的"丛林繁荣"（**译注：jungle boom，
1892 年至 1901 年这段时期被称为加纳的第一次"丛林繁荣"，
当时数百家新成立的公司投资 4000 万英镑开发金矿**）中达到了高
潮，其中有 400 多家企业投资黄金开采，但收效甚微。[89] 在"丛
林繁荣"期间，阿基姆·阿布阿夸地区有 8 块特许开采区被授
予出去。1919 年，正是在该地区发现了冲积矿钻石。同年，在
更南边比里姆河（Birim）河谷的凯德（Kade）和阿基姆·奥达
（Akim Oda）附近又发现了钻石。1921 年，在该国西南部的邦
萨河（Bonsa）河床也有钻石出土。[90] 共 3 家公司拥有特许开采
区：东阿基姆金矿（Gold Fields of Eastern Akim）、阿基姆钻石
矿（Akim Diamond Fields）和阿基姆冲积矿（Akim Alluvials）。
这些公司在 1921 年年底合并为阿基姆有限公司（Akim Ltd）。阿
基姆公司在阿布莫斯附近拥有一块特许开采区，直至 1923 年之
前该区域一直有人在进行勘探，它在阿夸蒂亚附近的阿基姆·奥
达也拥有特许开采区（参见图 78）。[91]

　　早期的钻石开采不是很成功，阿基姆公司继续把重心放在黄
金开采上，并为此引入切斯特·比蒂（Chester Beatty）的选择信

托公司（Selection Trust）。比蒂请国际森林和矿业公司的前工程师查尔斯·博伊西（Charles Boise）评估金矿矿藏，但后者发现钻石的潜力相当大，阿基姆公司和选择信托公司因而于1922年打着非洲选择信托公司（African Selection Trust）的旗号进行更为全面的合作，博伊西获得5%的股份作为回报。[92] 非洲选择信托公司开始在凯德以南的阿夸蒂亚特许开采区进行挖掘，面积为10平方千米。[93] 两个主要的合作伙伴之间很快就出现了问题。因财务压力，阿基姆公司出售了其钻石分公司，从而令西非钻石集团（West African Diamond Syndicate）得以成立，据报道，新公司于1923年在伦敦证券交易所上市。[94] 1925年，西非钻石集团通知其股东，它们面积为15平方千米的特许开采区预计有100万克拉的钻石资产。虽然阿基姆公司在阿基姆·奥达附近的比里姆河河谷拥有特许开采区，但这一开采区此时已被西非钻石集团纳入了囊中，该集团主席提到的唯一开采点是靠近邦萨河矿床的曼曳村（Manso）。[95] 西非钻石集团虽然成立了，但是非洲选择信托公司内部出现的纠纷并未得以解决，因为该公司仍然持有非洲选择信托公司的股份。随后在伦敦二者也发生了法律纠纷，直到选择信托公司设法找到足够的资金将西非钻石集团从非洲选择信托公司收购出来，继而在1925年成立了一个新的公司，即卡斯特公司。英美资源集团和巴纳托兄弟公司接到了投资邀请，但它们拒绝了该提议。[96] 此时两家大型矿业公司正在竞争，接着另有几家欧洲企业也加入了角逐，但大多数都失败了。[97]

为了获得特许开采区，一个公司必须依照部落等级制度与当地首领打交道。阿基姆·阿布阿夸是阿克扬人（Akyan）占领的王国，由选举产生的国王奥肯辛（Okyenhene）进行统治，再分成不同的酋长部落，每个都由一位副首领领导。当地的部落已习惯于将自己的土地租给欧洲人进行采矿和种植，这一制度通过1900 年的《特许开采区条例》（*Concessions Ordinance*）被纳入英国殖民结构体中。该条例赋予了特许开采区专门法院管辖权，以评估某项特许开采区的请求是否有效，并核查当地部落惯有的权利是否得到尊重。殖民政府还充当起矿业公司向业主支付租金的中间人。[98] 当有人在阿基姆·阿布阿夸发现钻石时，当时的奥肯辛是纳纳·奥弗里·阿塔一世（Nana Ofori Atta I, 1881—1943）。[99] 他反对将部落广袤的土地转让给矿业公司，并向副首领施以权威，希望能减少这种情况。这些酋长，特别是阿萨曼克塞（Asamankese）和阿夸蒂亚的酋长，通过钻石收益中支付的租金和特许开采区使用费而获利颇多，他们挑战阿塔的权威，从而导致了一起代价高昂的法律纠纷。[100] 酋长土地日益商业化，引发了当地的紧张局势，而这并非欧洲在该地区开采钻石所带来的唯一后果。开采公司还试图限制所有黑人在采矿区的自由行动，并设置了通行许可证制度，这与《特许开采区条例》中规定的既定权利相悖。同时，对采矿的过度重视则令农业生产活动变少、植被减少，经历了几次粮食危机之后，那些公司被迫从邻近地区购买食物。[101]

与在非洲其他地方一样，各公司主要依靠移民劳工，这里的移民劳工来自北方领土（Northern Territories，即达格邦王国）和法属西非。那些劳工大部分是穆斯林，他们来时没有带家属，这导致卖淫现象增加。尽管因宗教差异而存在着紧张局面，总的来说，一个宽容、异质的社会正在成形。1930 年，卡斯特公司在阿夸蒂亚建造了一座清真寺，穆斯林男性和阿布阿夸女性之间出现了通婚的趋势。因住房短缺，许多工人从当地人那里租房并多人合住，不同种族和宗教背景的工人之间也因而加深了相互了解。为了解决这个问题，卡斯特公司开始为其劳工们修建住所。切斯特·比蒂虽然是个商人，但他希望改善居住条件，允许家属与矿工们同住，以便创造更好的工作环境，从而最大限度地提高生产力。[102] 新建筑相对之前有所改善，不过它们与欧洲工人所住的高级住房相比算不上什么。这些建筑令阿夸蒂亚成为一个模范城镇。[103] 随着卡斯特公司劳动力数量的增加，这些住房是非常必要的：1925 年至 1930 年间，公司共雇 790 名非洲人和 14 名欧洲人；1955 年至 1960 年间，所雇人员增加到 3054 名非洲人和 80 名欧洲人。[104]

1926 年克莱因泽附近发现钻石时，现在黄金海岸最大的公司即卡斯特公司决定在那里进行投资。在约翰内斯堡，某个合资企业随之成立，切斯特·比蒂和欧内斯特·奥本海默都参与其中。正是在那个时期，[105] 卡斯特公司同意通过奥本海默的钻石辛迪加集团进入单一销售渠道。卡斯特公司扩张之下，纳马夸兰并非其触角伸及的唯一地区，该公司还在巴西、英属圭亚那、委内瑞拉、象牙海岸（Ivory Coast）、塞拉利昂和法属几内亚建立了钻石企业。[106] 黄金海岸殖民地发现了钻石之后，紧跟着西非发现了其他的钻石矿藏（参见图 78）。1930 年，一项地质调查显示在塞拉利昂佛廷加亚（Fotingaia）村附近的博博罗（Gboboro）发现了钻石。卡斯特公司经与政府当局的谈判，设法获得了该国东部 10800 平方千米区域的勘探垄断权。它在更远的地方也进行了勘探并发现了钻石，即同果玛（Tongoma）附近的石宏波河（Shongbo），以及巴菲河（Bafi）和塞瓦河（Sewa）。这些矿藏一直延伸到松布亚（Sumbuya），这是南部的一个城镇，不属于卡斯特公司的特许开采区之内。[107] 很明显，塞拉利昂存在着含有高品质钻石的矿藏，1934 年殖民政府授予了卡斯特公司采矿垄断权。塞拉利昂选择信托公司成立了，旨在负责管理钻石矿场，该公司完全由卡斯特公司所有，但董事会中有一名政府派出的代表。政府还有权每年获得租金以及利润的 25.5%。这一垄断期为 99 年，从 1933 年开始。[108]

塞拉利昂与利比里亚（Liberia，1847 年以来的一个独立国家）和法属几内亚接壤，后两个国家经发掘也蕴含着钻石矿藏。1910 年，人们在利比里亚的容克河（Junk）支流中发现了钻石。[109]塞拉利昂选择信托公司成立时，卡斯特公司调查得出的结论是，在利比里亚并无商业上有利可图的钻石矿藏。然而，这并未阻止冲积矿开采者们的行动。1959 年后，数块特许开采区被授予几家采矿公司，但没出任何成果。利比里亚在钻石走私中发挥了重要作用，但它并不是生产国。[110]

法属几内亚的情况有所不同。[111]查尔斯·博伊西曾应切斯特·比蒂的要求考察了黄金海岸的黄金以及钻石矿藏，他派出名为罗纳德·德莫迪（Ronald Dermody）和乔治·德莫迪（George Dermody）的爱尔兰兄弟俩继续深入西非，寻找更多的钻石矿藏。[112] 1932 年，德莫迪兄弟在法属殖民地东南部的巴南科罗（Banankoro）（参见图 78）附近发现了钻石。英法两国的多个公司开展采矿活动，由米纳弗洛公司（Minafro）主导，该公司的大老板是卡斯特公司，第二大股东是索贵尼克斯公司（Soguinex），后者是卡斯特公司的另一个子公司。最初开采的产量并不大，但 1957 年开采出 120 万克拉的钻石。[113]索贵尼克斯公司所采用的劳动制度与安哥拉钻石公司在安哥拉的做法非常相似。[114]米纳弗洛公司也曾在象牙海岸（也是法属西非的一部分）活动，1928 年，国际森林和矿业公司的勘探者已在这一地区的塞盖拉（Séguéla）附近发现了钻石。国际森林和矿业公司决定不在该地区作业，而是将其留给其他公司，这些公司一直开采至 1977 年才停止，总年产量为 10000 克拉至 20000 克拉。再往东 200 多千米，即托尔蒂亚（Tortiya）附近，米纳弗洛公司的工作人员，如乔治·德莫迪和马塞尔·巴德（Marcel Bardet，后来撰写了某部有关钻石的重要著作）虽然找到了矿藏，但是这些矿藏都无法盈利。战后，各公司纷纷回到该地区，于 1972 年开采出 230000 克拉的钻石，但 3 年后所有开采活动都停止了。[115]

　　西非的所有钻石矿藏都来自冲积矿，都是由少数几家欧洲矿业公司勘探的，其中以卡斯特公司及其子公司为主。但是，要控制住冲积矿的开采很难，没有哪家采矿企业能够将那些对各钻石矿场趋之若鹜的秘密挖掘者群体挡在门外。在后来名为加纳的地区，个体挖矿者团体（或露天矿勘矿者们）在 1935 年至 1974 年期间挖出了约 3800 万克拉的钻石，超出那些生产忙碌的公司总产量 3 倍以上，因为后者同期的总产量为 1200 万克拉（参见图 82）。[116] 在塞拉利昂，挖矿者们的开采量也高于公司的开采量，但两者之间的差异远远小于在加纳的差距。自 1952 年以来，大量的秘密矿工——通常来自法属几内亚和马里——已经抵达塞拉利昂的科诺（Kono）地区。[117] 1956 年，因为一场淘钻热，塞拉利昂涌入了 50000 名至 70000 名冒险投机者，据估计，该年的钻石非法开采产量是塞拉利昂选择信托公司产量的 2 倍。[118] 官方通过"冲积矿钻石开采计划"（Alluvial Diamond Mining Scheme）引入了特许开采制度，塞拉利昂选择信托公司放弃了部分特许开采区。但在该计划提出 8 个月后，塞拉利昂总督多曼（Dorman）下令驱逐所有的外国开采者。[119] 法国殖民当局承诺提供帮助，但疏散法国子民的行动复杂又费钱，同时，有人担心矿工们会涌入法属西非的钻石矿场。于是官方决定关闭边境，但这并不能阻止

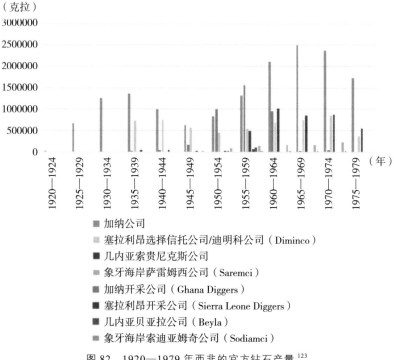

（克拉）

图 82 1920—1979 年西非的官方钻石产量 [123]

30000 名至 45000 名开采者的迁移行为。一些人消失在边境丛林地区，另一些人则前往法属几内亚、利比里亚和象牙海岸。数以千计的人最终来到塞盖拉的钻石矿场，在那里，1957 年至 1960 年期间，矿工们估计秘密开采了 150 万克拉的钻石，官方的产量相形见绌。[120]

西非失控的开采局面不仅吸引了开采者，还形成了新的钻石非法购买网络。非法钻石贸易量上升，其部分原因是苏联对工业钻石的需求增加，而当时由于冷战，苏联无法在全球市场上采购这些钻石。根据荷兰报纸《吕伐登新闻》（*Leeuwarder Courant*）的报道，"许多钻石是经由铁幕（**译注：Iron Curtain，指的应该**

是封锁某一国家或者集团，后转而表示自我进行封锁禁锢。第一次世界大战与第二次世界大战中都有出现，第二次世界大战中用来攻击苏联等社会主义国家，后者被称为'铁幕国家'）后的贝鲁特或瑞士消失的"。[121] 1953 年，刚从军情五处处长位置上退休的珀西·西利托（Percy Sillitoe）爵士成立了国际钻石安全组织（International Diamond Security Organization），这是一家私人公司，由戴比尔斯公司出资，试图阻止从南非、刚果、坦桑尼亚和西非的钻石矿场向安特卫普、特拉维夫、贝鲁特、纽约、苏联和中国走私钻石的行为。[122] 伊恩·弗莱明（Ian Fleming）在为撰写第四部詹姆斯·邦德系列小说《钻石恒久远》（*Diamonds Are Forever*）搜集资料时，于 1956 年采访了国际钻石安全组织的一名员工。后者声称，在这一年的 2 月，就有价值近 50 万英镑的钻石被人从西德走私到了"铁幕国家"。它们大多数是来自非洲的工业钻石，买自安特卫普，然后再卖给其他国家，用于武器制造工业。[124] 由于塞拉利昂的矿藏分布很广泛，而且该国的钻石品质极高，打击弗里敦和蒙罗维亚（Monrovia）的走私网络因而成为西利托的关注焦点之一，为此他通过一个名叫弗雷德·卡米尔（Fred Kamil）的黎巴嫩商人组建了一支私人雇佣军。[125]

那些私人军队的极端行为从未成功消灭过秘密走私活动，但很快就转由西非的各独立政府来遏制非法采矿和贸易活动，因为殖民时代已接近尾声。20 世纪五六十年代的独立运动给采矿业带来的影响不啻于它对其他经济行业造成的影响。然而，对众多参与采矿业日常劳作的男男女女来说，很多方面还是老样子。那些控制住采矿业的殖民政权一直以来都特别依赖奴役奴隶、剥削自由的和非自由的劳动力。此外，劳工制度总是包含强烈的种族主义成分，特别是在非洲（但不限于非洲）。在加拿大、澳大利亚和俄罗斯发现钻石之前，世界上的钻石矿藏都发现于这样的地区，即当地民众遭受殖民主义暴力并长期处于种族主义笼罩之下。[126] 虽然人们特别希望非洲的剥削现象可随着国家独立而结束，随后发生的事件却表明，要令经济利益集团摆脱西方的操纵是多么困难。对众多平民而言，最糟糕的事情还在后面，一些研究者认为 20 世纪塞拉利昂等地冲积矿钻石开采历史是持续造成"不发达状况进一步加剧"的因素。[127]

国有化浪潮与"血钻"

新独立的国家通常试图成立部分国有或全部国有的新公司，以此控制其钻石生产。首个获得独立的产钻殖民地是黄金海岸（即加纳），它于 1957 年独立，而法属几内亚于一年后也获得独立。加纳政府在接下来的数十年里仍然不太稳定，但塞古·杜尔（Sékou Touré）在几内亚的统治一直持续到 1984 年。国有加纳联合钻石公司（Ghana Consolidated Diamonds）开采了阿夸蒂亚矿场，而冲积矿的挖掘行为则一直在继续。该国在 2015 年生产了 174218 克拉的低质量宝石，但在 2018 年只生产了 53573 克拉。[128] 阿雷多尔公司（Arédor）创办于 1981 年，依靠外国投资，但政府拥有其 50% 的股份。它在巴南科罗开采宝石级钻石，但 2004 年便停止挖掘了。目前仍在几内亚作业的各采矿企业在 1985 年钻石产量为 208307 克拉，2015 年为 166881 克拉，2018 年为 292707 克拉。[129]

尽管这些国家独立后难免出现一些国际冲突，但与 1961 年独立的邻国塞拉利昂的情况相比，其钻石开采的局面仍然相对平静。[130] 独立后不久，一场淘钻热令众多遭到驱逐的矿工重回科诺地区及其首府科伊杜镇（Koidu Town）（参见图78）。塞拉利昂选择信托公司仍然持有2块特许开采区，其私人安保部队人数从1957年的662人扩大到1971年的1300多人。[131] 1971年至1985年期间担任总统的西亚卡·史蒂文斯（Siaka Stevens）为了争取政治助力，将开采权分配给一群群钻石商，这些人通常是黎巴嫩人。其中多达13000的黎巴嫩人此前因内战而逃到这里，很多人开始积极参与各种合法的、非法的钻石交易，并将部分从中获取的利润寄回国内，资助真主党（Hezbollah）。[132] 西亚卡·史蒂文斯的继任者约瑟夫·莫莫（Joseph Momoh）在1992年被废黜，而在此前，他也一直通过钻石特许开采区赚取政治忠诚度，这令矿区政府官员的管理愈发不善。产量从1970年的200万克拉下降到1973年的85.6万克拉、1980年的16.8万克拉、1988年的8.8万克拉。[133] 秘密进行开采的矿工们被视作政府所订立交易的绊脚石，科诺的暴力事件也随之增加。[134] 1991年，非洲残暴的军阀之一福迪·桑科（Foday Sankoh）发动了一场内战。他的革命联合阵线（Revolutionary United Front）中有许多儿童兵，这些孩子接受过杀人训练，在战争爆发后的4年内，该组织就控制了科诺的钻石矿。这些钻石通过已有的走私路线经利比里亚出售，而利比里亚未来的总统、革命联合阵线的支持者查尔斯·泰勒（Charles Taylor）也参与了内战。[135] 1991年至1998年期间，有3100万克拉的钻石美其名曰为利比里亚的钻石，但其中大部分来自塞拉利昂。[136]

　　另一条走私路线是将钻石运到几内亚首都科纳克里

（Conakry），在那里，曼丁卡人（Mandinka）作为革命联合阵线、比利时和黎巴嫩钻石商的中间人，用钻石换取食物、燃料和武器。[137] 一些世界上最臭名昭著的军火商在这些冲突中极其活跃，例如，俄罗斯的"死亡商人"维克多·布特（Viktor Bout），他在 2012 年被美国法院以恐怖主义指控判处了 25 年监禁。[138] 有人利用钻石资助内战，因而产生了"血钻"一词。在塞拉利昂，在钻石贸易获利的资助下，一场冲突因而变得更加血腥，双方的男女老少都遭受了残酷的暴行。政府试图雇佣一支名为"行动结果"（Executive Outcomes）的私人雇佣军，以便与革命联合阵线争夺科诺的钻石特许开采区，但在国际方面施压下它不得不收回成命。[139] 冲积矿场的情况很混乱，由于革命联合阵线重新夺回了控制权，这里仍是枪炮说了算。一位作家说："占领一个钻石矿容易得很，拿把步枪对准矿坑里的每个人，下令他们从现在开始将其发现的钻石都交给新老板即可。"[140]

1999 年 1 月 6 日，革命联合阵线抢劫了弗里敦。这次袭击非常残酷无情，被称为"无生命行动"（Operation No Living Thing），近 6000 人被杀。一支西非军队受命夺回这座城市，但损失已然造成。[141] 随后通过和平谈判，桑科成为副总统兼自然资源部部长，借助该职位，他继续积极从事秘密的钻石交易。[142] 桑科最终于 2000 年被捕，但在出庭前他因中风而死亡。查尔斯·泰勒被指控在塞拉利昂犯下了协助战争罪，他逃跑了，不过又于 2006 年被捕。6 年后，海牙国际法院判他有罪，并因其在那场战争中所扮演的角色而判处他 50 年的监禁。[143] 在桑科和泰勒消失后，塞拉利昂慢慢地习惯了和平的局面。这场内战于 2002 年正式结束，3 年后联合国维和部队离开了该国。矿工们回来了，各公司也开始重新挖掘钻石。钻石出口额从 1999 年的

150 万美元上升到 2000 年的 1100 万美元，而 2005 年为 1.42 亿美元。[144] 伴随着这一数字增长，随之而来的是制度上的变化。新的法律已经实施，用以打击秘密的钻石开采及交易，但这个国家仍然难以建立起有效的国家收入结构。2007 年，该政府报告说，有 150000 名个人开采者在塞拉利昂的钻石区寻找钻石，从而产生了商行经济（comptoir），这类经济通常以流散网络中的商人为主，例如，黎巴嫩企业家阿拉吉·舒曼（Alhaji Shuman）（参见图 83、图 84）。[145] 塞拉利昂选择信托公司已经不复存在了，但其他采矿公司仍然存在。科伊杜控股公司（Koidu Holdings）目前正在科伊杜附近勘探 2 个小型的金伯利岩管道，并在同果玛挖掘钻石。[146]

图 83　冲积矿钻石开采，塞拉利昂，2011 年

图 84　阿拉吉·舒曼的钻石交易办公室，塞拉利昂

就在那场战争结束后，"血腥钻石"与国际上其他秘密资金流之间的联系被人曝光了。《卫报》（*The Guardian*）于 2002 年 10 月发表了一篇文章，展现了基地组织（Al-Qaeda）与黎巴嫩钻石商之间的关联，他们与革命联合阵线、利比里亚总统查尔斯·泰勒协调行动。"9·11"事件发生前，从塞拉利昂和刚果民主共和国走私出来的钻石可能为奥萨马·本·拉登（Osama bin Laden）的行动提供了约 2000 万美元的资金。[147]

"钻石乃罪恶之源"，塞拉利昂的内战令钻石声名狼藉，但它并非唯一因钻石引发的冲突，在安哥拉和刚果也发生了同样血腥的战争。安哥拉内部多个派别于 1961 年开始挑战殖民政权，但葡萄牙的"康乃馨革命"（Revolução dos Cravos）推翻了萨拉查（Salazar）的独裁统治，这成为 1975 年安哥拉正式独立的主要催化剂。[148] 内战爆发后，不同的交战派别各自从对峙的冷战阵营中获得支持，它们对控制中非的矿产资源（如金、锡、铀、铜和钻石等）很感兴趣。主要交战方是阿戈斯蒂纽·内图（Agostinho Neto）总统领导的"安哥拉人民解放运动"（MPLA）以及若纳斯·萨文比（Jonas Savimbi）领导的"争取安哥拉彻底独立全国联盟"（译注：简称"安盟"，UNITA）。前者得到了苏联和古巴的支持，而后者则得到了美国及后来的盟友南非的帮助。[149] 安哥拉宣布独立时，安哥拉钻石公司中大量西方员工已离开了这个国家。其产量在1974年为240万克拉，而随后两年的产量总和下降至不足35万克拉。[150] 1977年，内图总统决定将包括安哥拉钻石公司在内的钻石产业公司国有化。[151] 在政府获得安哥拉钻石公司初始69%的股份后，该公司于1988年被撤销，由国有企业安哥拉国家钻石公司取而代之。[152] 这项改革举措虽然成功地结束了安哥拉的殖民历史，但并未能让安盟远离钻石区。1984年，它们入侵了宽果河谷，次年，隆达的主要钻石区遭到袭击。萨文比控制了最富有的钻石区，1993年至1997年期间是安盟钻石生产的黄金时代。萨文比从南非、比利时、以色列、黎巴嫩和刚果引进商人和分拣员。他还建立了控制个体矿工群体的机制，这些个体矿工可保留他们所挖含钻泥土的1/5。卢桑巴（Luzamba）机场是一个贸易中心，外国商人可在此地的公开拍卖会上购买安盟的钻石，然后将其空运离开该国或走私到邻国。商行（译注：临时的商业办公室）建立了起来，安哥拉钻石被带到扎伊尔（译注：Zaïre，前比属刚果）、刚果民主共和国、加蓬、赞比亚、赤道几内亚、纳米比亚、中非共和国、布基纳法索（Burkina Faso）和卢旺达，那些国家中为外国公司（译注：通常成立于安特卫普或特拉维夫）工作的代理商继续从安哥拉购买钻石。据估计，1997年安盟出售的钻石价值高达6亿美元，可能占当时世界生产总额的10%。[153]

钻石被人用来在非洲收买政治盟友、购买武器。来自欧洲和南非的飞机以及维克多·布特个人拥有的俄罗斯飞机经常抵达安盟在安杜洛（Andulo）的总部。[154] 隆达的暴力事件不断增加，平民和采矿人员惨遭虐待和杀害，受害者中有些人为外国公司工作。[155] 联合国在1998年发布了对安盟钻石的禁运令，但很难控制钻石的来源，因为来自不同国家的钻石经常混在一起，而非洲内部的走私路线掩盖了众多安盟钻石的真正来源。[156] 众多安哥拉钻石原石的最终目的地是安特卫普，那里的贸易是由钻石高级理事会（Hoge Raad voor Diamant）进行监督的，它无法解释为何从某些钻石矿藏储量极少（或全无）的国家进口的钻石量突然增加了。联合国在2000年估计，有多达4000名至5000名钻石商违反了禁运规定。[157] 据估计，1992年至1998年期间，安盟通过出售钻石原石获得了30亿至40亿美元的收益。[158] 安盟的大量钻石最终抵达戴比尔斯公司，后者不愿意加入禁运。该公司声称，钻石离开矿区后，几乎无法确定其来源，但最终它决定全面停止从外部生产商处采购钻石。[159]

2002年，若纳斯·萨文比被杀，自1979年以来便一直在任的若泽·爱德华多·多斯·桑托斯（José Eduardo dos Santos）总统提出了和平建议。钻石对安哥拉的经济至关重要。政府决定通过成立安斯公司（Ascorp）来控制钻石生产和销售，其中一半钻石通过安哥拉国家钻石公司国有化，其余的则卖给以色列钻石商人列弗·列维夫（Lev Leviev）。这位商人具有争议，是弗拉基米尔·普京（Vladimir Putin）的朋友。他还是戴比尔斯公司的前股东，被视作当时钻石界重要的人物之一，他在以色列、俄罗斯、亚美尼亚、中国、印度和南非都拥有切割工厂。到2005年，列维夫的钻石销售额约为戴比尔斯公司经中央销售机构出售销量的2/3。[160] 安斯公司最终失败了，但政府仍然通过安哥拉国家钻石公司控制着钻石生产，同时另让部分外国公司以某些商业合作的形式加入国家钻石公司。国家钻石公司的产量2005年达到700万克拉，2018年达到840万克拉。[161] 该公司目前正在开采该国唯一运行良好的金伯利岩矿，即卡托卡矿（Catoca）。该矿生产的钻石中，35%为宝石级钻石、15%为近宝石级钻石、50%为工业级钻石。宽果河谷的矿藏中90%的钻石为宝石级。[162] 安哥拉的钻石是由安哥拉国家钻石公司的子公司索迪亚姆公司（Sodiam）进行营销的。

除了工业化生产，国家钻石公司还容许经地质矿产部（Ministry of Geology and Mines）向不少合作社出售采矿许可证，开展非机械化的手工和半工业生产，2019年开始实施这一制度。当时的16家合作社被视作非法采矿的解决之道，而且它们还可增加政府收入，并为当地工人提供稳定的工作和定时发放的工资。[163] 最近，这些合作社受到了审查，因为目前获得许可证的244家合作社中只有10家仍在运作，而非法采矿和贫困现象仍很严重。[164] 自内战结束以来，安哥拉政府和国家钻石公司也一直在投资该地区的基础设施，主要在已有的城市投资，但也在一些计划中的采矿城镇投资，其中有部分地区在战后继续扩张。这些投资是一项有意识的政策选择，旨在减少非法采矿定居点的适用性。由于政府控制范围的扩大以及2008年金融危机带来的后果，这些定居点变得愈发缺少吸引力。只有少数非正规的城镇（如宽果）设法变成了重要的城市中心。[165]

尽管做了这些努力，安哥拉政府仍然难以接受自己的过往历史。安哥拉记者拉斐尔·马克斯·德·莫赖斯（Rafael Marques de Morais）根据自己在宽果的实地调查情况，于2011年出版了一本关于安哥拉"血腥钻石"的书。他在2009年至2011年期间收集了口头证词，想要曝光那里的钻石矿区仍在发生暴行。名义上该国加入了金伯利进程，但酷刑、谋杀和侵犯人权的行为在安哥拉的钻石矿区仍然频繁发生，而那些士兵和警卫尤其针对妇女和儿童犯下这些罪行。马克斯记录了 100 多起谋杀案。[166] 他指控军队的几位将军也拥有其私人安保公司，而部分暴力事件就是该公司犯下的。他的这些言论令他陷入官司中，被控犯有诽谤罪并被定罪。2015 年 5 月，这名记者被判处临时监禁 6 个月。[167]

刚果与安哥拉接壤，它也要应付自己的恶魔，尽管在它与邻国接壤处的钻石矿区存在一段暴行史。蒙博托·塞塞·塞科（Mobutu Sese Seko）总统于 1974 年将其国家更名为扎伊尔（**译注：这是刚果民主共和国的旧称**），该政权于 1997 年被推翻。而在此之前他一直是萨文比重要的盟友之一，其儿子和盟友控制着跨越安哥拉边境的走私网络。这个年轻的国家本身也经历了大量的流血事件。1960 年独立之时，这个国家仍是世界上数一数二的工业钻石生产国。比利时和美国在该国丰富的矿藏中依然存在利益关系，并未随着其独立而消失，而这个年轻国家在成立之初的那几年里风雨飘摇。刚一独立，一场军队哗变便令它深陷混乱之中。此外，拥有奇卡帕和姆布吉 – 马伊钻石矿藏的开赛地区以及矿产资源丰富的加丹加省都脱离了金沙萨（Kinshasa）的中央政府。两者都设法获得了比利时政府的支持，后者希望挽回自己在该前殖民地的经济利益。[168] 一支雇佣兵部队驻扎在加丹加省，以保护钻石开采利益。一支联合国部队于 1960 年 7 月抵达该国，对比利时和各矿业公司所采取的做法提出了极其严厉的批评。在首都金沙萨，总统约瑟夫·卡萨武布（Joseph Kasa-Vubu）和总理帕特里斯·卢蒙巴（Patrice Lumumba）无法就如何处理这一局势达成一致意见。卢蒙巴最终被剥夺职务，并遭到军队司令约瑟夫·德西雷·蒙博托（译注：Joseph-Désiré Mobutu，即上文蒙博托·塞塞·塞科的原名）的软禁。1961 年 1 月，他被带到加丹加的一所监狱，在那里被人杀害。[169]

　　1962 年，开赛地区重新回到中央政府的管控之下，一年后，加丹加地区也被纳入其中。1965 年，蒙博托夺取了政权，其政权建立的基础是通过经济奖励和腐败来收买忠诚度。[170] 政变发生两年后，蒙博托将殖民时期最重要的矿业公司"矿业联盟"收归国有。接替国际森林和矿业公司的巴克旺加矿业公司（Société Minière de Bakwanga）于 1973 年被国有化，但其与戴比尔斯公司所签销售协议的有效期一直持续到 1981 年。到了 1981 年，其销售权被再次售予一个由多家公司组成的财团，其中一家公司在伦敦，两家在安特卫普。当然，这并不意味着比利时的公司在这个国家就全无经济利益了。[171] 蒙博托让他的一个政治盟友负责巴克旺加矿业公司，可产量随之下降了。而各钻石矿场由冲积矿个体矿工进行作业，外国人禁止开采。[172] 虽然很难给出可信的数据，官方的钻石产量进入了螺旋式下降阶段，安哥拉－扎伊尔边境两侧的非法开采网络和个人手工采矿情况都有所增加。秘密的钻石贸易令很多人背井离乡。1994 年上半年，25000 名至 30000 名开采者——主要是隆达族和乔奎族的人，迁移到边境附近安盟控制的卡丰佛（Cafunfo）矿区，边境地区各种钻石定居点纷纷冒了出来。[173] 扎伊尔人的开采者通常是年轻男子，他们具有共同的种族或地区背景，在某个保护人的带领下依照"团体"（écuries）的形式进行作业。女人们也加入这些群体，通常受雇将砾石从河床运到分拣区，这些砾石是潜水员们挖出来的。她们最后都嫁给了安盟的成员或成功的开采者。[174] 边境地区开采活动的发展带动了商行经济的壮大，两个国家的经济中因而出现了美元化和本国货币贬值的现象。[175]

在这个幅员辽阔的国家，其他地区也出现过类似的经济体系，但买家往往是外国人，他们设法从钻石产地榨取最大的利润。1986 年，在该国东北部的重要商业中心基桑加尼市（Kisangani）附近发现了钻石（参见图 78）。[176]基桑加尼的钻石很快就比南部对应城市的钻石更珍贵，1994 年第一季度它的产量就超过了 100 万克拉。[177]来自马里、塞内加尔、几内亚，特别是黎巴嫩的外国买家在刚果商家旁设立了柜台。矿工们络绎不绝地随季节迁移到冲积矿场，又助长了这种无政府状态。1990 年，基桑加尼成为政府军与来自扎伊尔、乌干达和卢旺达的叛军狭路相逢的一大战场。这场发生在基桑加尼的斗争只是一场更为大型的战争中的一部分，那场战争旨在推翻该国总统蒙博托的专制统治。

蒙博托虽然在冷战期间曾是西方的重要盟友，但此后他变得愈发令人讨厌，再也不能指望得到太多支持。他的执政于 1997 年终结，当时一位名叫洛朗·德西雷·卡比拉（Laurent-Désiré Kabila）的叛军指挥官在乌干达和卢旺达的协助下，先是占领了钻石区最重要的城镇，而后夺取了首都金沙萨。扎伊尔被重新命名为刚果民主共和国，这次权力交接被称为第一次刚果战争（1995—1997）。蒙博托乘坐若纳斯·萨文比为他安排的飞机离开了该国，并于当年晚些时候去世。[178]

卡比拉已经将钻石特许开采区卖给了外国公司，以便筹措军费，但等他控制了这个国家后又食言了。钻石矿场不欢迎外国人，他因而在金沙萨建立了一个钻石交易所，所有的钻石交易都将在这里进行，并收取高昂的会员费。同时，该国的政治局势远未稳定下来，卡比拉与卢旺达、乌干达之间的关系变得更加棘手，这两个国家的军队仍在刚果境内。第二次刚果战争（1998—2003）随之爆发，最终以刚果过渡政府的组建、外国政府军队的撤军而告终。[179] 第二次刚果战争中，乌干达和卢旺达军队曾短期控制过基桑加尼及其钻石矿藏。乌干达和卢旺达虽然都没有自己的钻石矿藏，但两国在 1997 年至 2000 年期间都出口了 733 万美元的钻石，这是第二次刚果战争的战利品。[180] 官方钻石的销量和产量都在下降，甚至连 2000 年给予以色列国际钻石工业公司（International Diamond Industries）垄断权这一老把戏都无法扭转下滑的颓势。而钻石的秘密贸易却在蓬勃发展，特别是通过刚果共和国首都布拉柴维尔（Brazzaville）进行的交易。

2001 年，卡比拉被暗杀，他的儿子约瑟夫接任总统一职，约瑟夫取消了国际钻石工业公司的垄断权，但很快，另一家与国际钻石工业公司有联系的以色列公司设法与约瑟夫·卡比拉达成协议，允许他们购买巴克旺加矿业公司 88% 的钻石产量。[181] 在约瑟夫·卡比拉经某些外国公司的帮助下打造商业帝国之际，个人手工挖矿作业仍在继续，部分虐待行为和悲惨的生活环境还在延续，这是非洲大陆上各地开采作业的特点。政府对冲积矿开采的严酷程度毫不关心，于 2002 年发行了 500 刚果法郎的钞票以纪念冲积矿采矿者（参见图 85）。2015 年，一位为《时代》（Time）杂志撰稿的记者注意到，卡比拉政府尽管于当年 1 月正式发布了禁令，但钻石矿区的童工现象依然存在。[182] 姆布吉－马伊是开赛地区最重要的钻石城镇，建立于非法钻石贸易之上；因为暴力冲突在此肆虐带来的影响，它尽管拥有非洲最丰富的工业钻石矿藏，但现在还是被视作刚果最不发达的矿产城镇。[183] 在这个钻石出口只有约 6% 是宝石级、40% 是近宝石级的国家中，钻石矿藏令姆布吉－马伊成为这个国家的重要地区。[184]

图 85　一张 500 法郎的刚果钞票，2002 年

钻石在塞拉利昂、安哥拉、刚果的内战和暴行中所扮演的角色，导致了"血钻"一词的出现。[185]媒体对此进行了报道，而戴比尔斯公司则担心这会破坏它们在数十年前就精心打造出来的浪漫形象。越来越多的声音呼吁戴比尔斯公司为塞拉利昂、安哥拉、刚果等冲突地区众多平民的死亡负责，因为钻石在其中起了重要作用。"冲突钻石贸易是可以停止的，如果戴比尔斯在人命和利润之间的抉择中选择生命至上的话，这类交易在几年前便已经停止了。"诸如此类的观点持续向戴比尔斯公司施压，要求它采取行动。生产商和批发商在金伯利的会谈推动金伯利进程（KP）于 2003 年建立起来。[186]金伯利进程规定，所有的钻石都需要一份证书，以便被甄别是否为冲突钻石。"血钻"在世界市场上的份额从 20 世纪 90 年代的 15% 下降到 2010 年的 1% 以下，但金伯利进程未能完全制止上述伤害虐待行为。[187]随着塞拉利昂和安哥拉的冲突正式结束，再加上钻石证书取得了明显的成功，公众的关注度有所下降。各国可以决定是否退出金伯利进程，而且有人有法子帮商人隐藏钻石的真实来源。此外，金伯利进程将出产冲突钻石狭义地界定为"内战中涉及的钻石"，这意味着该

认证计划并不适合处理津巴布韦等国家中出现的人权侵犯现象。金伯利进程未能阻止那些地方的伤害虐待行为，这被认为是金伯利进程的一大主要不足。[188]

相较于安哥拉或南非等拥有巨大矿藏的国家，或者像塞拉利昂那般经历了举世瞩目的冲突的国家，津巴布韦一直不怎么引人注目。1903年，那里就已经发现了钻石，戴比尔斯公司已宣称拥有几块区域，但未能深入开采。1994年，某个俄罗斯矿业公司发现了一个金伯利岩管，这才有望开始进行大规模开采。[189]由于津巴布韦总统罗伯特·穆加贝的国有化政策，采矿在津巴布韦变得极其困难，更别提外国公司要来这里进行挖掘开采了。[190]继2000年年初对土地和农场进行全面国有化之后，他又宣布将"全国上下500个矿场"全部国有化。[191]在他宣布该政策之后，为了控制采矿以及采矿权而产生的法律纷争随之而来，该国的部分采矿业仍然掌握在外国投资者手中。[192]

2006年，马兰吉（Marange）东部地区发现了可开采的冲积矿钻石矿床（参见图41）。政府最初允许个人去自由挖掘，但当矿业部（Ministry of Mines）将开采权授予政府控制的津巴布韦矿产开发公司（Zimbabwe Mineral Development Corporation）时，官方派出警察和军队前往阻止当时的非法开采行为。这在2008年导致了200名左右的开采者死亡，而军队参与了采矿和走私活动，最终于2009年引发了对津巴布韦钻石的禁运。有数家公司规避了这一禁运规定，如苏拉特钻石原石采购印度有限公司（Surat Rough Diamonds Sourcing India Ltd），它联合印度最大的钻石商的金融控股公司，与政府达成协议，向印度切割业出口马兰吉钻石。[193]政府、金伯利进程合作伙伴和非政府组织展开了数轮谈判，最终解除了禁运，尽管有报告声称虐待行为仍在继续。部分与政府有关系的矿业公司仍在该地区活动。[194] 其中一个是安金公司（Anjin），该公司的一半由一家中国建筑和采矿公司控制，另一半由津巴布韦军队以及位于迪拜的钻石开采公司控制。[195] 津巴布韦的钻石矿藏相当丰富，2013 年，该国的钻石产量占世界总产量的 8%（金融价值约占 4%）。由于管理不善，再加上政府与私营公司之间的斗争，该份额在 2015 年下降到 2.7%。[196] 2016 年，在该国有着无上权力的总统罗伯特·穆加贝宣布，外国公司此前已窃取了该国钻石，马兰吉钻石矿场的开采将收归国有。[197] 从那时起，该公司所占的份额进一步下降，最终只占全球钻石总产量的 2.2%、总金融价值的 1.5%。[198]

在其他几个暂停执行金伯利进程的国家中，如中非共和国（参见图 78），暴力冲突不断，对钻石开采者们的虐待不止。而在其他国家（如纳米比亚），因遵守金伯利进程，其钻石行业因此受益，只是当地居民蒙受的好处相较之下也许要少一点。[199] 这使得众人再次批评起金伯利进程，认为它不足以应对别的挑战，如童工问题或环境破坏问题。[200] 大量钻石商人参与到非法出口非洲"血钻"的行径中，却一直无人关注。不过，2015 年一个名为"瑞士解密"（Swiss Leaks）的丑闻揭露了汇丰私人银行（HSBC Private Bank）的财政欺诈和洗钱行为，部分钻石商（包括"蓝玫瑰"在内）的非法活动由此抖搂了出来。[201] 汇丰银行的丑闻事件显示，钻石自冲突地区经日内瓦、特拉维夫和迪拜出口，之后抵达安特卫普，于是其真正来源被洗白，而其真实价值遭低估。其中一家受到指控的公司是欧米茄钻石公司（Omega Diamonds），该公司从中非向比利时非法出口钻石并逃税。这是一个备受瞩目的案件，由前雇员大卫·雷努斯（David Renous）揭发，方才进入大众视野。[202] 雷努斯称，欧米茄钻石公司参与了一项计划：低价从安哥拉的安斯公司购买钻石。这些钻石被人运到阿拉伯联合酋长国和瑞士，最后在安特卫普配上假证书进行出售，售价便高出了一大截。雷努斯所述，安哥拉政府被骗取的钻石价值高达 80 亿美元，有人恳请将这笔钱还给安哥拉。[203] 比利时政府想以违反海关法为由起诉欧米茄钻石公司，但安特卫普上诉法院（Antwerp Court of Appeal）于 2017 年 1 月裁定比利时的进口许可证制度与欧洲法律相抵触，于是该公司设法逃掉了巨额罚款。然而，正如欧洲议会上的相关陈述所示，该案件可能尚未完全结束。[204]

　　基于诸如欧米茄钻石公司犯下欺诈罪之类的报道，钻石业已再次迈进一个新时代。在一些非洲国家，那个因"血钻"贸易而引得各方将内战白热化的时代，可能已随着金伯利进程而正式终结了，但钻石原石非法开采和贸易所存在的地理区域仍然脱离了政府管控。此外，人们已经逐渐意识到，钻石开采会对环境造成不利影响。非政府组织等行业监督者的关注点不再仅仅聚焦于非洲。20 世纪钻石业的主要特点是戴比尔斯公司的垄断行为以及"血腥钻石"，而这两种现象的中心都在非洲。但在 20 世纪，很多人预料不到的地方也冒出了新的钻石矿场：俄罗斯、加拿大和澳大利亚。此外，阿姆斯特丹和安特卫普的传统切割业拥有好几个世纪的历史，此时却受到了以色列和印度等新兴钻石切割中心的挑战。安特卫普作为商业中心的显要地位也受到了冲击，因为新的钻石贸易公司商业点建于中东和远东。20 世纪末，一些对钻石业至关重要的结构体遭到解构、摧毁或淘汰。南非的种族隔离制度已消失，阿姆斯特丹曾是重要的钻石城市，但大屠杀给了它最后一击，而金伯利进程的介入则试图终结"血钻"贸易。一个多世纪以来，戴比尔斯公司在钻石业的主导地位也开始瓦解，不仅因为来自非洲多地区冲积矿和工业矿的持续竞争，还因为西方世界出现了新的巨头。也许这是有史以来第一次，钻石开采开始挣脱殖民主义剥削的束缚。

第六章

西方世界的钻石开采：
崩溃的戴比尔斯帝国

21 世纪

"我们在两个大洲的 4 个国家里，顺着古老的河流，沿着海滨，潜至海底，在地上地下挖掘开采，并且始终与开采地的群体合作。我们肩负着责任，确保在发现一颗颗钻石之时，能为社会中就业机会的创造、教育医疗的改善、基础设施的建设贡献重要的力量。"[1]

这段话摘自戴比尔斯公司的网站，可视作如今大型钻石公司吸引公众的典型方式。这些言语过于乐观，旨在反驳 20 世纪关于钻石开采的批评之声。此外，这段话还试图说服消费者：尽管戴比尔斯公司失去了垄断地位，它仍然是全球钻石业的头号玩家。不过，尽管放出了此类安抚性的声明，这家由塞西尔·罗兹创办的公司在以下方面有着悠久的历史：殖民侵吞、种族隔离制度、压迫性劳工制度、"血腥钻石"的涉足；作为雇主，它不可能突然变成现在自我标榜的那般负责任、有道德。苏联解体后，戴比尔斯公司作为唯一真正重要的钻石公司，其地位开始不保。安哥拉、加拿大和澳大利亚所发生的一桩桩事件进一步削弱了戴比尔斯公司的地位，该公司逐渐被迫与其他的行业参与者同步，开始倡导更加透明、更为道德的经营方式。

如今，钻石开采的世界已经迥异于近代早期各国对印度和巴西冲积矿场的勘探，也与20世纪戴比尔斯公司的只手遮天大不相同。根据金伯利进程网站2018年的官方统计数据，有21个国家在生产钻石。[2] 现在，除了欧洲和南极洲，每个大陆都有钻石开采活动——尽管俄罗斯在阿尔汉格尔斯克（Arkhangelsk）附近罗蒙诺索夫（Lomonosov）矿区的进一步勘探可能改变这种局面。就重量而言，俄罗斯是最大的钻石生产国，其产量有43161058.83克拉，占29.1%，其次分别是博茨瓦纳（16.4%）、加拿大（15.6%）和刚果民主共和国（11.0%）。南非的老矿区仍然可以生产99000克拉以上，占6.7%，而安哥拉与之相差也不大，接近5.7%（参见图86）。[3] 巴西和印度的老矿区几乎消失了，而印度尼西亚没有再正式生产了。就金融价值而言，情况有些不同（参见图87）。俄罗斯仍然位居榜首，份额为27.5%，但博茨瓦纳的份额为24.4%，与前者比较接近；而澳大利亚的份额要低得多，仅占1.3%，只有莱索托（Lesotho）2.6%的一半，但莱索托的钻石生产在重量上要少很多。当然，这与钻石的质量有很大关系，通过比较每克拉钻石的价格比率（美元/克拉）可对钻石做出最为适当的评估。最值钱的钻石来自纳米比亚（469.4美元/克拉）、利比里亚（401.8美元/克拉）和莱索托（291.5美元/克拉）。最便宜的钻石——主要是工业钻石，来自刚果民主共和国（8.3美元/克拉）、澳大利亚（12.9美元/克拉）和中非共和国（22.7美元/克拉）。

2018年，巴西的钻石原石计价为219美元/克拉，印度的钻石原石计价为215美元/克拉，这些相对较高的数字表明，历史仍然极为重要。虽然那些拥有悠久产钻历史的国家仍在生产这些珍贵的宝石，而且新的钻石生产国也正在出现，今天的钻石开采已成为真正的全球事务。这从那些控制采矿的公司数量能看出

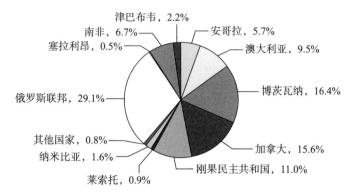

图 86 2018 年全球官方钻石原石产量中不同国家所占份额 [4]

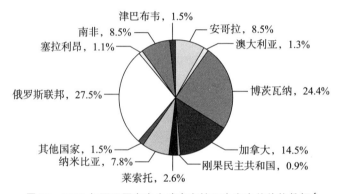

图 87 2018 年不同国家在全球官方钻石生产中的价值份额 [5]

来，开采活动往往延伸至各大洲。本章是最后一章，关注戴比尔斯公司失去其垄断地位的来龙去脉，考察俄罗斯、澳大利亚和加拿大钻石开采业的兴起，并聚焦在亚洲和南美古老的冲积矿区附近重新寻找含钻金伯利岩的行动。

撤回博茨瓦纳

到 20 世纪末，戴比尔斯公司在钻石行业享有垄断地位，加上它控制了全球钻石原石的开采和销售，因而在那些意图取而代之的矿业公司以及美国官方的心目中，它俨然成为眼中钉、肉中刺。在其鼎盛时期，戴比尔斯公司受到了严格的审查，原因有二：首先是政治方面的因素，这与该公司在政权不定、长期陷入暴力冲突的国家中所开展的活动有关。[6] 其次是经济方面的因素。戴比尔斯公司深陷种族隔离制度旋涡，这引起了矿工、活动家和政治家的注意，与此同时，美国司法部也一直对该公司不断施压。

1945 年，戴比尔斯公司首次遭到美国法院起诉，它被指控违反了 1890 年的《谢尔曼反托拉斯法》（*Sherman Antitrust Act*）。戴比尔斯垄断集团被指控规避该法案，在伦敦向美国特约配售商进行销售，并构建一个由 300 家不同公司组成的网络而进入美国市场。[7] 司法部于 1948 年驳回了此案，但这只是戴比尔斯公司在美国遭遇法律纠纷的开端。[8] 1974 年，该公司再次被起诉，当时戴比尔斯和两家美国公司遭到指控的罪名是操纵价格并秘密瓜分美国低端的工业钻石颗粒市场。结果再次证明，戴比尔斯公司那密密麻麻的网络难以理顺，但是证据确凿，因而爱尔兰香农（Shannon）的戴比尔斯工业钻石公司（De Beers Industrial Diamonds）以 4 万美元的金额与起诉方达成了和解。[9] 这是一次小小的胜利，南非的这家大公司再次逃出了美国法网。[10] 戴比尔斯公司并未退缩，1994 年它被迫通过其瑞士子公司戴比尔斯百年公司（De Beers Centenary AG.）第三次在美国法院出庭。该公司和通用电气公司（General Electric）被指控操纵价格且秘密瓜分人造钻石的市场。它们共同控制了该商品市场份额的 80% 左右。[11] 虽然通用电气公司被宣判无罪，戴比尔斯公司却未能摆脱困境，该案一直拖到戴比尔斯公司认罪并接受 1000 万美元的罚款才了结。[12] 这是戴比尔斯公司的一次重大失败，也开启了它在美国的败诉大幕。2001 年，在新泽西和纽约，出现了 2 起关于该公司价格垄断的相关诉讼，随后在亚利桑那、加利福尼亚和纽约又出现了另外 5 起诉讼。这些诉讼控告戴比尔斯这一卡特尔集团的垄断行为，及人为保持钻石价格居高不下的行径。[13] 原告中有直接从戴比尔斯公司购买钻石的买家，还有从特约配售商处购买钻石的一批珠宝商和零售商。起初，戴比尔斯公司在面对来自美国审判机构的质疑时，采取其一贯说辞进行辩护，否认自己直接参与了美国市场。但 2004 年的败诉迫使该公司改变了方式，次年以 2.95 亿美元达成了和解。戴比尔斯公司于 2011 年提出上诉，但徒然无功。2012 年，它最后请求对该案进行重审，这也遭到驳回。戴比尔斯公司承诺将遵守美国法律，它因此得以直接在美国市场运营，美国钻石市场占全球珠宝销售总额的 45%。[14]

这是一个重要的演变，因为 2012 年的钻石世界已不再是戴比尔斯公司的专属领地。随着加拿大、澳大利亚和俄罗斯境内发现了极其丰富的钻石矿藏，这些国家成立了新的采矿公司，钻石生产已经全球化。戴比尔斯很早便设法同俄罗斯钻石达成了交易，但在 2010 年，该交易又被欧盟委员会取消了。在澳大利亚，生产商们曾同意通过戴比尔斯的中央销售机构进行销售，但他们于 1996 年离开。在加拿大，戴比尔斯公司是后来才进入该国的，加拿大的 2 个主要钻石矿在该卡特尔集团之外运转。戴比尔斯公司不仅在生产上失去了其垄断地位，而且在销售方面也如此，它不得不直面新的、充满活力的竞争。澳大利亚矿业公司力拓（Rio Tinto）的营销总监说："没有人意识到戴比尔斯公司到底有多陈腐，它们的傲慢使其效率低下，它们没有根据商业的现实情况做出相应调整。"[15] 尽管如此，它们还是努力了一把：2011

年，英美资源集团收购了奥本海默家族在戴比尔斯公司 40% 的股份，哈利的儿子尼基·奥本海默（Nicky Oppenheimer）不再担任董事长一职。[16]

不过，该公司最大的举措是将公司迁往博茨瓦纳。这个国家于 1966 年获得独立，在此之前，它叫贝专纳保护国（Bechuanaland Protectorate）。1967 年和 1968 年，人们分别发现了 2 个金伯利岩管：世界第二大矿奥拉帕（Orapa）、莱特拉卡内（Letlhakane）（参见图 41）。戴比尔斯公司与该国合作建立了戴比斯瓦纳（Debswana），以勘探这些矿区，但最好的还在后面：1982 年，当时世界上最富有的钻石矿朱瓦能矿（Jwaneng）进入了生产阶段（参见图 88）。这 3 个矿场都含有高品质钻石。到 2007 年，奥拉帕和莱特拉卡内已经生产了 1550 万克拉钻石，朱瓦能矿场的产量略高于 2600 万克拉。[17] 2006 年，戴比尔斯公

图 88　朱瓦能矿，博茨瓦纳，2020 年

司在博茨瓦纳成立了一家独立的钻石贸易公司，对该国的钻石进行分拣、分类和估价，这便不足为奇了。[18] 2013 年，根据与政府达成的 10 年协议，看货销售体系从伦敦迁移至博茨瓦纳首都哈博罗内（Gaborone）。员工调任了，新的办公室建成了，新的公司结构设置好了，其中戴比尔斯公司由两大股东拥有，即英美资源集团（85%）和博茨瓦纳政府（15%）。[19]

2021 年，戴比尔斯公司在 4 个国家进行开采。在南非，它运营着沃尔斯波德（Voorspoed）和韦内沙（Venetia）2 个露天矿（参见图 41），后者是南非产量最高的矿场，但目前正在进入向地下开采的阶段。[20] 纳马夸兰冲积矿藏的开采已暂停，而戴比尔斯于 2016 年将其大部分历史矿区出售给埃卡帕矿产公司（Ekapa Minerals）。[21] 在博茨瓦纳，戴比尔斯公司和政府之间平等合作，成立了戴比斯瓦纳，该公司经营着 4 个露天矿：达姆塞（Damtshaa）、莱特拉卡内、奥拉帕（世界上最大的露天矿）和朱瓦能。这些矿出产的是平均价格最高的钻石。纳姆戴伯公司（Namdeb）正与纳米比亚开展平等合作，其前身是西南非洲联合钻石矿业公司，当下它正在使用 5 艘船在近海和沿海的矿藏作业，第 6 艘正在建造中。[22] 其在加拿大的活动分布在西北地区的 2 个矿场：斯内普湖矿（Snap Lake）和嘎哈周库尔矿（Gahcho Kué），后者在 2016 年才进入生产阶段，以及安大略省的维克多矿（Victor）（参见图 89）。[23] 据估计，其总产量占据了全球钻石原石销售市场的 1/3 左右。戴比尔斯公司仍然向 101 个选定的特约配售商进行销售，其中有 13 个经正式委派的买家和 3 个工业钻石的特约配售商，它每年在哈博罗内、金伯利和温得和克同时举行 10 次采购会。[24]

Anchorage：安克雷奇　　　Snap Lake：斯内普湖　　Hudson Bay：哈得逊湾
Jericho：耶利哥　　　　　Gahcho Kue：加丘库　　　Victor：维克多
Ekati：艾卡吉　　　　　　Yellowknife：耶洛奈夫　　Kimberlite Pipe：金伯利岩管
Diavik：戴维科　　　　　Edmonton：埃德蒙顿

图 89　加拿大的钻石矿藏

俄罗斯远东地区：冰雪下的钻石

　　戴比尔斯公司的垄断地位减弱了，这不仅是因为外界直接抨击了该公司及其伦理道德政策，还与地理因素有关。在一些地区，戴比尔斯公司仍然难以控制开采情况，主要是西非和中非的冲积矿矿区。同样，在巴西、婆罗洲和印度，手工采矿继续沿用，利润非常微薄，因而即使戴比尔斯公司在这些国家获得了某些特许开采区，它也决定不开展采矿业务。但也有其他钻石矿区摆脱了戴比尔斯公司的控制，其中有些矿藏非常丰富，这令天平的一端偏向了寡头垄断制。安哥拉便是一个例子，国有的安哥拉国家钻石公司就是一大矿业巨头，而俄罗斯则是另一佐证。2018年，俄罗斯钻石的重量占全球产量的 29.1%，其钻石的金融价值占 27.5%，令该国一跃成为地球上最大的钻石生产商。俄罗斯钻石成功的故事于20世纪50年代粗具雏形，当时苏联勘探人员在俄罗斯远东地区的萨哈共和国（译注：Sakha Republic，Yakutia，原雅库特）发现了非常丰富的金伯利岩管，但俄罗斯藏有钻石这一事实早在一个多世纪前就已被人注意到了。[25]

1830年，一家荷兰报纸报道说，在乌拉尔山脉（Ural Mountains）发现了钻石，它们"不比巴西的钻石差"。[26]这篇文章还说，恩格尔哈特教授在4年前已经到过该地区。莫里茨·冯·恩格尔哈特（Moritz von Engelhardt，1779—1842）是1820年至1830年间在多尔帕特大学（University of Dorpat）工作的自然学家，他确实在1826年前往乌拉尔开展了一次科学之旅。回国后，他给大学校长写了一封信，在信中他指出，自己所访问地区的矿石与巴西钻石区的矿石存在相似性，暗示在乌拉尔可能蕴藏钻石。这封信最初发表在《圣彼得堡日报》（*Journal de St Petersbourg*）上，但进入了国际媒体视线，尼尼托拉（译注：NijnyToura，属于库什拉的皇家工厂）的铂矿砂与巴西的铂矿砂存在着惊人的相似之处，而巴西的钻石通常是在这类铂矿砂中发现的。[27]

荷兰报纸《格罗宁格·库朗》（*Groninger Courant*）继续报道，并将俄罗斯钻石的首次发现归功于一个名叫保罗·波波夫（Paul Popov）的13岁男孩。这是在1829年6月，由普鲁士著名探险家、地理学家和自然学家亚历山大·冯·洪堡（Alexander von Humboldt，1769—1859）进行的一次探险中发现的。此前一年，洪堡应俄罗斯财政部部长（其父是一位矿物学家）的邀请，前往乌拉尔为沙皇调查黄金矿藏和铂矿藏。他此前曾在南美洲四处旅行，他震惊于巴西山脉和乌拉尔山脉之间在地质和矿物方面的相似性。他尽管对新旧世界的岩石结构进行了比较，但并未得出乌拉尔地区可能藏有钻石的结论。[28] 也许洪堡在多尔帕特与恩格尔哈特的会面改变了他的想法，出发前，洪堡向沙皇皇后承诺，他将为她带回一些宝石。[29] 参与本次探险的人之一是阿道夫·德·波利尔（Adolphe de Polier），他是在俄罗斯服役的法国军官，是一位俄罗斯科学院院士，娶了富有的俄罗斯女伯爵瓦尔瓦拉·彼得罗夫娜（Varvara Petrovna）。与洪堡一样，德·波利尔确信俄罗斯存在钻石，并吩咐数人在叶卡捷琳堡（Yekaterinburg）附近的土地上搜寻钻石，从而令波波夫得以发现钻石。[30]

洪堡的探险之后，人们在乌拉尔山发现了几颗钻石，都在1.5克拉至5.5克拉之间。1836年，一家法国杂志写到，目前为止，在此地只发现了35颗钻石。[31] 主流观点认为，这些发现具有科学价值，但没有商业价值：因为这些宝石太小，数量太少，同时还有人怀疑乌拉尔钻石是不是真钻。[32] 布尔什维克（Bolshevik）政府没有采取进一步行动去建立采矿业，而是满足于出售在1917年俄国十月革命后没收的珠宝和钻石。1937年，一项科学计划开始实施：对比世界钻石区的地质与苏联的地质。参与者之一是一位名叫弗拉基米尔·索博列夫（Vladimir Sobolev，1908—1982）的地质学家。[33] 洪堡在乌拉尔山寻找钻石的一个多世纪后，一位曾经在列宁格勒矿业学院（Leningrad Mining Institute）求学的学生索博列夫发表了一篇论文，他通过与南非地质的比较，预测俄罗斯远东的雅库特存在钻石。[34]

第二次世界大战结束后不久，苏联将钻石勘探视作当务之急，因为它希望仅靠从国内矿藏获取的钻石来满足自己对工业钻石的需求，而不是通过伦敦的中央销售机构购买钻石。[35] 1948年，一支从伊尔库茨克（Irkutsk）出发的团队在下通古斯卡河

（Nizhnaya Tunguska）的某支流中发现了第一颗雅库特钻石。探险队很快就转向探索维柳伊河（Vilyuy River），1949 年 8 月，格雷戈里·费恩斯坦（Grigorii Fainshtein）在那里发现了一颗钻石。在维柳伊河畔的纽尔巴（Nyurba），一个永久定居点建造起来了（参见图 90），用以协调钻石搜寻的所有行动。但当在维柳伊河以北的奥利亚诺克河（Olyenok）发现金伯利岩时，苏联才加速开展相关活动，开始开发列宁格勒金伯利岩管。[36] 这些发现立即对国际钻石市场产生了影响，比利时钻石工人工会通报说，苏联的钻石采购量从 1949 年的每月 8000 克拉至 9000 克拉下降

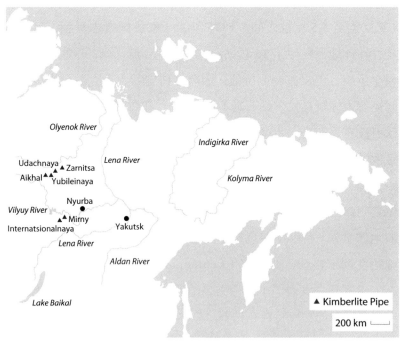

Olyenok River：奥利亚诺克河	Yubileinaya：玉比勒纳亚	纳亚
Indigirka River：因迪吉尔卡河	Kolyma River：科雷马河	Yakutsk：雅库英克
Udachnaya：尤达克纳亚	Vilyuy River：维柳伊河	Aldan River：阿尔丹河
Lena River：来那河	Nyurba：纽尔巴	Lake Baikal：贝加尔湖
Zarnitsa：扎尔尼察	Mirny：米尔尼	
Aikhal：艾赫	Internatsionalnaya：因特南修罗	Kimberlite Pipe：金伯利岩管

图 90　西伯利亚的钻石矿藏

到 1950 年 1 月的 40 克拉，而 2 月和 3 月，苏联连 1 克拉都没有购买。安特卫普有传言说，苏联人要么发现了大量矿藏，要么找到了生产人工钻石更为有效的方法。[37]

列宁格勒矿管的开采活动仍然是秘密进行的，第一次正式发现含钻的金伯利岩管是在 1954 年，当时一位地质学学生兼战争英雄拉里萨·波普加耶娃（Larisa Popugaeva）发现了扎尔尼察岩管（Zarnitsa）。起初，有人不承认这一发现属于她，她甚至被位于列宁格勒（Leningrad，St Petersburg）的全联盟地质研究所（All-Union Geological Institute）解雇，但她后来又复职了。[38]新矿藏很快就相继被发现，以密电的形式向上报告。1955 年 7 月，尤里·哈巴尔丁（Yuri Khabardin）发现了米尔尼（译注：Mirny，意思是"和平"）金伯利岩管，他向地质部发了一份密码电报："我们抽了'和平'的烟斗，烟草不错。"[39]米尔尼管中确实含有较高比例的宝石级钻石。该矿于 1957 年开始运行，2004 年关闭。如今，它是地球上第二大的人造洞，仅次于盐湖城（Salt Lake City）附近的宾汉峡谷（Bingham Canyon）铜矿（参见图 91）。

图 91　米尔尼矿，西伯利亚，2014 年

在米尔尼金伯利岩管被发现后不到10天，尤达克纳亚岩管（译注：Udachnaya，意为"成功"）也问世了，它的产量很高，并且富含宝石级的钻石（参见图92）。截至1956年年底，已经发现了500多个金伯利岩管，尽管并非所有的金伯利岩管都含有钻石。其中，最重要的岩管有：1955年发现，1979年投入生产的塞兰斯卡娅岩管（Sytykanskaya）；1959年发现，1966年投入生产的第23次党代表大会岩管（Twenty-Third Party Congress pipe）；1960年发现，1962年投入生产的艾赫岩管（Aikhal），它距离米尔尼岩管450千米，实际上位于北极圈内；1971年投入生产的因特南修罗纳亚岩管（Internatsionalnaya）；1975年投入生产的玉比勒纳亚岩管（Yubileinaya）（参见图93）。[40] 1998年，已知存在大约1000个金伯利岩管，其中150个含有钻石，含钻岩管中有7个岩管是有利可图的。[41]

图92　尤达克纳亚矿，西伯利亚，2004年

图 93　玉比勒纳亚矿，西伯利亚，2020 年

其他国家并未意识到这些在俄罗斯发现的钻石矿藏将有何潜在影响。1956 年，一家荷兰报纸在《西伯利亚发现了大型钻石区？荷兰钻石界并不担心》一文中，引用了两位钻石商人的话，声称来自雅库特的消息也许只是宣传而已。[42] 但事实远不止于此。尼基塔·赫鲁晓夫（Nikita Krushchev）于 1953 年就任第一书记，当时他宣布苏联的钻石工业应该得到充分发展。[43] 在一年后召开的第 21 次党代表大会上，雅库特钻石矿区信托公司（Yakutalmaz Trust）成立了。它开始开采米尔尼岩管。它也开启了采矿区工业化时期，对当地环境和当地非俄罗斯人（维柳伊人）造成了严重的影响。位于伊列利亚赫河（Irelyakh）边的米尔尼镇成为主要的采矿定居点，艾赫、尤达克纳亚和伊列利亚赫

也建了其他定居点。从 1956 年起，数以万计的劳工进入了钻石业。[44] 其中许多人来自乌克兰、白俄罗斯和俄罗斯的欧洲部分，当地人口因而出现了增长。[45] 然而，苏联的宣传更注重展现自然与工业携手并进的形象（参见图 94）。

米尔尼西北车尔尼雪夫斯基（Chernyshevskiy）的维柳伊河上，政府建造了维柳伊水电站、大坝和电厂，以便为采矿城镇提供电力；还扩建了一个国有农场系统以提供粮食。[46] 所有这些投资都是必要的，但那些地方的生活依然艰难。雅库特幅员辽阔，地处偏远，由于缺乏交通路网，与世隔绝。雅库特的气候被形容为"人类居住环境中最为严酷的"，那里的冬季一年长达 7 个月，平均温度最低为 1 月的 –43.5℃，最高为 7 月的 19℃。[47] 在低温时，机器会结冰，钢筋也会断裂，而修建建筑需要在夏季气温较高时将钢柱打入永久冻土。这个地方不仅气候环境恶劣，工作环境也是如此。只要钻石原石源源不断地运抵莫斯科，当地的采矿管理部门在运营方面就拥有极大的自由。雅库特钻石矿区信托公司最初在米尔尼建造的办公室被人放火烧了，那里在进行开采的第一年就爆发了罢工。[48] 但是这些都没有让政府气馁，官方人士现在完全意识到了苏联在亚洲地区的钻石销售潜力，但很快就

图 94 苏联邮票：雅库特苏维埃社会主义自治共和国（Yakut Autonomous Soviet Socialist Republic），1972 年

有人意识到需要投入更多资金。虽然苏联国内需要工业级钻石，但也许是时候考虑将其他宝石级钻石卖到国外了。[49]

苏联和戴比尔斯公司

要在国际市场上销售钻石的话，苏联需要与戴比尔斯公司达成协议，因为后者的中央销售机构控制着全世界的钻石贸易。戴比尔斯公司对铁幕后的钻石开采感到担忧。该公司曾经的政策是与外部生产商达成协议以便将产品全部买下，该公司在非洲的这一做法大获成功，但苏联处于另一社会秩序。1957 年，哈利·奥本海默接替其父亲成为戴比尔斯公司的董事长，他派自己的堂兄弟菲利普（Philip）前往莫斯科就苏联加入该卡特尔集团进行谈判。戴比尔斯公司提议，按照可重新商议的价格买下俄罗斯所有宝石级钻石，苏联方面同意了。尽管对这些南非人来说，这始终是一笔冒险的交易，因为没有人真正知道雅库特岩管的产量有多少——"苏联的贸易统计数据没有逐项列出其钻石出口水平——如果存在相关数据的话"。[50]菲利普·奥本海默谈判的协议细节也一直处于保密状态。西方媒体于 1960 年年初报道该协议时指出，这是一次引人注目的结盟，但它保证了当时钻石价格水平的稳定。[51]

双方每年都要重新就该协议进行谈判，西方媒体适度进行宣传，但政治环境变得愈加艰难。[52] 1957 年，就在菲利普飞往莫斯科前夕，南非和苏联断交，因为南非政府指责苏联正筹划一桩共产主义阴谋，旨在推翻种族隔离制政府。当时苏联的外交政策旨在为西方和非洲殖民地之间制造隔阂，因而在一些非洲反殖民运动组织看来，苏联是天然的盟友。[53] 1960 年 3 月 21 日，沙佩维尔（Sharpeville）大屠杀发生后，压力变得越来越大。但直到1963年，哈利·奥本海默才宣布其与苏联的协议已结束。第二年，《每日邮报》（*Daily Mail*）报道称，"戴比尔斯公司将不再出售俄罗斯钻石"，称该公司"对于苏联支持抵制南非贸易的行为感到愤怒"。[54]

然而，该协议在私下里仍然有效，它们借助一家名为城市东西部有限公司（City East-West Ltd）的企业，通过伦敦输送苏联的钻石。[55] 哈利·奥本海默在1978年承认，对该协议进行保密的唯一原因是苏联希望不受关注。哈利的儿子尼基后来解释说，为了商业利益，意识形态上的分歧被搁置了。[56] 苏联向戴比尔斯公司出售其90%~95%的宝石级钻石原石，作为交换，它可从戴比尔斯公司获得硬通货和高级工业钻石，后者是苏联需要但无法自行生产的。剩余的5%的宝石开采不受该协议约束，可在苏联或其他东欧国家进行切割和抛光。[57]

该协议确保了戴比尔斯公司对钻石市场及钻石价格的持续控制，使其在非洲有了一些政治回旋余地。安哥拉独立后，安哥拉人民解放运动组织于1975年开始执政，他们很快对该国与戴比尔斯公司的已有协议提出疑问。苏联官员设法说服安哥拉政府不要转向竞争局面。苏联和戴比尔斯都同意从1976年起通过技术交流进行更为紧密的合作。一位苏联工程师被派往莱索托的莱特森矿（Letseng），作为交换，戴比尔斯公司的一群员工获准参观苏联的一个金伯利岩管。[58] 苏联人通过一种X射线发光分离法改进了钻石的挑选过程，这种方法借助钻石暴露于X射线下时发出的光，可从矿石中分离出尺寸更小的钻石，小于以前的机械所能选出的钻石。[59]

苏联很清楚，它们庞大的钻石矿藏使其在与戴比尔斯公司的谈判中处于有利地位，它们有时会考验戴比尔斯公司的耐心，特别是在 20 世纪 70 年代初。1973 年，《金融时报》报道说，苏联正在探究直接向安特卫普出售钻石的计划。[60] 政府内部的某些派别还希望发展国内切割业。当时，苏联只有 3 家切割厂在运营，分别位于莫斯科、斯摩棱斯克（Smolensk）和基辅（Kiev），每家工厂都雇佣了 2000 名至 4000 名工人。24 家切割厂成立了，取名"水晶"（Kristall），结果却无法加工苏联生产的钻石，因为这些钻石生产仍在扩大，规模太大，以至于无法在国内进行加工。[61] 1977 年，雅库特的钻石区仍然笼罩在神秘的氛围中，估计这一年该钻石区的产量为 1030 万克拉。[62] 那一年，哈利·奥本海默宣布，戴比尔斯公司为了钻石已经向苏联支付了超过 5 亿美元。[63] 20 世纪 70 年代，苏联出口的大量钻石都被称为"银熊"（Silver Bears），这些钻石纯度高，呈银色，切割前的重量可达 0.25 克拉。戴比尔斯公司要消化这些额外生产的钻石需要时间，也需要新的营销活动。"银熊"被镶嵌在代表"永恒"的戒指上，由丈夫送给妻子，象征着"永恒的爱"和"重燃的浪漫"。[64] 后来的学者们不无讽刺地说："为了满足苏联对硬通货的需求，一家南非公司说服美国男人们给妻子买件毫无实用价值的奢侈品。"[65]

苏联解体之后

1988 年，米哈伊尔·戈尔巴乔夫改变了俄罗斯矿业的组织结构，黄金和钻石开采业都被纳入钻石黄金管理局（Glavalmazzoloto，Administration of Diamonds and Gold） 的管辖范围。[66] 两年后，戴比尔斯公司与苏联政府达成了一项协议，内容与之前的协议大致相同，但其中另包括向苏联政府提供

50 亿美元贷款的条款，用于投资钻石业，以苏联的钻石股票做担保。1990 年 5 月，鲍里斯·叶利钦（译注：Boris Yeltsin，当时的俄罗斯联邦共和国总统）当选为俄罗斯苏维埃联邦社会主义共和国主席，这违背了戈尔巴乔夫的意愿，而他立即抗议说钻石交易并未征求俄罗斯联邦共和国的意见。一场权力斗争爆发了，苏联政府、俄罗斯议会和萨哈共和国（译注：Sakha，前雅库特）都声称对萨哈的钻石拥有合法所有权。而苏联解体则进一步助长了这些钻石战争。[67]

1992 年 2 月颁布的矿产法承诺，各共和国和地方政府将以更为平等的方式分享采矿利润。一个月后，叶利钦向萨哈承诺给予宝石级钻石销售利润的 20%，以及工业钻石的全部利润。萨哈现在是俄罗斯境内的一个自治共和国，其矿藏当时对俄罗斯经济至关重要。这引起了叶利钦和议会之间的裂痕，议会认为萨哈得到的太多了，并试图阻止成立"俄罗斯 & 萨哈阿尔罗萨钻石公司"（Alrosa，Almazy Rossii-Sakha），这是一家负责钻石开采、分类、分级、切割和销售的股份制公司。[68] 最初，俄罗斯和萨哈各占 32% 的股份，阿尔罗萨的 5 万名员工占 23%，8 个地方政府各占 1%，军方的社会保障基金占 5%。[69] 它们也将对利润进行相应分割。叶利钦设法颁布了一项特别法令，在创建阿尔罗萨公司时绕过了议会。该公司最终于 1993 年成立，此时，俄罗斯人愈加担心萨哈会得到更为理想的交易，担心它会利用阿尔罗萨公司的股份自行发展切割工业，这样将对俄罗斯已有的工厂不利。萨哈也确实在 1991 年开始建立自己的切割工厂。3 年后，图伊玛达钻石公司（Tuymaada Diamond）在其 6 家工厂中拥有 900 名员工。[70] 今天，图伊玛达钻石公司宣传自己是"萨哈共和国最大的抛光钻石生产商"，直接从阿尔罗萨公司购买原石。[71] 在亚美尼亚等部分苏联共和国，切割行业仍然很活跃，它们现在仍然与全球钻石商品链紧密相连。[72]

萨哈共和国设法利用其政治影响和经济财富，通过谈判获得了相比于俄罗斯更为有利的形势，但俄罗斯保留了自己在阿尔罗萨公司的主要股份，该公司在接下来数年中继续增长。尽管内部阻力重重，到1996年中旬，阿尔罗萨公司显然已经获得了对俄罗斯钻石生产的控制权。那些阻力主要来自政府官员，那些人在此之前就职于钻石生产和出口的政府机构，如贵金属及宝石委员会（Committee of Precious Metals and Precious Stones），或者1996年成立的国家贵金属及宝石储藏库（Gohkran）。阿尔罗萨公司的垄断地位并未被所有人接受，特别是考虑到该公司与萨哈政府的密切联系。萨哈共和国因其对俄罗斯财政的重要性而变得日益独立，这在俄罗斯的政治阶层中遇到了阻力，因为萨哈若完全自治，可能开创危险的先例。

俄罗斯和戴比尔斯公司之间的交易也受到了来自俄罗斯内部的猛烈抨击。自苏联解体以来，俄罗斯已然成为戴比尔斯公司一个难以对付的合作伙伴，因为它使用各种渠道在该卡特尔集团之外的市场上销售宝石级钻石原石。1994年，这一情况引发大家的担心：自戴比尔斯公司成立之初便已倍加保护的钻石原石价格，其"永不下降"的古老宣言将会终结。[73] 1995年，俄罗斯和戴比尔斯公司之间进行谈判，由于俄罗斯内部的政治势力不希望阿尔罗萨公司和戴比尔斯公司达成共赢，该协议被推迟签订了。也许其中最激烈的反对声音来自代表俄罗斯国内切割业的相关协会。阿尔罗萨公司承诺将停止切割代销的行为，该做法是将萨哈的钻石原石送到国外进行切割，再运回俄罗斯，作为俄罗斯本地切割的钻石进行出售。[74] 那些哀叹外国公司控制了俄罗斯钻石矿藏的声音也从未完全平息，但在 1998 年 11 月，《金融时报》报道说已经达成了一项协议：阿尔罗萨公司承诺通过戴比尔斯公司出售至少价值 5.5 亿美元的钻石原石，这占俄罗斯钻石产量金融价值的一半，而阿尔罗萨可将 5% 的钻石产量在中央销售机构之外进行出售。[75] 这对双方来说都是可欣然接受的交易。俄罗斯需要钱，而戴比尔斯公司两年前受到了重创，因为当时澳大利亚生产商阿什顿合资公司（Ashton Joint Venture）决定放弃该卡特尔集团，戴比尔斯公司对市场的控制因而降至 60%。[76] 1998 年至 2012 年期间，担任戴比尔斯公司董事长的尼基·奥本海默宣称，亚洲的金融危机以及随后对钻石需求的下降迫使生产商们纷纷合作，而将俄罗斯钻石在上述卡特尔集团之外的销售降至最低的话，这符合戴比尔斯公司的利益。[77]

2002 年，欧盟委员会判定这两大钻石原石生产巨头之间所做的交易违反了反垄断法。戴比尔斯公司提议慢慢不再采购俄罗斯钻石，并在 2009 年完全停止购买，但阿尔罗萨公司反对，随后出现了一桩法律诉讼。然而，2010 年，欧盟委员会维持最初裁定。阿尔罗萨公司于 2011 年在莫斯科证券交易所上市。两年后，俄罗斯出售了其 16% 的股份。目前，俄罗斯联邦持有该公司 43.93% 的股份，萨哈共和国持有 25% 的股份，萨哈地区政府持有 8% 的股份，其他法律实体和个人持有 23.07% 的股份。[78] 那时，戴比尔斯公司已经迁往博茨瓦纳。2015 年，戴比尔斯公司和阿尔罗萨公司成为某钻石生产商新协会的共同创始人。阿尔罗萨公司于 1996 年已设立了自己的营销部门，即位于莫斯科的联合销售组织（United Selling Organization），该机构现在全面负责俄罗斯钻石的分类、评估和销售。[79]

阿尔罗萨公司通过控制俄罗斯钻石的生产而做大做强，但早在 1992 年成立之初，这家矿业公司就一直在寻找机会，以发展其在国内和国际上的行动。1997 年，阿尔罗萨成为卡托卡矿业公司（Catoca Mining Company）的合作伙伴，持有该公司 33% 的股份，后者正在安哥拉开采卡托卡岩管（参见图 78）。[80] 1979年，在俄罗斯境内，阿尔罗萨公司很快就对白海（White Sea）附近的阿尔汉格尔斯克金伯利岩省（Arkhangelsk Kimberlite Province）所发现的钻石矿区产生了兴趣，包括佐洛蒂茨科（Zolotitskoye）、凯平斯科耶（Kepinskoye）和维尔霍廷斯科耶（Verkholinskoyc）3 个矿区。[81] 佐洛蒂茨科的钻石矿藏在商业上被承认，命名为罗蒙诺索夫矿。塞沃融马兹（Severalmaz）是一家封闭式股份公司，成立于 1992 年，旨在开发位于佐洛蒂茨科油田内的罗蒙诺索夫矿群，人们认为该矿场是有钱可赚的，初步估计其中的矿石有 50% 为宝石级钻石。[82] 阿尔罗萨公司于 20 世纪 90 年代末开始在该地区进行勘探，并最终获得了塞沃融马兹公司 99.6% 的股份。这家阿尔罗萨子公司目前在罗蒙诺索夫雇用了 1600 多名员工，那是 "欧洲最大的钻石原生矿藏"，由 6 个金伯利岩管组成，大部分仍在等待继续开发。采矿活动在 2 个岩管进行，即阿尔汉格尔斯克（译注：Arkhangelsk，自 2005 年以来开始生产，2014 年产量为 137 万克拉）以及卡尔平斯克 –1 号（译注：Karpinskogo-1，2014 年开始开采）。[83] 其他具有开采前景的项目则落入其他公司之手。例如，格里布（Grib）钻石矿多次易主，2016 年被卢克石油公司（Lukoil）以 14.5 亿美元出售，但尚未完全投入运营。[84]

　　阿尔罗萨公司在俄罗斯远东地区进一步开展勘探，所发现的新矿藏也提升了产量，例如，自 2001 年起开始运营的纽尔巴露天矿，以及于 1994 年发现并在 2015 年投入生产的博托宾斯卡亚（Botuobinskaya）金伯利岩管，这是近 10 年来俄罗斯首个投入生产的岩管。其估计储量为 7100 万克拉，比 2014 年世界钻石产量的一半还要多一点。[85] 除了要在新发现的矿藏开始生产外，阿尔罗萨公司 21 世纪的主要难题是将几个老露天矿改成地下矿，如对因特南修罗纳亚岩管（1999 年）、艾赫岩管（2005 年）和米尔尼（2009 年）的改造。[86] 这类工程于 2014 年开始在尤达克纳亚岩管进行。等地下矿场达到预期产能时，它将成为俄罗斯最大的钻石开采点。[87]

澳大利亚丛林中的宝石

到 19 世纪 50 年代初，澳大利亚已从大英帝国赢得了部分独立，但它在形式上仍然是一个殖民地，当时的淘金热驱使许多冒险家前往澳大利亚东南海岸的新南威尔士州和维多利亚州（Victoria）。[88] 1853 年 1 月，《泰晤士报》报道说，新南威尔士州的总勘测员在一个采金区发现了一颗 0.75 克拉的小钻石。[89] 后来有关钻石发现的几篇报道都是假的，例如，1869 年《墨尔本阿古斯报》（*Melbourne Argus*）发表了一篇报道，聚焦于一颗"火鸡蛋"大小的钻石，该报道被英国媒体转载了。那个"蛋"原来是一颗水晶。[90] 同年，《格拉斯哥先驱报》（*Glasgow Herald*）发表了一篇较为全面的文章，主题是澳大利亚钻石的勘探状况。勘探者们在卡吉公河（Cudgegong River）（参见图 95）上作业，在那里使用了一些蒸汽机械，但在维多利亚州的塞巴斯托波尔（Sebastopol）和新西兰的基督城（Christchurch）附近也有发现钻石的报道。[91] 至少有一颗重达 5.625 克拉的钻石从卡吉公地区被送往伦敦的哈利·伊曼纽尔处进行切割和抛光，但伊曼纽尔是

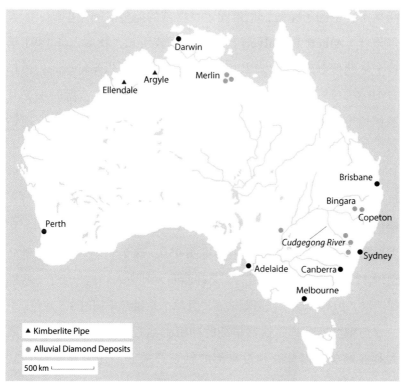

Darwin：达尔文
Ellendale：埃伦代尔
Argyle：阿盖尔
Merlin：梅林
Perth：珀斯
Brisbane：布里斯班

Bingara：宾加拉
Copeton：科普顿
Cudgegong River：卡吉公河
Sydney：悉尼
Adelaide：阿德莱德
Canberra：堪培拉

Melbourne：墨尔本

Kimberlite Pipe：金伯利岩管
Alluvial Diamond Deposits：冲击型钻石矿藏

图 95　澳大利亚的钻石矿藏

否深度参与到澳大利亚钻石的开采活动则不得而知。[92]

　　媒体不时报道在昆士兰（Queensland，1887 年）、南澳大利亚（South Australia，1894 年）和塔斯马尼亚（Tasmania，1899年）发现的其他冲积矿钻石。[93] 1898 年，几家英国报纸报道了在西澳大利亚州的纳拉金地区（译注：Nullagine，一个已知的金矿区）发生的"疯狂淘钻热"。[94] 一些澳大利亚矿工此前在克朗代克（Klondike）或南非的黄金区和钻石区从事勘探活动，此时他们回来了，带回了经验，也带回了对财富的渴望。阿尔伯特·F. 卡尔弗特（Albert F. Calvert）声称："据我所知，我本人是1891年首个从纳拉金砾岩中发现钻石存在的人。"（卡尔弗特当时应该年方19岁，是一名"彬彬有礼的勘探者"）然而，《金融时报》并不相信卡尔弗特的说法："生怕未来的历史学家无法将'发现钻石'的荣誉归功于真正的发现者，卡尔弗特先生放弃了自己惯有的矜持和谦虚，腼腆地走到了众人面前。"[95]总而言之，在新南威尔士州的开采活动仍然规模不太大，19世纪末、20世纪初的总产量估计约为50万克拉，其中约有一半是在科普顿（Copeton）和宾加拉（Bingara）开采的（参见图95），这2个地方的开采量分别为17万克拉和3.5万克拉。[96]在西澳大利亚人们也开展了一些勘探活动，但只发现了几百颗钻石，且单个重量都不超过3.5克拉。[97]

与俄罗斯一样，这些早期的冲积矿钻石发掘并没有开发出澳大利亚的全部潜能，也没有形成钻石开采业。几十年后的1939年才出现突破，当时分别叫阿瑟·韦德（Arthur Wade）和雷克斯·普赖德（Rex Prider）的两位科学家发现了南非金伯利岩和西澳大利亚钾镁煌斑岩（lamproite）之间存在地质相似性。钾镁煌斑岩是一种火山岩，与金伯利岩（参见图2）有极大不同。[98]除了金伯利岩，别的岩石可能也含钻，这一观点极富前景，后来科学家们吸纳了这一观点并研究其他岩石，如霞石岩（nephelinite）和碧玄岩（basanite）。[99]又过了20年，普赖德的研究最终令人在钾镁煌斑岩中发现了钻石，怪异的是，钻石是在一个名为金伯利的地区发现的。[100]

1967年，澳大利亚的矿产潜力引起了上加丹加矿业联盟的注意。该公司在刚果的资产已被蒙博托收归国有，正在往国际方面寻求扩张之路。上加丹加矿业联盟向加拿大和澳大利亚派出了勘探人员，很快，坦噶尼喀特许开采区有限公司（Tanganyika Concessions Ltd）也加入了进来，这家英国—罗得西亚（British-Rhodesian）公司曾是上加丹加矿业联盟的创始合伙人之一。坦噶尼喀特许开采区有限公司具有在北罗得西亚和北加丹加（**译注：后来的刚果坦噶尼喀省**）采矿的经验。[101] 该公司于 1969 年在墨尔本成立了一个分公司，即坦噶尼喀控股有限公司（Tanganyika Holdings Ltd），两家公司商定：上加丹加矿业联盟将专注于基本金属，坦噶尼喀控股有限公司则潜心去开发贵金属和钻石。[102]

1969 年 5 月，上加丹加矿业联盟在《星期日泰晤士报》上刊登了一则广告，寻找"在西澳大利亚从事矿场作业的勘探地质学家"。按照指令，申请人应将信件寄给伦敦格雷沙姆街坦噶尼喀控股有限公司的伊文·泰勒先生（Ewen Tyler）。[103] 伊文·泰勒曾是西澳大利亚大学地质学的学生，他在那里认识了研究钾镁煌斑岩的科学家雷克斯·普赖德。完成学业后，泰勒前往坦桑尼亚最大的金矿工作。在返回澳大利亚的两年前，泰勒帮助上加丹加矿业联盟，在那里建立了一个基地。泰勒于 1969 年返回澳大利亚时，带来了坦噶尼喀特许开采区公司，随之而来的是他们对钻石的兴趣。[104] 临近这一年的年底，有人在金伯利地区埃伦代尔（Ellendale）附近的伦纳德河（Lennard）发现了钻石，因而更多的澳大利亚人对钻石勘探产生了兴趣。[105]

北方矿业公司（Northern Mining Corporation）专门从事铁矿石、镍和锡的开采，1969 年 9 月，其董事长里斯·托维（Rees Towie）与曾在南非工作的工程师诺曼·斯坦斯摩尔（Norman Stansmore）进行过一次关键性的谈话。斯坦斯摩尔告诉托维，他的叔祖父（也许是舅祖父）在 1896 年参加过一次辛普森沙漠（Simpson Desert）的探险。这支队伍到达距离东金伯利（East

Kimberley）霍尔斯溪（Halls Creek）还有两天路程的地方时，这位祖父开枪意外击中自己而身亡了，在他的身上发现了一颗大钻石。托维于 1972 年与他的老同学伊文·泰勒会面，他对斯坦斯摩尔讲述的故事十分热衷，决定与泰勒以及一堆在金伯利勘探钻石的公司联合起来成立卡伦布鲁合资公司（Kalumburu Joint Venture）。[106] 1975 年，澳大利亚康辛里奥廷托有限公司（Conzinc Riotinto of Australia）加入了该集团，集团更名为阿什顿合资公司。1990 年之前，一直由伊文·泰勒担任集团主席。[107] 该合资企业开始勘探金伯利地区，1977 年澳大利亚康辛里奥廷托有限公司成为管理公司，但在运营的头几年并未发现任何具有商业价值的钻石矿藏。[108]

卡伦布鲁合资公司成立的那一年，一位名叫莫琳·马格里奇（Maureen Muggeridge，1948—2010）的年轻地质学家搬到了珀斯（Perth）。在那里，她从坦噶尼喀控股有限公司找到了一份工作，后来与里斯·托维的儿子结婚。1979 年 7 月，莫琳怀孕 6 个月的时候，在金伯利的一条小河里发现了钻石，这条河流入阿盖尔湖（Lake Argyle）。这些地方是大草原，雨季气温可高达 45℃。竞争近在咫尺，莫琳隐藏了自己进一步寻找烟溪（Smoke Creek）钻石来源的行动："这一切都必须保密。你不能说自己在寻找钻石，因为马上会有人趋之若鹜。"[109] 进一步的调查显示，莫琳·马格里奇发现了澳大利亚的第一个（在本书撰写时也是唯一的）具有商业价值的含钻钾镁煌斑岩管，即阿盖尔岩管（AK1），位于阿盖尔湖上游 25 千米处（参见图 95、图 96）。这距离拉里萨·波普加耶娃发现首个俄罗斯金伯利岩管已过去了 25 年。[110] 起初，人们认为阿盖尔矿藏是金伯利岩，直到后续研究才发现该矿藏母岩是普赖德所说的含钻钾镁煌斑岩。[111]

图 96　澳大利亚阿盖尔矿，2010 年

　　尽管阿什顿合资公司尽量试图遮盖阿盖尔钻石矿藏的消息，消息还是传到了有关方面，包括戴比尔斯公司。戴比尔斯公司通过澳大利亚康辛里奥廷托有限公司的英国母公司力拓锌业公司（Rio Tinto Zinc Corporation），持有了康辛里奥廷托有限公司和阿什顿矿业集团（Ashton Mining）的股份，这是该企业最重要的两大合作伙伴。1981 年，澳大利亚康辛里奥廷托有限公司持有阿什顿合资公司 56.8% 的股份，阿什顿矿业集团持有 38.2% 的股份，而北方矿业公司拥有 5% 的股份。[112] 1981 年的预测是，阿盖尔岩管投产时，年产量将达到 2000 万至 2500 万克拉：10% 为宝石级，30% 为近宝石级，其余为工业级。阿盖尔的矿藏蕴含着非常丰富的工业钻石，其产量可占世界产量的一半。对钾镁煌斑岩进一步取样后，人们发现，预计每吨泥土所含钻石克拉数的比例高于此前预期的。[113] 戴比尔斯公司希望尽快将阿盖尔开采的钻石

纳入其单一销售业务（即中央销售机构）便不足为奇了。考虑到扎伊尔于1981年退出了中央销售机构，人工钻石的制造成本居高不下，再加上戴比尔斯面临来自通用电气的激烈竞争，工业钻石的高收益便尤其令人眼红。[114] 1981年，作为阿盖尔管理方的澳大利亚康辛里奥廷托有限公司与戴比尔斯公司进行了谈判，与此同时，阿什顿合资公司也在努力与西澳大利亚政府达成协议。[115]戴比尔斯希望能控制价格，但北方矿业公司发现了对手，因为这家公司想要独立出售自己的钻石；政府则不得不与议会的反对派打交道，后者不乐意将采矿的控制权交给一家绝大部分由外国人控制的公司——戴比尔斯公司是南非人，阿什顿矿业集团是马来西亚人。不过，双方还是达成了一项协议：将采矿控制权交给了阿什顿合资公司，作为交换，阿什顿合资公司将支付特许权使用费，并承诺在库努纳拉（Kununurra）附近为矿工们建造一座城镇。澳大利亚康辛里奥廷托有限公司与戴比尔斯公司达成协议，其钻石产品将按照与大多数外部生产商无异的条件进入单一销售渠道，因而将留出一小部分产品在中央销售机构之外进行出售，这也许是为了满足珀斯当地切割厂的需求。[116]

留下一定量的钻石在当地进行加工，这种做法对安抚那些强烈主张经济保护主义的人来说非常重要，因为在印度也存在政治观点，一直呼吁努力保护本国的切割业。最初是反对派在捍卫这一立场，但当他们赢得了稍后的选举时，他们改弦易辙，决定继续沿用现有的营销协议。然而，很快民众就可以看到，建造一座切割厂的预期只是一张空头支票。产生摩擦分歧的另一根源是，阿什顿合资公司决定从珀斯空运工人过来，而不是像其最初承诺的那样建造一座城镇。政府决定将留出的城镇补偿金用于收购北方矿业公司（某项收购行动曾将该公司当作收购目标之一），这样借助西澳大利亚钻石信托基金（Western Australian Diamond Trust），政府便能少量入股阿什顿合资公司。[117] 1989 年年底之前，澳大利亚康辛里奥廷托有限公司和阿什顿矿业集团已获得对西澳大利亚钻石信托基金的控制权，戴比尔斯公司因而获得对阿盖尔的控制权，这是它梦寐以求的。[118] 阿盖尔岩管的露天开采始于 1985 年，而后产量迅速增加；在 1994 年达到高峰，开采出 4300 万克拉的钻石，重量方面占当年全球产量的 40%。[119] 平均而言，阿盖尔钻石的品质不太高，颜色为棕色至近白色，平均重量小于 0.1 克拉。阿盖尔开采的最大钻石重 42.6 克拉。[120] 阿盖尔矿藏非常具有价值，因为它的矿藏规模巨大，而且它是世界上唯一稳定的粉红钻石产地，产量占世界供应量的 90% 以上。[121]

　　1986 年，阿什顿合资公司与戴比尔斯公司之间的协议续约，允许阿什顿合资公司在中央销售机构之外出售其 25% 的钻石产量；1991 年再次续签，戴比尔斯公司还允许该公司独立销售阿盖尔的粉钻。这种几乎史无前例的自由推动阿什顿合资公司建立了自己的营销机构，并在安特卫普和孟买设立了分支机构。[122] 阿盖尔小钻石产量极高，这促使印度切割业一跃成为世界上规模最大的切割业。印度的钻石工场在近代早期就已经存在，但 19 世纪印度钻石矿场开采殆尽时，它们在国际上已经变得无足轻重，其产出都在国内销售。在第一次世界大战时，一些耆那教企业家试图在安特卫普发展贸易，但直到第二次世界大战结束以及 1947 年印度独立后，一些印度商人才在那里设立了公司，其中主要是来自古吉拉特邦帕兰普尔（Palanpuri）的耆那教徒。印度政府禁止进口抛光钻石和珠宝，而是依靠从安特卫普带来的钻石原石，这引发了其国内切割业的复兴。因为劳动力成本较低，印度工厂得以完成小型加工，此类加工业务即便是在肯彭的切割业也无法从中获利。比利时的切割师们被雇来培训印度的钻石工人，帕兰普尔部分公司设法与世界上最重要的珠宝消费市场（即美国）建立联系。在 20 世纪 60 年代初，印度取消了相关的进口限制，中央销售机构接受了几位印度企业家作为特约配售商。[123] 印度的贸易网络设法在安特卫普取得了主导地位，该市目前 70% 的钻石贸易集中在约 300 个古吉拉特家族手中。[124] 印度切割业的规模从 1967 年的 3 万名切割工增加到 2004 年的 100 多万名，而安特卫普的钻石工人数量从 1965 年的 15000 人缩减到 2008 年的 150 人以内。[125]

澳大利亚钻石的自主贸易促进了印度切割业的兴起，但这也是戴比尔斯垄断走向消亡的重要一步。1996 年，阿什顿合资公司脱离了中央销售机构。4 年后，阿盖尔矿的产量仍然达到了 2650 万克拉，令人印象非常深刻。[126] 阿什顿合资公司现在只剩下 2 个合作伙伴：力拓公司拥有 59.7% 的股份，而阿什顿矿业有限公司（Ashton Mining Ltd.）则持有 40.2% 的股份。[127] 戴比尔斯公司尚未准备接受失败，于 2000 年出价打算收购阿什顿矿业，但遭到力拓出价反击。[128] 澳大利亚政府对戴比尔斯公司重新控制阿盖尔的开采管理权这件事并不热衷，于是力拓取得了胜利。[129] 这场收购竞价中，已有人指出该矿的产量在下降，而力拓（现在是该矿的唯一所有者）于 2005 年开始将阿盖尔转为地下块状洞穴矿（译注：块状开采是一种地下硬岩采矿方法，包括对矿体进行破坏，使其在自身重量的作用下逐渐坍塌，是露天采矿的地下版本。在块状开采中，暗挖一大片岩石，形成人工洞穴，洞穴坍塌而后又被自身的碎块填满）。该项目于 2013 年完成，这令其员工总数减少到 499 人，其中 43% 是来自东金伯利的当地人。截至那时，阿盖尔的冲积矿和露天矿已生产了超过 8 亿克拉的钻石原石。据力拓公司所称，改变该矿的开采方式是为了保证采矿业能以平均每年 2000 万克拉的产量持续开发下去。[130] 然而，现实要残酷一些，阿盖尔的储量一直在下降，减少的幅度之大，令该公司决定于 2020 年关闭该矿，澳大利亚的钻石前景因而并不明朗。[131]

澳大利亚的钻石大部分是由阿盖尔生产的，但多年来人们也一直在努力开展其他可行的钾镁煌斑岩管开采业务，特别是在埃伦代尔，那里 20 世纪 70 年代初发现了含钻钾镁煌斑岩（参见图 95）。由金伯利钻石公司（Kimberley Diamond Company）管理的埃伦代尔 A 和 B 两条岩管于 2003 年开始运营。埃伦代尔因生产了大约全球一半的黄钻而闻名。2010 年，金伯利钻石公司与蒂芙尼公司签订了销售协议，以出售这些钻石。2009 年，随着埃伦代尔 B 岩管的关闭，埃伦代尔的生产进入了一个不确定阶段。[132] 2015 年 7 月，由于金伯利钻石公司未能向政府支付特许权使用费，埃伦代尔 A 岩管也被关闭。100 余名工人失业，该公司破产了。[133] 母公司购买了莱索托的勒拉拉（Lerala）黄钻矿，由中国资本资助。[134] 同年晚些时候，担任金伯利钻石公司负责人的俄罗斯寡头在悉尼机场被捕，他被指控向股票市场提供误导性信息。[135] 2017 年 1 月有消息称，澳大利亚矿业部部长正在寻找一个新的经营商以重新开放埃伦代尔，此前数个矿业公司从它们的开采恢复基金中拿出 15 万美元用于一项环境清理行动。[136] 西澳大利亚州政府在 2019 年宣布，它们正在重新出租埃伦代尔矿，当前有 2 家澳大利亚公司参与其中。[137] 负责此事的部长声称："矿业、工业监管和安全部门同包括当地政府、原住民利益方、警察和牧民在内的利益相关者进行了广泛的磋商。"这一说法非常契合当今关于钻石开采对其周边环境影响的考量。[138]

参与复兴埃伦代尔项目的公司之一是吉布河钻石公司（Gibb

River Diamonds）。[139] 它的名字显然展示出它对开发冲积矿藏前景的兴趣。它们是否会成功？这仍然是一个不确定的问题。但它们与许多其他公司一样，自澳大利亚钻石生产在 20 世纪 80 年代全面起飞以来，对发现新冲积矿藏的希望从未消失过。只是这类希望极少成真。1988 年至 1995 年期间，阿盖尔岩管往东北 20 千米的布河（Bow river）钻石场开采了约 700 万克拉的钻石。[140] 力拓公司在 1997 年至 2003 年期间管理着北领地（Northern Territory）的梅林（Merlin）冲积矿场，该矿场距离达尔文（Darwin）约 900 千米，位于神圣的原住民土地上（参见图 95）。[141] 在此期间，澳大利亚最大的钻石被发掘出来了，那是一颗重达 104.73 克拉的白色宝石，被命名为"容吉拉·布纳吉纳"（译注：Jungiila Bunajina，意为"星陨梦石"）。[142] 莫琳·马格里奇离开了坦噶尼喀控股有限公司，想要与她自己的派拉蒙矿业公司（Paramount Mining Corporation）共同从事钻石勘探，但她于 2010 年意外身亡，这也意味着派拉蒙矿业公司的落幕。

加拿大北极地区的冒险之旅

著名探险家雅克·卡蒂尔（Jacques Cartier）的北美航行成为法国索要加拿大所有权的基础。1542 年春天，他离开了魁北克省的迪亚曼特角（Cap Diamant），打算返回祖国。他随身带回了他认为是黄金和钻石的物品——"在太阳的照耀下像火花一样闪亮夺目"。[143] 这批珍贵的货物原来不过是黄铁矿和云母。[144] 卡蒂尔的错误判断在法语谚语"faux comme un diamant du Canada"（像加拿大钻石一样假）中永远流传了下来，宇宙志学者安德烈·特维特（André Thevet）于 16 世纪就已提到了这一说法。[145] 几个世纪后，人们才意识到北美的钻石一点都不假。18 世纪末，犹太钻石商人约瑟夫·萨尔瓦多退居其在南卡罗来纳州的种植园。他同自己身处伦敦的著名科学家表兄弟伊曼纽尔·门德斯·达·科斯塔（Emmanuel Mendes da Costa）通信，后者提出，萨尔瓦多土地上的河流可能含有从阿巴拉契亚山脉（Appalachian Mountains）冲至下游的黄金和宝石。[146]

达·科斯塔的说法并非完全错误，从 19 世纪 40 年代开始，在佐治亚州、北卡罗来纳州、南卡罗来纳州和阿拉巴马州的掘金区零星地发现了小钻石，这些地区都位于阿巴拉契亚山脉。19 世纪 50 年代，在加利福尼亚和俄勒冈州的大淘金热之后，废弃的金矿中有人发现了少量钻石。[147] 19 世纪末，人们在大湖区（Great Lakes）发现了几颗钻石，最大的一颗重达 21.25 克拉。[148] 其他州另有少量发现，许多谣言和虚假的故事四处流传，但没有任何线索指向某个可开发的钻石矿。1871 年，随着在南非发现钻石，淘钻热在世界蔓延，旧金山钻石勘探公司（Diamond Drill Company）的一名雇员及其在肯塔基州的表兄弟假装在落基山脉（Rocky Mountains）发现了大量钻石，数家钻石公司因此而成立，但他们的欺诈行为在 1872 年被人揭露。[149] 15 年后，有人在肯塔基州发现了金伯利岩。[150] 迄今为止，美国 50 个州中有 27 个州出产了钻石，但这些发现只具有科学意义，并无商业价值。[151] 据计算，1908 年至 1918 年间，美国本土开采的钻石总价值为 27749 美元（约 7910 英镑）。这与澳大利亚同期的钻石原石产量大致相同，但与南非那些年份的产量相比就相形见绌了，后者的钻石价值几乎达到了 7750 万英镑。[152]

今天，在阿肯色州的钻石坑公园（Crater of Diamonds Park），也就是以前某个钻石矿的所在地，游客们可以自行寻找钻石。[153]

美国唯一已投入使用的钻石矿位于州界线（State Line）区域，1959 年，美国在此地有了最重要的钻石发现。该地区位于科罗拉多州和怀俄明州的边界，离 1871 年的骗局中所提及的地方不远。州界线地区现在是美国最大的含钻金伯利岩区，已生产了超过 13 万颗工业和宝石级的钻石。那里有个小型矿场，只在 1996 年至 2003 年期间运营，生产的最大钻石重达 23.8 克拉。[154]

美国的钻石开采虽然没有取得任何成果，但加拿大的相关历史却出现了极其不同的变化。1863 年和 1920 年有人在安大略省发现了钻石，随后 1962 年有人在萨斯喀彻温省（Saskatchewan）发现了几块小钻石。[155] 在 20 世纪 60 年代和 70 年代，进一步勘探后，人们在安大略省、加拿大北极群岛（Canadian Arctic Archipelago）和萨斯喀彻温省发现了金伯利岩，1989 年戴比尔斯公司的子公司莫诺普拉斯（Monopros）在那里发现了一个含钻金伯利岩管。[156] 虽然这些金伯利岩中并未发现丰富的矿藏，但还是引起了其他公司的兴趣。得克萨斯州的超级油气公司（Superior Oil）聘请加拿大地质学家查克·菲普克（Chuck Fipke）前往北美寻找宝石。他在科罗拉多州找到了金伯利岩，但这些岩管中的钻石矿藏不具备商业价值。菲普克去了加拿大，在超级油气公司的帮助下，他在那里建立了迪爱梅特公司（Dia Met），集中关注西北地区耶洛奈夫（Yellowknife）北部的格拉斯湖（Lac de Gras）地区。西北地区人口稀少，在 1183084 平方千米的土地上只有 39460 名居民。格拉斯湖位于冻原区，高于林木线。[157]

几年来，因为没有发现任何钻石，超级油气公司放弃了寻找钻石之举。[158] 然而，菲普克继续努力，并在决定乘坐直升机飞越湖面时取得了突破性的进展。当时，他意识到金伯利岩管隐藏在湖底。他与澳大利亚矿业公司必和必拓公司（BHP）合作，从该公司进行引资。截至 1991 年，迪爱梅特公司发现了岩管和 81 颗钻石。[159] 消息传开后，引发了淘钻热，将莫诺普拉斯公司以及 50 多家小型公司吸引到了格拉斯湖地区，它们占用了那里 8 万平方千米以上的土地以进行钻石勘探。[160] 一些"资历较浅的"小型公司联合起来，如 DHK 钻石公司，它们主要的合作伙伴是力拓。由于几个国际矿业巨头的存在，竞争非常激烈，要想成为首个从勘探阶段步入开采阶段的公司，必须具备一定的实力。必和必拓公司取得了先机，其矿区是第一个拥有加工厂的矿区，但力拓希望自己能迎头赶上。[161]

各公司争先恐后地开展钻石勘探，西北地区因而出现了 3 个重要矿区，每个矿区都由一家大公司经营。必和必拓公司的艾卡吉矿（译注：Ekati，在当地 Tâîchô 语中意为"肥湖"）是首个投入运营的矿区，该矿于 1992 年被人发现。它位于所租赁的皇室土地上（译注：Crown lands，即属于英国皇室的土地），由 6 个露天矿和 2 个地下矿组成。从 1998 年开工到 2009 年，该矿已生产了 4000 万克拉的钻石原石。[162] 在其提交给政府的开采影响评估报告中，必和必拓公司预计将在 25 年内雇佣 830 人，它同意在耶洛奈夫雇佣员工，首先从当地原住民中招人，其次是当地的非原住民，最后将考虑其他加拿大人。[163] 1999 年，必和必拓公司同意通过戴比尔斯公司出售其 35% 的钻石产量。但 3 年后，该合同没有展期，而是由必和必拓公司通过其在安特卫普的办事处出售所开采的钻石。[164] 该矿于 2012 年被出售给多米尼克钻石公司（Dominion Diamond Corporation），而此前早期的初级勘探公司之一阿布尔钻石公司（Aber Diamond Corporation）购买了海瑞温斯顿公司（Harry Winston Inc.）的大部分股份，海瑞温斯顿公司曾经名为海瑞温斯顿钻石公司（Harry Winston Diamond

Corporation）。[165] 它们目前持有该矿 88.9% 的股份，并拥有该矿邻近地区 65.3% 的所有权。2013 年，艾卡吉矿矿群生产了 117 万克拉钻石，其中 20% 是工业钻石。[166] 艾卡吉矿中所发现的最大钻石，重 186 克拉，于 2016 年以 280 万美元的价格售出。[167]

加拿大的第二个矿场是戴维科矿（Diavik）（参见图 97），也位于格拉斯湖地区。1994 年有人发现该矿场，它在 2003 年开始运营，这一年，加拿大的钻石产量从 500 万克拉跃升至 1100 万克拉。[168] 它是由"钻石女王"艾拉·托马斯（Eira Thomas）发现的，当时她还是一名年轻的地质学家，正在她父亲的阿布尔公司中工作。该矿由阿布尔公司和力拓公司合资开发。关于这座被视作"世界上矿石等级最高的钻石岩管矿群"，多米尼克钻石公司目前拥有其 40% 的股份，力拓公司拥有其 60% 的股份。[169] 到 2016 年 5 月，戴维科矿的钻石产量超过 1 亿克拉，目前是加拿大

图 97 加拿大戴维科矿，2016 年

最大的钻石矿。[170]这两个矿区现在仍在扩大规模，它们含有相对
较多的宝石级钻石，加拿大的大部分钻石都生产于此。结果它们
也成为戴比尔斯公司的重要劲敌。在"血腥钻石"这一标签强烈
影响着公众看待钻石的态度之际，加拿大的钻石储备为顾客们提
供了选择纯净钻石的余地，而且戴比尔斯公司没有参与该国这座
最大矿山的管理。这是戴比尔斯公司失去其垄断地位的另一步，
但在 1999 年，该公司确实设法从其中一家资历尚浅的公司，即
温斯皮尔钻石公司（Winspear Diamonds），购买了斯内普湖的
钻石矿（参见图 96）。[171]斯内普湖矿是加拿大的第一个地下钻石
矿，也是戴比尔斯公司在非洲以外的第一个矿。它建在一个金伯
利岩岩墙上，而不是一个坑里。[172]戴比尔斯公司目前在加拿大经
营着另外两个钻石矿，即安大略省北部的维克多矿和西北地区的
加丘库矿（Gahcho Kué），后一矿场于 2016 年开始生产。它们的
储量在 2007 年估计为 7590 万克拉，比艾卡吉矿的储量少 250 万
克拉。[173]加拿大的 3 个主要钻石矿都位于西北地区的冻原上，出
入只能通过飞机或冬季冰路。2008 年，艾卡吉矿、戴维科矿和斯
内普湖矿直接雇佣了 2500 人，生产了 1400 万克拉的钻石，价值
20.8 亿美元。[174]

　　2008 年，加拿大生产了约 1480 万克拉的钻石，按重量计算
它是当年世界第五大钻石原石供应国。[175]加拿大的钻石质量上乘，
2008 年平均每克拉价值 152.3 美元。[176]2016 年有 4 家新公司在
西北地区进行勘探，希望找到新的矿藏。[177]勘探活动扩大了生产，
2018 年加拿大的产量增长到 2320 万克拉，意味着 10 年内其产
量增长了 57%，这主要源于戴比尔斯公司扩大了其生产活动。[178]

　　加拿大和俄罗斯出现的钻石引得科学家和矿场勘探者们纷纷
猜测：钻石矿藏甚至可能出现在更北的区域。俄罗斯已就北冰洋

的一部分，即罗蒙诺索夫海脊（Lomonosov Ridge），向联合国申请所有权，它认为该海脊是蕴藏有钻石的，但丹麦和加拿大对该申请提出异议。[179] 2013 年，有人宣称，南极洲发现了金伯利岩，尽管目前仍不清楚这些金伯利岩中所含钻石的量是否具有商业开采价值。[180] 此外，南极洲不允许采矿，这一禁令不太可能短期内出现变动，特别是在 21 世纪，钻石开采的环境影响已成为一个重要的考量因素。

古老矿场上永无止境的希望

21 世纪的钻石开采比以往任何时候分布都要广得多。戴比尔斯公司已失去了其垄断地位，安哥拉国家钻石公司和阿尔罗萨钻石公司在钻石开采业地位相当，该领域仍由少数在金伯利岩管经营露天矿和地下矿的产业公司主导，还有大量默默无闻的手工采矿者继续在河床上抽水，希望找到他们所需的东西来改善生活。所有采矿活动涉及的地理区域也比以往任何时候都大；俄罗斯、加拿大和澳大利亚都在开采钻石，而自 19 世纪末以来发现了这类闪亮珍宝的非洲各国中，没有一个国家的钻石储量被开采殆尽。印度、婆罗洲和巴西钻石开采的古老荣耀与其他许多地方正在如火如荼进行的大规模采矿相比，显得微不足道。尽管自 19 世纪开始的钻石开采下降趋势一直持续至今，人们仍然希望老矿区尚未完全展现出它们所拥有的一切。这种持续的希望仍然吸引着个体矿工和小公司前往那些已经活跃了几个世纪的钻石区。

那些仍在印度、婆罗洲和巴西的河流中开采钻石的人，他们的希望不仅仅是基于美好的愿望和幻想。[181] 在南非发现钻石后，对于金伯利岩中可发现钻石的这一理论，人们具备了更多地质学相关知识，并在其他地区发现了类似的情况。20世纪末，在印度的某些地方发现了可能富含钻石的金伯利岩和钾镁煌斑岩，这燃起了人们的希望，认为印度钻石开采可能仍有前途。[182]然而，尽管有了这些发现，人们目前依然只对一个金伯利岩／钾镁煌斑岩矿区进行了商业开发，即距离本纳市25千米的马加旺（Majhgawan）钻石矿。[183]它由一家成立于1958年的国有公司，即国家矿产开发公司（National Mineral Development Corporation）进行管理，该公司还控制着若干铁矿。环境问题迫使它们不得不临时关闭。[184]这座钻石矿的年产量尽管曾高达84000克拉，但其产量一直大幅下降，2009年的产量仅为9317.21克拉，2012年为26989.58克拉。当时国家矿产开发公司为其钻石矿雇佣了199人，截至那时，马加旺矿开采的钻石总量约为1005064克拉。[185]

2005年，据政府来源的消息估计，该国的钻石储量约为460万克拉。[186]正在进行的研究往往代表了矿业跨国公司，这些研究估计的储量更高，英澳矿业巨头力拓开始准备在印度开采第二个钻石矿，即本德尔肯德邦（Bundelkhand）的本德项目（Bunder），那里有一个估计储量为2740万克拉的钻石矿。印度于2013年批准了该项目。但在2016年，力拓决定放弃该项目，因为怀疑它是否可行。这一项目落入中央邦政府手中，该政府于2019年6月决定拍卖该项目，据说有几家矿业公司感兴趣，包括国家矿产开发公司。[187]2019年12月，该矿被出售给总部位于孟买的一家印度跨国公司。[188]力拓公司还在印度中西部巴斯塔尔（Bastar）地区的切蒂斯格尔邦（Chattisgarh）南部发现了一个潜在的钻石矿藏，位于威拉加尔、戈尔康达、马哈纳迪河历史上那些钻石矿之间的未开采区域的南部（参见图7）。目前，未见任何开采计划，因为人们认为该地区政治局势太不安全。然而，切蒂斯格尔邦的地方政府已经允许数家公司在更北的科尔巴山脉（Korba Hills）进行勘探。[189] 印度在安排任何结构性开采作业方面困难重重，从 2009 年至 2018 年的产量可见一斑。当时开采了287979.75 克拉的钻石，金融价值约为 5500 万美元，还不到巴西那些年产量的 1/3。[190]

婆罗洲的钻石生产已衰败良久。尽管印度尼西亚于 1949 年独立，这令该岛钻石开采业的政治管控局面发生了改变，荷兰人并未放弃其在该前殖民地的经济利益。印度尼西亚政府断定自己可继续使用荷兰的钻石专业技术。1965 年 6 月，荷兰著名犹太钻石家族的后裔约瑟夫·阿舍尔（Joseph Asscher）在雅加达与政府谈判，以成立荷兰和印度尼西亚合资企业的形式开采南加里曼丹（South Kalimantan）的钻石矿。阿舍尔声称，到目前为止，人们只是以"非常原始的方式"开采，他将带来技术诀窍并引入投资以购买卡车、吉普车、索铲挖掘机和清洗机，所有这些设备都将从荷兰进口。他还承诺在阿姆斯特丹销售印度尼西亚的钻石，而印度尼西亚人则要确保采矿作业的现代化以及良好有序的管理。阿舍尔还希望能在龙目岛（Lombok）和苏门答腊岛（Sumatra）进行钻石开采。[191]

印度尼西亚政府对这一提议很感兴趣，回应称，在当前的境况下，它不得不设法对其钻石矿进行更为广泛的控制，并指出婆罗洲是少数几个钻石开采仍不受管控的地方之一。它们估计，在哲恩巴卡地区，每周可发现 1500 克拉的钻石原石，其中只有 500克拉的钻石经打磨后可在马达布拉镇进行交易（参见图 98）。其余的都被走私到印度尼西亚爪哇岛、新加坡、泰国曼谷和中国香港的买家处。印度尼西亚人希望借荷兰的援手对钻石矿加强管控，以期每年获得 2 亿美元的收益，因为其中 90% 的钻石被视作宝石级的。[192] 与阿舍尔公司的合作很快（或者只是恰好）就令一颗重达 166.7 克拉的大钻石问世，估计价值 100 万盾。这颗钻石是由 42 名钻石矿工集体发现的，他们都是当地的达雅克人，这颗钻石被献给了苏加诺总统（Sukarno）。这位总统立即宣布，南加里曼丹的钻石资源比南非的金伯利地区还要丰富，而且钻石的品质更佳。作为奖励，矿工们在下一次去麦加朝圣时得到了优待。在马达布拉镇，人们因为这一发现而极度兴奋，以致发生了火灾，据说火灾造成的损失与所发现钻石的价值相当。[193] 苏加诺将这颗钻石命名为 Tri Sakti，意为"三大本质"，即印度尼西亚的支柱：自由的政治、基于印度尼西亚传统的文化、独立的经济。[194] 这颗钻石由阿姆斯特丹的阿舍尔公司进行切割，后者向总统展示了这颗钻石抛光后的成品，重达 53 克拉，后来该钻石被售与私人所有者，部分获利用于支付印度尼西亚的国家债务。

图 98　钻石开采，哲恩巴卡，1950 年

尽管阿舍尔发出了提议，而总统对钻石矿藏及其现代化开采也发表了乐观的声明，但婆罗洲的采矿业多年来仍然一成不变，传统的冲积矿采矿业持续存在。1979 年，某颗重达 30 克拉的钻石被发现了，这又引发了淘钻热，吸引了 4000 余名冒险者来到矿场。[195] 20 世纪 80 年代，平均不到 500 名矿工还活跃在哲恩巴卡，其中许多是穆斯林农民。他们进行钻石挖掘，希望能幸运地发现钻石，以便支付前往麦加朝圣的费用。[196] 人们逐渐意识到，矿藏距离枯竭已经不远了。尽管染上了悲观的底色，他们仍在继续定期尝试筹集外国资本进行现代化。不出所料，那些荷兰公司因为失去了前殖民地，且阿姆斯特丹也丢了钻石中心的首要地位，故而它们的兴趣最大。阿姆斯特丹钻石协会（Amsterdam Diamond Association）决定为马达布拉镇的现代钻石切割厂提供支持。[197] 20 世纪 70 年代，一家由国家资助的名为 P.T. 阿内卡·坦邦（P.T. Aneka Tambang）的公司，开始在里安卡南河（Rian Kanan river）进行开采。尽管开采结果喜忧参半，一家澳大利亚公司和一家英国公司还是被吸引到婆罗洲来了，以合资的形式进行钻石开采。[198] 最终，这两家公司合并为阿内卡·坦邦公司（Antam，Aneka Tambang）。但有公司出现在那些老钻石区，仍然是罕见的例外。据 2013 年的报告显示，它们在哲恩巴卡钻石项目中持有 20% 的股份，该项目在加里曼丹岛东南部的马达布拉镇附近加工冲积矿钻石（参见图 35）。另外 80% 的股份由在英属维尔京群岛（British Virgin Islands）注册的珍宝钻石有限公司（Gem Diamonds Ltd）掌控，该公司在莱索托和博茨瓦纳都拥有钻石矿。[199] 在这一年里，金伯利进程的统计数据没有显示印度尼西亚官方产量的任何数字，但在 2005 年至 2009 年（即金伯利进程网站提供数据的最后一年）这 5 年中，印度尼西亚生产了

128139.23 克拉的钻石，占世界总产量的 0.02%。如果考虑金融价值，则占 0.05%，这表明印度尼西亚的钻石质量高于平均水平。[200]

虽然今天印度和婆罗洲的开采活动仍处于低迷状态，亚洲有些国家仍希望加入钻石生产国的行列，特别是中国。中国与钻石生产的关系可以追溯到 19 世纪。1874 年，两个法国人声称他们在沂州府（Yi-TchéoFou）附近发现了钻石矿藏。[201] 这个地方可以确定为山东省的沂州，离 20 世纪发现的常马钻石矿场并不远。[202] 根据 20 世纪初的一本有关宝石的著作，这些法国旅行家震惊于中国人开采钻石的奇特方式：那些中国人穿着草鞋到处走，让锋利、尖锐的钻石边角插入鞋底，等他们觉得差不多了的时候，就把钻石拔出来。[203] 马塞尔·巴尔特（Marcel Bardet）写到，德国人于 1896 年发现了山东的钻石矿藏。[204] 这很可能是真的，因为德国人在 1898 年获得了沂州铁路的修建权。[205]

自 20 世纪 60 年代以来，中国有 6 个地区因出产钻石而闻名。其中，4 个是冲积矿场，2 个是金伯利岩管：一个在辽宁省阜新附近，距北京东北方向约 600 千米，另一个在山东省的常马附近，位于首都以南 500 千米。常马钻石区是中国钻石含量最为富有的地区。自 20 世纪 40 年代以来，人们就知道山东存在冲积钻石，该省至少有 10 个含钻金伯利岩，尽管它们的商业潜能尚不明朗。第一个矿场是红旗 1 号，现在上面长满了花生，1970 年至 1981 年期间，它生产了 20000 克拉的钻石。第二个矿场在 1985 年生产了 3.1 万克拉的钻石。中国当年的钻石总产量估计在 30 万至 50 万克拉之间，其中 15% 是宝石级的。[206] 2002 年，山东的露天矿开采转为地下开采。到 2006 年为止的 30 年里，其产量可能高达 160 万克拉，估计总储量为 970 万克拉。[207] 自 2003 年中国加入金伯利进程以来，2004 年至 2013 年期间的官方统计总产量为

416992.11 克拉，但在此期间，该数值逐年出现大幅下降，2004 年的产量为 74029 克拉，2013 年为 1050 克拉。据官方数据，中国的钻石开采规模仍然非常小，2018 年的开采量仅为 99 克拉，它在很大程度上依赖进口以获取所需的宝石级钻石和工业钻石。[208]

亚洲钻石矿藏未来的开采计划仍然很不确定，南美的开采计划也是如此。巴西此前的问题是没有发现像非洲金伯利岩那样的原生矿藏，这一点在 20 世纪才有所改变。自 1967 年以来，已发现了 300 多个金伯利岩的侵入岩，但其中极少数是真正的金伯利岩，而且就算是，其中也并无可开采的钻石矿藏。[209] 近年来，米纳斯吉拉斯和巴伊亚的手工采矿虽然仍在继续，但保存完好的历史采矿城镇现在已成为这些地区的主要景点。黑金城和迪亚曼蒂纳周围的钻石及黄金开采地区已经成为联合国教科文组织批准的世界遗产，而巴伊亚州的矿场则变成了一个国家公园，即查帕达 – 迪亚曼蒂纳国家公园（Chapada Diamantina），一个约 1520 平方千米的绿色山地。伦索斯这个古老的采矿城镇在 2015 年有 11445 人，现在这个地方成为进入上述公园进行探险之旅的热门起点，那里 19 世纪采矿点的考古遗址是一个重要景点。[210] 但是，个体矿工没有放弃希望，同样，这个国家也没有放弃希望。巴西地质调查局（Geological Survey of Brazil）成立于 1969 年，由国家和私人共同拥有。它在巴西全境的 8 个办事处中，有数个办事处负责监督巴伊亚州（Santo Inácio）、朗多尼亚州（Rondônia）、马托格罗索州（Mato Grosso，在迪亚曼蒂纳和库亚巴附近）（参见图 22）、罗赖马州（Roraima）和米纳斯吉拉斯州的钻石开采项目。[211] 1997 年，巴西地质调查局的数据显示，巴西有 15 个正常运转的钻石矿和 3 个废弃的钻石矿，以及 365 个活跃在该行业的露天矿勘探者（293 个已退出）。此外，它还统计了 18 个未开发的矿藏和 98 个已探明的矿藏，总计有 792 个含钻地点。[212]

　　几年前，巴西的利帕里矿业公司（Lipari Mineração）获得许可，在巴伊亚州东北部的布劳纳（Braúna）项目现场开展采矿作业，距离挪德斯蒂纳（Nordestina）市约 10 千米路程。20 世纪 80 年代，在那里发现了 22 个金伯利岩；2016 年 1 月，该公司宣布投资 4600 万英镑，希望发掘巴西的首个金伯利岩矿。它们预计，在露天开采的头 7 年，年产量为 22.5 万克拉，之后将开始进行地下作业。[213] 这是一个规模宏大的数字，因为巴西官方在 2011 年至 2015 年的 5 年中总共生产了 232685.17 克拉钻石。[214] 在 2016 年 5 月至 7 月的简报中，该公司宣布"布劳纳矿成为现实"（Mina Braúna é realidade）。[215]

　　除了采矿作业工业化的尝试外，单个矿工或矿工小团体仍在旧钻石区的河床上寻找钻石。2003 年，笔者访问了一个距离迪亚曼蒂纳几小时车程的钻石区，那里的矿工仍然像几百年前一样在河边进行开采，他们唯一的现代设备是一台取土的机器（参见图 99、图 100）。在 2009 年至 2018 年的 10 年间，巴西生产了 968584.5 克拉的钻石，其产量在过去几年里不断上升，从 2015 年的 31825.6 克拉跃升至 2016 年的 183515.7 克拉。随后两年，其年产量超过 25 万克拉。[216]

　　巴西并非南美洲唯一蕴藏有钻石矿藏的国家。至少在 19 世纪的最后几十年里，就已知圭亚那是存在钻石的。乘船来到当时英属圭亚那的矿工中，有相当数量的矿工是非裔美国人。1955 年，有 40 家外国公司对圭亚那的黄金和矿产感兴趣——它们也挖到了钻石。[217] 在 2009 年至 2018 年的 10 年间，圭亚那的钻石矿场生产了 771401.12 克拉的钻石，这个数字比巴西这些年份间的产量低了约 197183 克拉。然而，一般来说，圭亚那的钻石售价要比巴西钻石的售价高。[218]

图 99　巴西迪亚曼蒂纳附近的冲积矿钻石开采，2003 年

图 100 巴西迪亚曼蒂纳附近的冲积矿钻石开采，2003 年

在委内瑞拉，20 世纪初就发现了钻石；到 1948 年，该国每年生产 13000 克拉至 34000 克拉的钻石，其中 75% 的钻石属于宝石级。[219] 这里时不时出现淘钻热，并会偶尔发现大钻石，如 1943 年发现了一颗重达 155 克拉的钻石，名为"解放者"钻石（Liberator），美国珠宝商哈利·温斯顿将其买下，他还将瓦加斯钻石（Vargas）切割成几颗小钻石。[220] 1969 年，约有 8000 名求钻若渴的冒险家赶往该国与巴西交界的偏远村庄圣萨尔瓦多德保罗（San Salvador de Paul）。[221] 委内瑞拉于 2008 年退出了金伯利进程，因此没有关于该国钻石生产的最新数据。金伯利进程网站上仍然提供了该国 2008 年后续几年的部分统计数据，但官方产量非常低，2009 年为 7730.37 克拉，2010 年为 2099.10 克拉。[222] 尽管亚马孙丛林中的走私行为和秘密采矿活动仍未停止，在金伯利进程主席访问加拉加斯之后，委内瑞拉于 2016 年获准再次加入了该组织。[223]

后记：关于人权和环境的考量

"他那厚重的欲望延伸到了钻石……在他统治的6年里，人们以为他打算将整个欧洲的钻石都掏空，还要买光戈尔康达和巴西生产的全部钻石。"[1]

这段话出自18世纪末所刊印的一个故事，关于一个来自婆罗洲的黑人男仆，这个人成为奥斯曼帝国太监总管的宠儿。1746年，该总管去世后，这个名叫贝基尔·阿迦（Bekir Aga）的小伙被任命为其继任者。该故事说，贝基尔伙同一个年轻奴隶及一个亚美尼亚商人，开始积极从事钻石贸易，希望能积累足够的财富，以便将来退隐开罗。不知道他后来怎么样了，也不知道这个故事是否真实。但这一故事表明，在很长一段时间内，钻石点亮了社会较低阶层向上流动的梦想。许多人虽然都做着这些美梦，但可能只有少数幸运儿能梦想成真。

钻石开采的历史漫长而血腥。大部分时间里，钻石是通过奴隶制等人剥削人的形式进行开采的。在20世纪，它们助长了非洲中心地带的血腥冲突，酿成一场引人注目的灾难，钻石生产商和非政府组织通过建立金伯利进程来解决这个问题，以保证钻石原石的来源及其非冲突的属性。这是一项值得称赞的举措，以阻止采矿点中的虐待伤害行为，但金伯利进程仍然采取了自愿加入的方式，而那些心存不轨的公司仍然设法通过走私或隐藏钻石的真正来源来规避金伯利进程中所制定的法规。20世纪末全球的钻石开采业出现了好转，再加上戴比尔斯公司失去了其垄断地位，这些都给非洲的"血腥钻石"带来了压力，相关方面欲以更干净的钻石取而代之。但这还令人们意识到，在处理钻石开采给人类星球留下的影响时，只关注钻石原石在非洲战争中所扮演的角色是不够的。

加拿大发展专家伊恩·斯米利（Ian Smillie）是帮助制定金伯利进程制度的人之一，他提醒大家注意：人们关注非洲"血钻"，却忽视了全球钻石开采中相关的人权问题。历史上许多钻石矿床都是冲积形成的，这意味着这些矿床引来了大量手工采矿者，他们梦想着也许能有幸发现钻石，从而在某种"赌场经济"（casino economy）中开采作业。[2]笔者于2003年访问了巴西的一个矿区，在那里有一小群人为当地投资者在热基蒂尼奥尼亚河中开采钻石。他们的工资是根据所开采钻石的百分比计算的，但是开采了一年多之后，他们还是一无所获（参见图100、图101）。他们住在离迪亚曼蒂纳数小时车程的小木屋里。自己酿酒，也就是著名的巴西卡莎萨酒。一个女人和他们一起生活，名义上负责家务（如做饭洗衣），但显然她很可能还得提供性服务。这种做法让人联想到20世纪50年代俄罗斯的钻石探险过程中，来自伊尔库茨克（Irkutsk）的芭蕾舞者和女招待被带过去以取悦男人。[3]

在巴西，奴隶制虽然早已不复存在，但显然，许多仍在劳作的矿工被困在一个令人士气低落的经济体系中，这一体系依赖的是无法实现的幻想。这也适用于一个半世纪以前的印度。爱尔兰地质学家瓦伦丁·鲍尔发表关于印度采矿业的调查报告时，"奴隶"的使用已于数十年前就被取缔了，但他却说："事实上，除非在奴隶制下，否则印度的钻石开采几乎不可能有利可图。当下的制度虽然不叫'奴隶制'这个名字，但其实质相差无几。"[4] 同此前此后所有的手工采矿者一样，笔者遇到的巴西人都梦想着找到一颗特殊的钻石，这样他们便能够离开泥泞的钻石矿场。纵观历史，世界各地的男男女女都做过这样的梦，这一梦想经常被那些控制者滥用，而鲍尔的这句话对世界各地某些采矿业而言仍然正确无比。据斯米利估计，目前约有 16% 的钻石原石是由手工采矿者开采的。[5] 2013 年，世界银行得出结论：有 1 亿人（即手工采矿者及其家人），依靠小规模开采钻石、黄金等贵重商品过活，而工业化采矿人数为 700 万人。[6] 一大主要问题是，一方面，他们中的大多数人在边境地区作业，无法获得某些重要的需求，如医疗保健或教育；另一方面，采矿对他们的健康有害，因为矿工们经常跪在偏远地区的河流里作业，劳作时间很长。矿工们不仅要忍受体力的透支，还要忍受性疾病的折磨，这些疾病是将妇女作为性奴隶而传播开来的。在加纳的阿夸蒂亚钻石区，2004 年的艾滋病毒感染率是全国感染率的 2 倍。[7] 住在处于潮湿环境下的冲积矿矿区中，矿工们也要忍受疾病的暴发。例如，刚果（金）北部的东方省（Oriental province）佐比亚（Zobia）矿区附近曾暴发肺鼠疫，在 2005 年年初矿区重新开放后仅数天时间，就导致了 60 名矿工死亡，350 名矿工被感染。[8]

手工采矿中，童工仍然是一个普遍的、具有争议的问题。产生争议的部分原因是，来自西方的各种制度往往表达了想要世界其他地区消除童工现象的愿望，但对于历史上自己在殖民统治时令童工现象蔓延中所起的作用，以及当下众多西方国家从其他地方的童工中获益之事实，它们都不太承认。[9] 虽然，西方对童工问题的关注应该置于他们适当的历史、经济和政治背景下，但不得不说，采矿业中虐待儿童的现象很普遍。2003 年，据国际劳工组织（International Labour Organization）估计，有 100 万儿童参与到小规模的采矿和采石中，而在某些地区，如塞拉利昂的黄金区和钻石区，9 岁至 18 岁的人群中有 80% 参与了采矿。[10] 童工现象之所以持续存在，与经济贫困有关，也与缺乏相应政治行动来消除这一现象有关。[11]

大多数拥有冲积矿藏的国家虽然可通过收取许可费和租金监管手工采矿，但在塞拉利昂进行的研究表明，由于这些费用太高，矿工们往往会进行非法开采。此外，政府也很难控制这类开采，因为这些矿藏通常位于偏远地区并且十分分散。[12] 这造成了某种恶性循环，因为秘密开采行为降低了政府的采矿收入，也减少了可用于改善手工采矿者们生活条件的资金。各钻石公司往往常驻这些冲积矿矿区，它们与脱离政府控制的手工采矿者们直接接触，这进一步损害了采矿者的人权，因为他们挖出的钻石往往拿不到公平的价格。坦桑尼亚的情况也是如此："没有工资，没有食物，从这种累死人的苦工中赚钱的唯一途径是将挖出的钻石越过矿主偷运出矿井，然后再将原石卖给镇上众多的经销商。"[13] 某些非政府组织，如 2005 年的"钻石开发计划"（Diamond Development Initiative），是在金伯利进程框架之外建立的，其设立初衷是为了处理人权和环境问题。[14]

如今，对儿童的剥削行为并不限于开采环节。研究表明，在印度的钻石作坊里，成人和儿童经常在恶劣的环境中劳作，这令 21 世纪初爆发了几次抗议活动。[15] 今天，只有一小部分劳动力享有稳定的工资，80% 的人每打磨一块钻石仅获得 1 卢比至 25 卢比（相当于 0.013 美元至 0.33 美元）的报酬。这种情况下，人们发现古吉拉特邦的自杀率前所未有的高。[16] 尽管法律中已禁止使用童工，这种做法仍在继续。2018 年，路透社报道了钻石工人自杀的现象，其中包含了对某个小伙子母亲的采访，这个年轻人 16 岁便开始当一名钻石工，但后来自杀了。[17]

本书旨在呈现出这一事实：采矿业从底层矿工和男女奴隶身上榨取劳力的现象是显而易见且层出不穷的。这些证据充分表明，剥削现象是一直存在的。由地方统治者、苏丹和邦主、国王和王后、皇帝等组成的少数精英，低于这一阶层的殖民管理官员、总督和副王，以及后来的资产阶级资本家、垄断者和工业家，都一直在试图控制钻石原石的流动。无论钻石矿距离文明世界有多遥远，找到它们的确切位置，再限制冒险投机群体自行挖掘，都是在整个历史进程的钻石开采中反复出现的场景。再就是对劳动力的控制。有些时候，只要缴了税，人们便可以免费进行开采。但更为常见的情形中，有人通过使用雇工或男女老少奴隶来完全控制采矿。这些劳动力往往与外界隔绝，住在封闭的矿工院或有警卫的营地中，以此来阻止偷盗和走私，但这对人的生命而言是缺乏尊重的。多个政府和私营公司随时随地寻求制度背书，以便进行强迫劳动；近代早期印度的贫困农民、巴西殖民地的非洲奴隶以及南非受到种族歧视的雇工，令非洲、印度和巴西采挖钻石的低薪或秘密矿工阶层的存在变得顺理成章。虽然奴隶制已被正式废除，但侵犯人权的行为并未停止，在今天的许多钻石矿区里，剥削劳工的现象极为普遍。这类做法之所以能够在钻石世界中持续存在，是因为钻石原石的流通掌控在一群极为严苛挑剔、极其神秘的采矿公司手中。本书打算分析的第三条线索正是如此：各大机构足以控制全世界的钻石原石贸易，从东印度公司和葡萄牙殖民当局，到塞西尔·罗兹、欧内斯特·奥本海默和戴比尔斯，再到当下的矿业巨头，如阿尔罗萨公司、安哥拉国家钻石公司以及戴比尔斯公司。通过安排交易、确定价格及供应量，通过秘密掩盖其获得钻石原石的方式，少数人不仅能够控制数个世纪以来的钻石市场，还设法遮掩住自己为了从地球上提取这一最珍贵的宝石而造成的血汗成河的景象。

采矿业已伤害了那些曾经以及当下正在试图通过寻找钻石以维持生计的人，但它也对生活在钻石产区的人群产生了巨大影响。在很久以前的南非，因为使用移民劳工、改变当地经济体系以专门满足钻石矿区的需求，当地社会遭到了破坏。类似的演变也在纳米比亚、安哥拉、西非和刚果（金）出现。例如，2001年，博茨瓦纳政府借口要保护野生动物，决定将生活在中卡拉哈里（Central Kalahari）野生动物保护区的桑族布须曼人（San bushmen）迁移至某些放牧区以便为钻石开采让路，但是那些放牧区却无法进行狩猎。[18] 2014年，在桑族人祖祖辈辈居住的土地上，出现了一个钻石矿。[19]

巴西的钻石开采者经常冒险进入亚马孙地区的原住民领地，这往往引发暴力冲突。[20] 1999年，一场淘钻热吸引了3000多名开采者进入罗斯福印第安人保护区（Roosevelt Indian Reserve），这是辛塔·拉加（Cinta Larga）部落的家园。《乡村之声》（Village Voice）在2010年写到，自1999年以来，那里开采出了价值20亿美元的钻石原石。[21] 2004年，至少有29名露天矿勘探者被辛塔·拉加部落成员杀害；1914年，这些原住民与外界进行了首次接触，当时他们与西奥多·罗斯福（Theodore Roosevelt）会面了，这位美国前总统卸任后成为一名旅行家。[22] 在土著人的土地上采矿是一种非法行为，政府设置了路障想将矿工们挡在外面，但收效甚微。2004年的大屠杀被世界各地媒体纷纷报道，记者们曝光了政府腐败、欺诈和走私行为的蛛丝马迹。2004 年，一名钻石交易商在美国肯尼迪国际机场被捕，他携带了 1170 克拉钻石，但无金伯利证书。[23] 尽管自 2010 年以来，罗斯福印第安人保护区（Roosevelt Indian Reserve）的钻石开采行为已经暂停，毫无疑问，非法开采和走私活动却仍在继续，那些钻石被人带到委内瑞拉和圭亚那。在巴西原住民地区，对抗钻石开采的战斗因国家印第安基金会（*译注：National Indian Foundation，负责管理巴西原住民的政府机构*）财政状况不佳而变得愈加艰难。2014 年，该机构为每个原住民平均拨款 52 美元，这使得秘密开采不仅吸引着矿工和国际贸易商，对于土著部落成员也变得颇具吸引力。2015 年年底，巴西联邦警察在调查朗多尼亚州的钻石走私活动后逮捕了不少人。[24]

在澳大利亚，钻石便是在原住民的土地上开采的。自英国殖民以来，澳大利亚原住民遭受了巨大的痛苦。他们的土地被夺走，他们在澳大利亚政治层面长期无人代表，他们的预期寿命大大低于澳大利亚的平均水平，他们接受高等教育的机会也较少。简言之，他们缺乏获得基本公共服务的机会，但澳大利亚的矿产繁荣却常常导致他们的土地被人占据。原住民领导层缺乏对地方性或全国性的等级体系的认识，因而他们的立场很难统一。但对于好几个采矿地，原住民已反对进行开发。特别是 20 世纪 80 年代，他们反对开发阿盖尔钻石矿，因为该矿位于原住民的土地上，具有巨大的精神意义。理论上，这块土地可凭借 1972 年的《文化遗产法》（*Cultural Heritage Act*）获得保护，但该法律预见到某些地块具有其他用途，相关人员以此为托词便可在阿盖尔开采钻石。一些原住民的土地所有者只收到少量的赔偿金，不超过钻石销售收入的 0.15%。但 1995 年力拓公司保证改善其与原住民的关系时，情况有所改变。2004 年，《阿盖尔钻石协议》（*Argyle Diamonds Agreement*）经谈判最终达成了，力拓公司保证根据该协议规定提供经济补偿以促进原住民的发展壮大，保证未经土地所有者许可，不可破坏文化遗址，以保证最大限度地增加原住民在阿盖尔的就业岗位。[25] 起初，该协议似乎对居住在阿盖尔矿附近的群体有利，原住民在该矿的就业率从 8% 上升到 25% 左右。[26] 但后来，因原住民土地所有者收取的 2500 万澳元特许权使用费财务管理不善，再加上钻石产量下降，当地人群于是有了新的担忧，他们都知道阿盖尔矿会在 2020 年关闭，但他们对钻石开采的未来仍然一无所知。[27]

采矿公司破坏开采地、窃取土地，这些问题往往与殖民主义如影随形，这成为欧洲以外大多数地区采矿业的中心问题，而且现在依然存在。它们并不局限于钻石开采。2020 年 9 月，力拓公司的首席执行官及其另外两位同事被迫一起辞职，因为该公司为了扩建一个铁矿，炸毁了尤坎峡谷（Juukan Gorge），这是一个具有 4.6 万年历史的原住民圣地——尽管该公司并不拥有这块土地的所有权。[28]

在加拿大西北地区，土地所有权、被迫迁移以及对祖辈土地的环境破坏等类似问题也出现了，尽管人们认为大型采矿公司和原住民群体之间的互动带来了一些积极的结果，如更高的就业率、更繁荣的经济。[29] 一般而言，加拿大的钻石开采活动受人欢迎，因为人们认为它们与南半球的殖民主义采矿或受殖民主义启发的采矿进行了必要的决裂——尽管仍有观点认为对原住民群体的征服行为并未停止。《影响力利益协议》（*Impact Benefit Agreements*）应将原住民群体纳入采矿考量范围，但该协议责任并未减缓这一演变。传统意义上重要的经济活动，如捕鱼、诱捕和狩猎，已被钻石开采活动影响，当地社会经济结构也发生了变化。[30] 然而，一旦矿场关闭，采矿带来的好处就会消失，这加深了地方对国际采矿公司的依赖。

那些源于土地占有的历史不平等问题现在仍未得到解决，在加拿大和澳大利亚，政府和矿业公司对原住民的保障形式可称得上一种家长制，这令当地人对矿业公司产生了依赖。不可否认的是，自然界的财富是从被占土地开采出来而后运往国外的，大部分这类财富是由外国跨国公司创造的，而这种情况在澳大利亚、加拿大、南非、博茨瓦纳、刚果等地方都一样。其中主要问题仍然是，钻石开采代表了公司的巨大利益，它们往往是与当地政府合作谈判或合作开采的。以俄罗斯为例，苏联解体后，萨哈的当地居民通过政治活动，在揭露钻石工业化开采中的负面情形方面取得了一些成功，但该运动于 20 世纪 90 年代末消失了，因为他们无法应付阿尔罗萨公司在该地区的经济政治力量，一旦过于激进，他们就会面临失业的威胁。[31]

钻石开采主要引起了公众对人权的日益关注，即便大家仍未判定向公众出售干净钻石这一行为到底只是表面文章还是真正的问题。近年来，另一日益重要的担忧是钻石开采对生态环境的负面影响。在加拿大，对驯鹿迁徙以及冻土鸟类繁殖行为的相关研究表明，采矿并未造成其行为的变化。然而，首先开展这种研究，其次将研究结果纳入公司和政府之间的谈判中，这一事实本身表明了人类的采矿方式正在发生变化。[32] 此外，加拿大和澳大利亚的采矿协议中也都包括了具体的相关约定，如减少因采矿造成的植被损失、监测水质等。在纳米比亚，矿工们在海洋中寻找海洋钻石的行为已经引发了人们对于海底生物栖息地受到侵扰的担心。[33]

钻石开采行为对印度的动物生活带来了不利影响。本纳位于中央邦，距邦首府博帕尔（Bhopal）约 380 千米，长期以来一直以钻石矿闻名。如今，国家矿产开发公司正在开采这些钻石，但一个环境监测小组要求它停止采矿作业，因为这些矿位于印度老虎保护区之一的本纳国家公园内。保护区内的开采活动一直存在法律纷争。[34] 目前，公园里有 25 只老虎，国家矿产开发公司的一大策略是利用老虎来阻止单个手工采矿者进入该地区。因此，挖钻者们从曾经居住的村庄中举家背井离乡。[35] 有报纸于 2020 年报道了要找到本纳那些小型钻石矿的位置有多难，当地人在私有土地、丛林及林地的非法开采活动比合法的开采行为还要频繁，因而警方定期突击检查，查处没收铁锹、柴油机等采矿设备。[36] 合法开采的情况下，一个地点可容纳多达 100 人作业，每天收费 100 卢比至 200 卢比（相当于 1.24 英镑至 2.48 英镑）。这些人是承包商和土地所有者雇来的，由于他们再也无法从森林中获得收益，他们被迫从事开采作业。[37] 本纳这里的情况代表了政府利益、采矿利益、生态影响以及社会后果之间复杂的相互作用。

部分问题在于，大量手工挖矿者怀揣着改善生活的希望而被吸引到冲积矿钻石矿区，但是他们的开采行为无人监管，于是导致了过度开采，这对挖矿者本身和环境都是有害的。对一些人来说，对环境造成最大破坏的不是大公司的工业化采矿，而是无数小规模的冲积矿开采作业。开采者们会运走河床泥土、改变河道、清除植被、破坏农田。伊恩·斯米利指出，在谷歌地球上搜索塞拉利昂的科伊杜镇，不仅可以看到目前正在开采的两个金伯利岩管，还可以看到地表遍布的人造坑和人造塘（参见图 101、图 102）。[38] 在手工采矿的历史记载中，几个巴西定居点周围也有类似情形。[39]

图 101　塞拉利昂科伊杜镇附近的冲积矿钻石开采，2020 年

图 102　塞拉利昂科伊杜镇附近的金伯利岩管，2020 年

今天，人们愈加关注环境，关注开采者及附近当地民众的人权。这无疑被一些公司利用借以销售更多的、名义上更为干净的钻石，但还是朝着正确的方向迈出了一步。[40] 现在，大多数大公司的网站上都留出一定篇幅，用以专门介绍可持续性发展及其在环境和社会方面的责任。要将生态影响与社会关注进行调和，该挑战仍然是一大主要问题，而针对源于殖民主义惯常做法的土地占有技巧，相关争论将永不停歇。加纳政府已开始实施教育计划，引导黄金和钻石开采者们认识到环境破坏和健康危害的后果。同时，有人提议成立采矿合作社，以便为开采者创造更好的经济条件，这样冲积矿钻石矿场的管理方式才能持续得更长久。[41] 在塞拉利昂，土地复垦举措试图将部分采矿区重新变为农田。相关方面承认，要令钻石开采区经济发展，将农业生产与采矿经济更为紧密地联系起来可能是解决之道。该方法一箭双雕，既打算解决环境问题，也旨在处理社会经济问题。[42] 这些行为可能令许多人的命运不会如此多艰。但是，尽管非政府组织不断施压，广告宣传也再三向消费者们保证他们买到的是干净的钻石，可对从事钻石开采的很多人而言，这些珍贵的石头从未闪耀过，它们的光泽不过是一个遥远的许诺：生活会更好、更富有。

这一许诺想要成真，血、汗、泪非流不可。

致　谢

　　本书是我在钻石世界中长期遨游的结果。我要感谢艾迪·斯托尔斯，他是第一个令我走上巴西宝石之路的人。他给予我机会，让我得以在米纳斯吉拉斯联邦大学度过了一段时光，在那里我遇到了一群极具启发性的历史学家，我很感谢那段与爱德华多·弗朗萨·帕伊瓦和尤尼娅·费雷拉·富塔多共度的光阴，还有巴特·范斯鲍文（Bart Vanspauwen）相伴。后来我继续研究钻石，但转向了近代初期的贸易方面，该研究为我在佛罗伦萨的欧洲大学研究院赢得了博士学位。我有幸得到迪奥戈·R.库尔托和安东尼·莫洛（Anthony Molho）的指导。评审团的其他成员马克辛·伯格和扬·德·弗里斯给我鼓励良多，激励我继续专注于钻石领域。

　　遇到从事类似课题研究的同行者们总是件乐事，我与2015年在华威所举办"运送中的宝石"研讨会（译注：Gems in Transit，2016年在阿姆斯特丹、乌得勒支和安特卫普继续举办）的与会者们进行的对话，对本书的撰写极具启发性。感谢迈克尔·拜克罗夫特、斯文·杜普雷、马约利恩·博尔、卡琳·霍夫梅斯特，特别是玛西娅·波顿，大家总是慷慨地分享信息和建议。我还有幸遇到了莉莉安·希莱尔·佩雷斯（Liliane Hilaire Perez）和伊芙丽娜·奥里尔－格劳斯（Evelyne Oliel-Grausz），他们助我提升了自己在犹太历史和技术历史方面的知识。我也非常感谢佩特拉·范达姆（Petra van Dam）和阿尔·安格哈拉德·威廉姆斯（Al Angharad Williams），他们阅读了本著作手稿的各个版本，并不惜花费时间给予我反馈和鼓励。我同样要感谢那些匿名的同行评审员，他们提供了众多有用的建议和批评。

　　我很幸运能够一边撰写本作，一边享受与玛丽亚·福萨罗、理查德·布莱克莫、艾丽卡·库伊普斯（Erika Kuijpers）以及供职于阿姆斯特丹自由大学（Vrije Universiteit Amsterdam）的同事们交流思想的乐趣。如果没有我与特拉西恩·梅克尔（Tracian Meikle）的谈话，这本书不可能以目前的形式出现，他帮助我认识到，作为学者，这件事也可持行动主义态度。如果没有朋友和家人的支持，我显然不可能做到这一点。我非常感谢亚辛·库德贾（Yassine Khoudja）、伊娃-施密茨（Eva Schmitz）、安德里亚·卡佩奇（Andrea Capecci）、菲尔·巴伯（Phil Baber）、格雷·阿科泰（Gray Akotey）、奥利维亚·索姆森（Olivia Somsen）、阿德里安·奥利维特（Adrian Olivet）、爱丽丝·巴特勒米（Alice Barthelemy）、马琳·德瓦伊尔（Marlène Dewaere）、奥尔菲·梅尔森（Orfee Melsen）、罗伯托·韦尔德奇亚·施奈德（Roberto Verdecchia Schneider）、桑德·德·弗里斯（Sander de Vries）、尼恩克·埃尔伯茨（Nienke Elbertse）、伊丽莎白·恩托文（Elisabeth Enthoven）以及位于 L'Affiche、Henk Sleijfer、Michel Hesp、Chaim Wannet 的所有人，还有 SBK 的其他人。

　　最后，我的爱和感激归于我最为亏欠的人——特雷斯·德·盖斯特（Trees de Geest），以及罗莎·西本（Rosa Sijben）。没有他们，我永远不可能完成本书。

多年来，我一直梦想着写一本有关钻石开采的通史，我非常感谢 Reaktion Books 出版社的每个人，他们似乎饱含了无限的耐心在帮助我。谢谢你们，本·海斯（Ben Hayes）、迈克尔·利曼（Michael Leaman）、艾米·萨尔特·玛丽亚·基尔科恩（Amy Salter Maria Kilcoyne）和亚历克斯·乔巴努（Alex Ciobanu）。我特别感谢我的编辑菲比·科利（Phoebe Colley），感谢她对本作无比耐心、细致的编辑；还要感谢苏珊娜·杰斯（Susannah Jayes）所做的图片选择工作，我一直在换图片，直到最后一刻还在这样做。

我一直希望这本书能成为一段完整的叙述、一本有趣的读物。对于第一个目标，我知道自己已然失败了，所以我只能希望在第二个目标上取得成功。

请扫码查阅本书参考文献